U0175113

浙江大学人类学研究所　主办

————

梁永佳　主编

人類學研究

－第 17 辑－

2023

创于1897

商務印書館

The Commercial Press

图书在版编目 (CIP) 数据

人类学研究 . 第 17 辑 / 梁永佳主编 . — 北京 : 商
务印书馆 , 2023
ISBN 978-7-100-21978-5

Ⅰ . ①人… Ⅱ . ①梁… Ⅲ . ①人类学—研究 Ⅳ .
① Q98

中国国家版本馆 CIP 数据核字（2023）第 017450 号

权利保留，侵权必究。

人类学研究

第 17 辑

梁永佳　主编

商 务 印 书 馆 出 版
（北京王府井大街 36 号　邮政编码 100710）
商 务 印 书 馆 发 行
江苏凤凰数码印务有限公司印刷
ISBN　978-7-100-21978-5

2023 年 3 月第 1 版　　　开本 700×1000 1/16
2023 年 3 月第 1 次印刷　　印张 22¼

定价：128.00 元

编　委　会

主　　编　梁永佳

名誉主编　庄孔韶　　阮云星

顾　　问　马　戎　　金光亿　　汪　晖　　王铭铭　　赵鼎新
　　　　　周大鸣

编　　委　阿嘎佐诗　曹南来　　陈　波　　陈　晋　　陈进国
　　　　　董绍春　　菲利普　　龚浩群　　关　凯　　洪　泽
　　　　　黄剑波　　汲　喆　　菅志翔　　刘朝晖　　刘志军
　　　　　潘天舒　　邱　昱　　项　飚　　徐零零　　杨德睿
　　　　　岳永逸　　张　原　　张亚辉　　张亦农　　张应强
　　　　　赵丙祥　　赵旭东

目　录

特　稿

3　　王铭铭　祭祀理论：从泰勒到史密斯再到弗雷泽

葛兰言专栏

53　　许烺光　关于古代中国婚级与亲属关系的问题
　　　　　　　评葛兰言教授新著并重新解释古代中国祖先崇拜中
　　　　　　　的昭穆制度

84　　杨　堃　葛兰言汉学导论

105　　夏白龙　马塞尔·葛兰言和他的著作

129　　宗树人　葛兰言的中国文明研究对法国人类学理论的影响

157　　黄子逸、张亚辉　试论葛兰言中国研究的比较方法

182　　毛若涵　昭穆制度争议与许烺光父子轴的发现

研究论文

207　　王琛发　"地方性"的消解与复原：重读消失在历史中的姓王桥
　　　　　　　清末民初同安县銮美社族亲槟城事迹的再解释

243 何贝莉   民族认同与"信仰溢出"
                以与藏族族别相关的川康民族识别为例

296 马斌斌   云南德钦阿墩子"藏回"结合式婚姻与家庭的人类
                学解读

研究述评

313 褚建芳   田汝康芒市傣族研究中的心理学贡献

331 加运豪   从经济生活回归"总体"社会生活：评莫斯《礼物》

稿　　约

特　稿

祭祀理论： 从泰勒到史密斯再到弗雷泽

王铭铭

祭祀（sacrifice）是在特定时间和空间借助供奉与各种"他者"（天地、物、神、物神、逝者等）交往的方式，是人处理广义人文关系（物我自他和人神关系）的办法，是生活的重要内容，亦富含对世界及人与其关系的宇宙观想象。

关于祭祀，人类学奠基者爱德华·伯内特·泰勒（Edward Burnett Tylor，1832—1917）、威廉·罗伯森·史密斯（William Robertson Smith，1846—1894）及詹姆斯·乔治·弗雷泽（James George Frazer，1854—1941）给予了程度不一的重视，并相继提出三种不同的解释。三位巨匠活跃于大英帝国维多利亚时代（1837—1901）鼎盛期（泰勒和麦克伦南）及鼎盛期向式微期过渡的阶段（史密斯与弗雷泽）。他们带着时代气息和与之相关联的关切求索祭祀的"原始"，通过源流辨析界定了祭祀的由来与本质，并得出了不同结论：泰勒改良曾被用以贯通物我的精神论概念，提出了万物有灵论（animism）解释；史密斯基于约翰·弗格森·麦克伦南（John Ferguson McLennan，1827—1881）的定义提出了图腾论（totemism）解释；弗雷泽对其前辈泰勒和史密斯的解释进行批判和综合，提出了巫术论（magic）解释。

一个多世纪以来，学者们崇新弃旧，淡忘乃至抹杀了这些曾有广泛影响的解释。然而，必须指出，学术上"温故"不仅是必要的（借此我们方能明了所从事工作的本来旨趣），而且对"知新"是有益的

（从中我们能得到启迪）（王铭铭，2020a，2020b）。具体就祭祀这个
课题而论，20世纪以来，人类学界给出的新解释很多。做理论溯源或
学术史定位时，新主张提出者至多只会提到法国社会学年鉴学派的解
释，殊不知这一解释是在对英国古典人类学"原始宗教理论"之一解
释（史密斯解释）的反思性继承中提出的（埃文斯‑普理查德，
2001：57—92）。为了"破旧立新"，年鉴学派有选择地对当年的另一
种解释（泰勒解释）进行了"否证"（Hubert & Mauss，1964：1—9），但
其事业与其批判对象——如泰勒的智识论（intellectualism）——思想
遗产之间的关系难以彻底切断，因而年鉴学派实难阻碍"另类思想"
以新的面孔——如结构人类学的"野性思维"理论——重返学界（埃
文斯‑普理查德，2001：24—56、93—118；Jones，1986）。显而易见，
要理解新解释，我们不能不理解与之相对、相关的旧解释；同时，我
们必须看到，无论是年鉴学派还是其后的"新学"，都是在返本开新
中"创新"的。

　　鉴于从学术的"现在时"返回其"过去时"有以上必要性和意
义，我将通过撰写本文重返19世纪晚期诸祭祀理论，并对其形成与
变异过程加以再现。

　　行文之前，有几点"技术性问题"需要交代。

　　1.本文述及的经典都具有极其广阔的视野和丰富的内容，而我这
里重点关注的是其中一个特定方面——祭祀（特别是其"原
始"）——的解释。由于我写作本文的旨趣仅在于讲述古典人类学祭
祀理论演变的"故事"，因而，本文必然有其局限性，在任何意义上
都不构成对原典的全面复原。

　　多数学者在对西学进行翻译时将本文重点关注的"sacrifice"译
作"献祭"，而一些汉学家在研究东方古礼时则将"祭祀"一词译作
"sacrifice"。我在本文选择以"祭祀"来翻译"sacrifice"。这样做考
虑有二：其一，在本文论及的文献中，并不是所有"sacrifice"都被
解释为自下而上的"献"的等级化人神关系。其二，倒过来用被"西

译"的汉语概念"祭祀"翻译"sacrifice"，有助于我们对即将进入的不无困难的西学之旅与所在文明关联看待。[①]

2. 本文将追溯和理解古典人类学的祭祀理论（当作其写作主旨），这无疑会使本文有其缺憾——如，使之缺少思想的社会史和"集体心态"文脉分析。所幸者，有关于此，人类学史大师史铎金（George W. Stocking，1928—2013）的论著（特别是 Stocking，1987，1995）专业而翔实，既为本文将要进入的学术思想史之旅铺平了道路，又为我减少了原本必然会承担的代价——若须承担说明思想与时代相关性的任务，那么我便会顾此失彼，失去专注于思想的理解之机会。

3. 本文所涉及的主要经典引据了大量民族志素材。作者如何用这些素材来论证他们的观点，是一个很好的研究课题。但由于我在此处要做的工作主要在于识别先贤提出的祭祀理论，因而，有理由"悬置"分析这些素材的由来、可靠性及作用的工作。[②]

4. 本文引用的文献有不少只有外文版，[③] 但有两部经典（《原始文化》和《金枝》）已有了汉文版。研究时我诉诸原版，但引用时，有汉文版者，我主要依据汉文版。

一、泰勒：万物有灵论解释

1871 年，泰勒出版了他的杰作《原始文化》。该书广泛综合了民族学、考古学、民俗学、古典学、宗教史等学科门类的知识，构建出一门"关于文化的科学"。这门"科学"旨在探究"一些事物是在何种程度上从另一些事物发展起来的"，涉及面至广。作为其对象的

---

① 国人有"国之大事，在祀与戎"之说，这里的"祀"，在源流方面与西方古典人类学家勾勒的历史是直接相关的；而国人所谓"祭祀致福"，似亦可与本文考察西学的祭祀理论相比较。

② 其实一百多年来已经有不少同仁做了这项工作。

③ 遗憾的是，经过十多年的等待，史密斯的代表作《闪米特人的宗教演讲录》译本尚未完成。

"文化"，是"包括全部的知识、信仰、艺术、道德、法律、风俗以及作为社会成员的人所掌握和接受的任何其他的才能和习惯的复合体"（泰勒，2005：2、10）。泰勒运用得自启蒙文明论、史前考古学的"时间革命"及浪漫主义文化学的历史时间形态（Stocking，1963），呈现了文化发展的恢宏图景。

《原始文化》由十九章构成，是泰勒深耕人类文明史的心得总汇。其前四章可谓是"关于文化的科学"的总论，它们论述了文化变（进步）与不变（主要是指"文化遗留"）的历史双重性；接着六章从语言、算术、神话、艺术等角度考察了人类"思想才能"的源流；再接着，泰勒用长达七章的篇幅阐明了他对宗教史的看法，尤其集中考察万物有灵论本质和流变。泰勒仅以一章的篇幅考察了仪式和仪典，将之界定为受原始"理论"（万物有灵论）规定的"实践"。最后，他在结论章中从其"科学"引申出若干对于知识、伦理、法律的主张。

泰勒讨论的话题是人类"才能和习惯"的诸面向，但他关注的焦点显然是宗教。如泰勒表明的，"关于文化的科学"集中探讨的是"贯串所有宗教的那种联系"，是从宗教的"最粗糙形式到文明的基督教法典"的过渡（泰勒，2005：16）。

《原始文化》出版于维多利亚时代鼎盛期。当时，他所在的大不列颠，经济繁盛，科学技术创新成为风气，进步观广受接受，文艺界群星璀璨。在与人类学相关的领域里，启蒙进步论和文化论导致了传统神学的危机，考古发现带来了历史认识的革命，殖民地官员、传教士、商人、旅行家的世界活动，推进了民族志素材的积累，这些素材有不少被用来注解萌芽中的社会和生物进化论观点。

选择了这个意义上的"科学"，泰勒相信，他的理论和方法与神学及与之藕断丝连的自然神话学派不同，而他也相信，没有必要对这些旧学说展开"直接的斗争"。因为，其致力于开创的、与神学有别的科学，即使是对于解释教条主义的神学之由来也是有帮助的。

在泰勒看来，对作为"理论"的宗教信仰和作为实践的宗教仪式展开"民族学研究"，应以重新梳理文明的源流脉络为目的。在他所处的时代，有不少民族学家和宗教史家相信，文化上的"自我"与"他者"之间是一种先后关系，欧亚大陆的文明是源，那些处在这个大陆边缘地带和其他大陆的文化是流。泰勒没有否定近代西方文明对于其所到之处其他社会的影响，但他明确主张，这种自他关系的先后解释，"把高级文化当作是最初状态，而蒙昧状态是自它退化的结果""一下子把文化起源的复杂问题给砍断了"（泰勒，2005：27）。在他看来，文明源流研究应当采取一种不同的先后关系看法，在这种看法里，蒙昧是文明的源，文明是蒙昧的流。就其所集中关注的宗教而论，泰勒认为，近代欧洲人仍身在其中的"高级宗教"并不是像教条的神学家所想象的那样，"从'神启'中就可以清楚地了解"，更不是"一开始就是高级的"（泰勒，2005：26）；相反，"高级宗教"不过是在"低级信仰"的原始基础上经过进化过渡而来的。"高级宗教"的许多要素，在"低级信仰"中早已存在。这些要素中具有奠基地位者，为万物有灵论。这是对于人和世界及其相互关系的看法，它在最原始的蒙昧人当中已盛行，随着野蛮、半文明和高级文明时代的来临，渐渐失去了现实基础，但作为"文化遗留"仍旧长期绵续。

《原始文化》一书直接述及祭祀的部分大抵只构成一章的篇幅，这些片段主要分布在界定万物有灵论的第十一章及阐述作为"理论"的万物有灵论如何被实践的第十八章中，它们是服务于说明"原始宗教理论"的，可谓是作为思想的万物有灵论的"脚注"（Stocking，1971）。

泰勒主张，万物有灵论是"原始宗教理论"的主体，这是一种"原始的生物学"。不同于其"现代版"，从其视角看，世界中的所有物和所有人，无论是"有机"还是"无机"，是"生物"还是"非生物"，是"活的"还是"死的"，或者说，是"活着的"还是"已死的"，全部属于活跃的生命体。这些居住在世界上的生命体，都有物和灵的双重属性，但其生命的动力在于能够脱离物质而存在的灵魂。

也就是说，这是一种以"灵魂为生命之源的学说"，它"把生命的机能看作是灵魂的作用"（泰勒，2005：357）。它的提出先是与人的自我认识相关的，但并不只关涉人，而是对包括人在内的世界的普遍解释。

> 灵魂是不可捉摸的虚幻的人的影像，按其本质来说虚无得像蒸汽、薄雾或阴影；它是那赋予个体以生气的生命和思想之源；它独立地支配着肉体所有者过去和现在的个人意识和意志；它能够离开肉体并从一个地方迅速地转移到另一个地方；它大部分是摸不着看不到的，它同样也显示物质力量，尤其看起来好像醒着的或者睡着的人，一个离开肉体但跟肉体相似的幽灵；它继续存在和生活在死后的人的肉体上；它能进入另一个人的肉体中去，能够进入动物体内甚至物体内，支配它们，影响它们（泰勒，2005：351）。

由此思想，万物有灵论的理论之第一信条便为，"包括各个生物的灵魂，这灵魂在肉体死亡或消灭之后能够继续存在"（泰勒，2005：349）。如泰勒认为的，这是一种"原始哲学"。这一"原始哲学"可谓是一种对人、物、神①三者的关系之解释。在这一解释下，神并没有与人和物分离，它们作为灵魂内在于各种生命之中，也因此，人与那个"文明人"界定为外在于人的"自然"之间，本来是相似、互相关联和渗透乃至难解难分的。

与此同时，万物有灵论还有其第二信条，这个信条与第一信条同时产生，但随后得以更大发展，它的要义是，灵魂因有超肉体的生命力和非凡的流动性，而赋予各个精灵本身"上升到威力强大的诸神行列"的潜能（泰勒，2005：349—350）。

---

① 这是广义的，包括了泰勒所述的灵魂与各种精灵。

在物我之间流动着、作为生命力的广义的"神"，使原始人采取一种兼有"异类"的人格观，他们由此能在自己中看到他者，在他者中看到自己。

"神灵被认为影响或控制着物质世界的现象和人的今生和来世的生活，并且认为神灵和人是相通的，人的一举一动都可以引起神灵高兴或不悦；于是对它们存在的信仰就或早或晚自然地甚至可以说必不可免地导致对它们的实际崇拜或得到它们的怜悯"（泰勒，2005：350）。由于所谓"神"在蒙昧人那里并不是现代非物质的形而上学概念，而如亡魂那样，被"想像为一种轻浮的或气状的物质""能适合于会晤、运动、谈话""能够按照自己的意愿留在坟墓里，周游大地，在空中飞荡或者去到精灵们的真正住所——阴曹地府"（泰勒，2005：373—374），因而，将活人作为牺牲杀死，让他们跟着亡魂，继续为之服务，自然成了一种在早期人类中最为流行的习俗。这类习俗是人殉。在泰勒看来，人殉是祭祀的原型。在东印度群岛、太平洋群岛、美洲、非洲蒙昧部族及欧亚大陆文明社会都有众多有关人殉（殉葬）的民族志事例，这些事例表明，祭祀缘起于原始人对死而犹生的不朽亡灵——有的是一体的，有的是多元或可分的——的崇拜。

在第十一章中，泰勒界定了万物有灵论，还表明，尽管对永生的灵魂之崇拜很好地说明蒙昧人万物有灵论的特征，但万物有灵论是建立在物我不分的观念基础上的。对原始人而言，人与动物之间没有文明世界认为的那种"绝对的心理差别"。与人一样，所有的动物都有自己的灵魂，这些灵魂在生命体"亡故"之后依旧活着，它们也像人的"亡者"那样有其生活。如此一来，蒙昧人便不仅会杀死妻子和奴隶，"以便让他们的灵魂在死后继续尽自己的职责"，而且也会杀死动物，"使它们能够继续为已故的主人服务"（泰勒，2005：385）。与人殉一道，动物的献祭得以发生。同样地，植物乃至被现代人看作是"无机物"的东西，也被蒙昧人认定为有灵魂。无论是动物、植物还是其他，"为了供给飞出的灵魂食物、服装或武器，就需要将它们同尸体一起焚烧或埋葬"（泰勒，2005：396），使之通过死亡获得新生命，通过特殊的传递方式，随亡故的人进入其所在空间。至此，泰勒得出结论，认为祭祀起源于生者送给死者的"礼物"。

在接着的六章续论中，泰勒从万物有灵论两个主要信条（即生物灵魂不灭思想和精灵上升入诸神行列的本来潜质）延展开去，论述了其对亡灵崇拜与丧礼、冥国观念、精灵学说，与偶像崇拜、多神教和最高神观念的解释。

在第十八章中，泰勒考察了作为宗教"理论"的"实践"的仪式。在该章中，泰勒系统阐明了他为解释祭祀之源提出的"礼物/供品说"（gift theory），并考察了"供奉"仪式转化为"庆贺"（homage）和"丧失"（abnegation）的历史进程。

泰勒首先解释了缘何他在解释祭祀的起源时先诉诸给亡者上供的过程之考察。如其所言，在原始人中，灵魂和神之间是不分的，"在他们那里，神的人之灵魂常常因而也就是那些接受祭品的神"（泰勒，2005：699）。原始人赋予人与物共通的"灵魂"，似乎采取某种整齐划一的"心理学"和世界观，但在他们看来，无论是灵魂本身还是精灵和神，都是在存在体之上的。最早的祭祀犹如送礼，在此过程中，神如同人。但这个意义上的人不是一般人，而是接近于头人的。拥有超自然力的神可包括被赋予人性的水、地、火、大气乃至建筑（泰勒，2005：700）。送给他们的礼物也必须是贵重之物，而"送"有献礼的特征，献礼可如几内亚人那样，向发怒的大海抛进稻米、谷物、白酒、布匹等，也可如北美印第安人那样，将礼物埋进土地，送给向有所获的人索要祭品的土地精灵。此外，"具有神物之体现、代表、代理或象征的各种意义的神圣动物，自然获得饮食供品及其他礼物"（泰勒，2005：702），这些物神如阿帕拉奇人的"太阳鸟"、西非的圣蛇、印度的乳牛等，它们从人那里得到玉蜀黍、白母鸡、鲜草等礼物。在一些原始人中，神圣动物也包括人，特别是作为神之化身的人，他们也会在节日期间消耗人奉献的牺牲。那些与神离得最近的人，如祭司，作为专门的神仆和神的代理人，往往也会得到部分的祭祀食品。

在蒙昧人中，神与人和物既是相通互惠的，又是有区别的，其区别使原始人既将其看作是祭祀时所献礼物的接受者和消耗者，又将其看作是只接受供品的精灵或灵魂的存在体。在原始人那里，供品的精灵或灵魂往往被理解为供品的物质性的抽象化（泰勒，2005：704）。正是可以如此理解，因而，人们易于解释缘何送给神的礼物有的消失了（被神消耗了），有的减少了（部分被消耗了），有的则丝毫没有被触动。

这种物质性的抽象化观点，使许多早期祭祀仪式被理解为主要与血有关。在原始世界观里，"生命就是血"，而这个意义上的血可以说是抽象化的物，它常常作为主要祭品出现在祭祀仪式中，即使是在古代文明社会中亦是如此。由于精灵也往往被看作是某种类似于烟或蒸汽的东西，因而，成为这种状态的供品，往往也被看作是易于上升到灵界的抽象化供品。这解释了缘何熏香和焚化的祭品常常出现在不同社会的仪式中。

泰勒将血、烟、蒸汽、香这几类"抽象化的物"界定为供品的"精华形式或精神形式"。他认为，这些与供品的"物质形式"有别，但所起的作用都在于承载"实际转达给神的思想"（泰勒，2005：713）。至于缘何人们要通过物质和非物质形式向神转达"思想"，泰勒认为这应通过考察送给神礼物的人奉献供品的动机。他说：

> 假如注意到自然的万物有灵观宗教的基本原理，即人的灵魂观念是神的观念的原型，那么，人和人的相互关系就应当按类比阐明祭祀的动机。事实上祭祀正是这样。可以在最普通的意义上断言，假如在普通人为了获得利益或者避免某种不愉快的事，为了得到帮助和申诉委屈而向地位高的人物送礼的活动中，重要的人物由神代替，并以适当的方式来适应转送给神礼物的方法，则

> 在我们面前就出现了合乎逻辑的供物仪式的理论，同时为经历了各种变化的时代过程之供物仪式的直接目的提供了几乎圆满的解释，甚至指出了它们的原始意义（泰勒，2005：713）。

也就是说，一方面，给神奉献礼物或供品，初始的动机是像处理人与人之间的关系那样处理人与神的关系，在这当中，作为关系的另一方或者"他者"的人与神，都被看作是高于自己，而处理关系就等同于趋利避害，思想上是理性的；另一方面，这种原始的理性虽不同于科学理性，也因没有在人、物、神诸类存在体之间划出清晰界线而常常遭受对神与非神加以截然二分的"高级宗教"（如基督宗教）的排斥，但它的基本原理——"原始哲学"——却也能充分解释"高级宗教"的本质。

并不是说，从"低级宗教"到"高级宗教"仪式实践是一成不变的。泰勒将这个由低而高的漫长转化过程纳入蒙昧、野蛮、文明的文明进程史中考察，一面引据大量来自归属于不同阶段的案例，去解释祭祀的基本原理，一面对"原型"的历史转化展开了富有阶段论意涵的陈述。他敏锐地指出，在献给灵魂和神的礼物中一开始就包含着两种不同的思想，一种"是关于表现在供品形式中的尊敬的思想"，另一种"是否定的观点，即所奉献的供物的优点在于丧失了任何价值"（泰勒，2005：699）。有这一"对立统一"，祭祀的观念形态也便易于出现变化，而变化的大方向是由祭祀从注重现实作用的做法蜕变为形式化的仪典，"供品在最初是确实贵重的东西，逐渐变成较少或较低廉的物品，最后到达什么也不摆的表示或象征的程度"（泰勒，2005：700）。泰勒认为这个变化过程与祈祷的变化过程是一致的（后者也是从带有现实祈求的"语言"向程式化的祷文重复转变的）（泰勒，2005：691—699）。他还认为，驱动这个转变的是态度的转变：早期，人们的态度是，奉献给神的供品必须有价值并适于神的用处，后来，他们渐渐不这么看了，他们转而认为，对神的恭敬态度本身已然足够，能起到令神满意或发慈悲心的作用（泰勒，2005：714）。

在不少野蛮部落和文明社会中，祭祀往往与节庆的宴饮是一体的。泰勒称这种祭祀形态为"祝宴"，认为它是脱离了祭祀之原始意义的后发祭祀形态。在"祝宴"这一祭祀形态中，对神的恭敬态度得以表达，与此同时，崇拜者在节庆宴会上大吃大喝，与神分享奉献给神的牺牲，在现场获得了一份现实的收益。这个转变的例子之一来自古希腊。最初，古希腊人向神献祭采取的是燔祭的形式，即焚烧牺牲以将其精灵传送给神。后来，祭祀的形式变成了"只为人们的筵席提供食物的大宴"（泰勒，2005：715）。

在"祝宴"阶段，供品已变为尊敬的标志，此后，将供品看作是尊敬态度的表达的观点得到进一步发展，于是产生一种新学说，其认为，"祭祀的本质不是让神获得某种珍贵的礼品，而是让崇拜者为神而献身"。泰勒将这种新的献祭"学说"称作"丧失论"。"丧失论"往往被理解为"舍弃自己""弃绝私利"，其最典型的案例似乎是闪米特人、腓尼基人及意大利的向神奉献作为自己一部分的孩子这种仪式。但泰勒认为，原始的礼物之说能更好地解释"丧失论"，因为，这种"为神而献身"的做法追求的正是"供品对于奉献者的价值大大超过它对于神的预想的价值"，本质上是一种视祭祀的尊敬态度重于供品价值的看法。这种易于被另一种看法所替代，这种看法主张，缩减祭品的开支对祭品的实际作用没有损害。由于这种看法的出现，祭祀领域出现了以部分代表牺牲整体的做法。在古希腊人中，就出现了普罗米修斯传奇中的"节约的仪式"。这一仪式由牺牲燔祭的古代习俗变来，其做法是"只为神燔烧一些被杀之牛的骨头和油脂，肉则被信徒们吃光"；又如在古印度人中，为了避免失去孩子，本应"为神献身"，但现实做法却是砍掉自己的手指作为献给神的祭品。以部分代表牺牲整体的做法，还广泛包括割断头发和人为出血。与此同时，也出现了奉献给神牺牲的代替物的祭祀形式。比如，古代墨西哥人在祭祀水神和山神时，便有人将生面团制作了牺牲的造型，并对其施加

"杀牲"的做法，在古代中国人中有用纸扎代替殉葬人的做法，在埃及有将木制的人的肢体抛进河里取悦河神的做法（泰勒，2005：715—721）。

泰勒将美洲、非洲、太平洋岛屿、婆罗洲的许多土著部落列入蒙昧人的范畴，将古代亚洲、欧洲、美洲部分部落列入野蛮人的范畴，将欧亚大陆的主要文明列入文明人的范畴。在论述祭祀之源时，他引据了来自蒙昧人的素材（特别是婆罗洲的卡扬人、斐济岛、美洲奥萨格部落、加勒比人、中美、墨西哥、波哥大、秘鲁，某些非洲的部落的殉葬事例），借助有关蒙昧人的思想和习俗的记述，对宗教和文明追根溯源。

蒙昧人的思想和习俗构成了他笔下的"他者意象"，但这个"他者"并不是与他所在的文明无关的；相反，蒙昧"他者"既是文明的源头，又嵌在文明内部，作为其"内在的他者"绵续着。

泰勒分解了缪勒（Max Müller，1823—1900）对欧亚大陆的几个"方言"大区——闪米特、印欧、图兰——的区划，指出这些大区内部的文化发展程度不一，不能一概而论。他认为，这些大区被认为文化落后者，其内在有先进的部分，反过来说，被认为文化先进者的，也内在地存在"原始"的部分（泰勒，2005：36—42）。即使是对仅旧基督教覆盖的"文明区域"，泰勒也持一个"中立"的态度，他承认这一区域的文明是高度发达的，但明确指出，正是在同一个区域，我们也看到了文化意义上的"他者"的广泛存在。就祭祀而论，基督教成为"官方宗教"并未意味着作为"民间宗教"的信仰和祭祀的消退；相反，这些东西广泛流传于民间，其势力如此巨大，以至于教堂必须适应它。教堂崇尚一种高高在上、抽象化的纯粹精神存在的神的观点，使上帝成为一种明确"超越"人与物及其生活世界的神，它甚至无须任何祭品乃至任何"身外之物"，仅要求信徒有内在的敬仰和与之相随的德性。然而，这些都没有降低来自蒙昧部落的民族学文明源流知识的解释力。于是泰勒说：

　　在基督教的寺院里也像在前基督教的寺庙中一样，同样升起缕缕香烟……基督教在民众中网罗自己的拥护者，在民众中，祭祀的观念是根深蒂固的，而祭祀的仪典是最重要的敬神仪式之一。由此就产生了填补由基督教取代异教之后的空白的习俗。这种习俗不是革新而是适应（泰勒，2005：724）。

二、从麦克伦南到罗伯森·史密斯：图腾论解释

　　19 世纪中叶起，德国自然神话学派代表人物之一、牛津大学万灵学院院士麦克斯·缪勒基于印欧文明研究提出了一种"神圣直觉论"。缪勒看法大抵为：

　　人总是有一种对神圣者的直觉，关于无限者——在他那里指的是上帝——的观念派生于感官经验。因此，我们不必像当时一些人所做的那样，在原始启示或者在宗教本能或官能中探寻其起源。人类的所有知识都是通过感觉获得的，感知提供关于实在的最深刻的印象，而所有的推理都是建立在它们的基础之上的。宗教方面的情况也是如此：过往的信仰中没有什么不是从感觉得来的（*nihil in fide quod non ante fuerit in sensu*）。这样，像太阳和天空等不可触及的东西便为人们提供了关于无限者的观念，也为神灵提供了素材（埃文斯－普理查德，2001：25）。

　　泰勒将缪勒"神圣直觉论"当作对立面，拒绝将"无限"的显现和觉知看作宗教之源，他认为，若想理解宗教的发生，便应将人自身看作是认识的主体，应看到，宗教起源于作为认识主体的人对自然客体的神圣化。

　　泰勒的这一主张，为同时代许多转向"关于人的科学"的学者所

共享，但其对万物有灵论的叙述却不无争议。原始人是不是真的将神明看作是来自人的灵魂？神的信仰是否自古而然？我们是否能将"宗教"概念泛化到如此程度，以至于也用它来定义原始人和乡民的"迷信"（superstition）？换句话说，原始人是否真的有"宗教"？如果万物有灵论是从原始人的理性中发生的，那么我们又如何解释其以主观代客观的"错误"及其在"实践"中的"无效"？如史铎金指出的，关于这些问题，不少进化论者得出了与泰勒不同的结论（Stocking，1987：195）。

在泰勒思考万物有灵论之时，另一些学者也正在探究关于"原始宗教"的问题。泰勒成长于大不列颠南方，而在北方，几位杰出的人类学家也于19世纪中后期成长了起来。其中，泰勒的同代人（年龄比他稍大）约翰·弗格森·麦克伦南可谓是他的"对手"。麦克伦南同样不接受"神圣直觉论"，他与泰勒一样，试图在印欧宗教之外的蒙昧和野蛮的"他者"中找寻文明的源头。然而，他并没有像泰勒那样执着于在原始人中找到神的灵魂解释，他转向拜物教之说，借以解释物神崇拜，提出了图腾论看法，并将之与社会的构成相联系。

麦克伦南1865年出版《原始婚姻》一书，随后撰文论述古希腊亲属制度。在写作该书时，他已认识到，古希腊人与美洲印第安人一样，曾经拜动植物与宏大自然现象为图腾。在1869年至1870年分上下篇连载于《双周评论》（The Fortnightly Review）的《动植物崇拜》一文中，麦克伦南基于18世纪法国学者德布罗塞（Charles de Brosses，1709—1777）根据其对"澳大拉西亚"地理范畴①的观察提出的"拜物教"（fetishism）概念②界定了图腾。

从其相关具体论述看，麦克伦南之"图腾"与泰勒之"万物有

---

① 包括澳大利亚大陆、新西兰、美拉尼西亚。
② 指原始神灵信仰观念之前存在并绵续至后世的信仰，包括对宏大自然现象、动植物和无生命物人的想象中可感觉而又超感觉的物的崇拜（De Brosses, Morris & Leonard, 2017）。

灵"有颇多相近之处，二者均指原始人通过观察、想象、思考得出的认识，是人类心智进化"低级阶段"的思想，而不是指包括缪勒在内的"退化论者"眼中的"败坏的信仰"。图腾论在另一个方面也与泰勒笔下的"原始生物学"一样，它不认为人与万物、有生命之物与无生命之物之间有根本区别，而是认为二者都具有灵肉双重性。因而，在论述这一观念形态（尤其是它在古代文明中的后期发展）中，麦克伦南多次诉诸万物有灵论概念。所不同的是，麦克伦南相信，以澳大利亚土著和美洲印第安人的情况看，最早人类崇拜的图腾，不能说是人的灵魂转化而成的，它们是有灵的，但其存在方式是物质性的，与任何生命无异，只是到了早期文明社会（如印度、埃及和古希腊）阶段，灵魂和精神的可迁移流动性才得到凸显（McLennan，1869，1870）。

不同于泰勒，麦克伦南并不关注作为理论与实践的宗教信仰与仪式何者为决定性层次的问题，他专注于婚姻史的研究；图腾之所以引起他关注，乃因在他看来拜物教与社会现象之间有着密切关系。麦克伦南说：

> 大地上存在一些处在图腾信仰阶段的部落（我们称其为"原始人"），其中的每个部落都用某个动物或植物来命名。作为象征或旗帜，动植物图腾受部落民的敬奉。部落的亲属是通过母亲来传承的，外婚制是他们的婚姻法。在某些例子中我们看到，部落民相信他们是由图腾降临于世间的，至少从名义上讲，属于它的品种或种属。我们也看到，在部落民与他们的图腾之间有着某种关系，以熊图腾为例，这一关系可以发展成祭拜者与神的关系，并导致宗教仪典的建立（McLennan，1869：427）。

也就是说，不管图腾的本体是物质还是精神性的"灵"，原本它的作用在于区分社会团体，使它们明了通婚必须发生在群体的自我与他者之间。随着历史的发展，图腾发展成人神关系，为宗教仪典的设立奠定基础。

麦克伦南仅在一篇论文中论述了图腾论，但他确实是"最早把图腾制度当作理论主题来讨论的"，他所提出的"图腾制度等于物神崇拜加上外婚制和母系继嗣"的公式（列维－斯特劳斯，2012：17），使他成为古典人类学文化史研究领域中与泰勒并立的另一位开创者。在 19 世纪末，泰勒的包括安德鲁·朗（Andrew Lang）在内的追随者（Stocking，1995：50—62），他们继续沿着由"灵"和"神"构成的框架追溯欧亚文明的源流。同样地，麦克伦南有他的信徒，他们致力于在原始"物神"中寻找文明之根。在麦克伦南的信徒中，史密斯是最杰出者之一。

史密斯小麦克伦南近二十岁，也是苏格兰人。他在阿伯丁大学学过科学、修辞学、逻辑学和心理学，向往新兴功利－经验主义观点。后来他到苏格兰自由教会设立的爱丁堡新学院就学，对新旧学术都兴致盎然，在《圣经》批判——对围绕新旧约展开的文本、语文学、文学、传统及形式的分析——方面，尤受《旧约》诠释学中的"自由派"思想的影响。其间，他到过德国短期访学，十分欣赏当时德国的"高级批判"。史密斯的学术是在《圣经》研究领域中展开的，在英德两国"无信仰"的年代，他提出了"辩证神学"主张，认为坚守正统不应意味着排斥新思想和新学术。史密斯在希伯来传统和《圣经》研究上心得颇多。他曾以阿伯丁自由教会希伯来和《旧约》教授身份在爱丁堡一个俱乐部结识麦克伦南，二者相见甚欢，成为忘年交。史密斯宣明的意图是让基督教经学接受进步论，以克服其近代陷入的困境，然而他提出的解释并不易于为当时的教会所接受，他也因此失去其在教会中的职位（Beidelman，1974：13—21）。为了进一步将《圣经》当作科学历史学的对象来研究，史密斯研习了古代闪米特人所在区域的语言文化，还曾到过埃及和阿拉伯实地考察。1883 年起，他由于已经精通阿拉伯语而受聘于剑桥大学。

　　史密斯主张在《圣经》学术中兼顾"经"（经文原理注释）和"史"（历史情景与"民族性格"）。在与麦克伦南的交往中，他愈发重视《圣经》学术的"史"的方面，并特别着力于结合《圣经》研究与作为科学的进化人类学。然而，不同于以泰勒为代表的其他进化人类学家，他没有放弃其家族在教会中的成员资格，也没有从人类史和民族志的资料之综合提出某种"关于文化的科学"的愿望。他集中心力于求索其所在文明传统（基督教）的历史根基。对他而言，涉及所有人类史前社会的历史和民族志资料都是重要的，但对这些资料的分类、排比和分析，不见得一定要服从于对分门别类的事物从源到流的进程的反复论证（Stocking，1995：65）。他认为，这些资料要获得意义，学者应参考相关经典，并对其背后的意义加以深究，从而能在比较视野里提出一些有关《圣经》的"史"的解释。这一"史"的解释留有深刻的进化人类学烙印，但史密斯的历史叙述似乎总是给人一种由后往前推的感觉。其身处的传统总是他叙述的起点，其中间的铺陈总是在这一传统形成之前古老年代存在的另一种传统的样貌，其结论总是关涉由"人之初"的"根本制度"。受麦克伦南影响，他深信，欧洲人曾经与原始人及古代文明一样有过母权制，信奉过"异教"。在他看来，《圣经》也是历史文献，特别是《旧约》，其有关先知的记录其实反映了"罪""至圣"等伦理修辞出现之前一个阶段的社会状况，而这与闪米特"种族"的社会组织与前先知宗教有关。

　　在其著述中，史密斯丰富了"麦克伦南公式"的亲属制度和社会组织内涵。他在《阿拉伯地区早期的亲属制度与婚姻》（*Kinship and Marriage in Early Arabia*，1885）一书中表明，社会的原初基础不是梅因（Henry Maine，1822—1888）想象的原始父权制，而是麦克伦南笔下的母权制。他以自己的方式将麦克伦南进化人类学与其所从事的《旧约》的"经史"关联起来。但他坚持对其所专攻的特定文明传统加以深究，没有从原始人的亲属制度状况入手，而选择以闪米特人中一个在晚近历史阶段中有明显父权制特征的文明传统为叙述的起点。

这个文明传统是穆罕默德时代的父权制部落模式。① 史密斯在详述了这一模式的特征之后，揭示出这个模式内部存在的反常现象。在他看来，这些反常现象表明，阿拉伯父权制似乎与一种不同的体系相续，这个不同的体系，便是父权制之前在阿拉伯人中曾经广泛流行的母权制。在外婚制下，早期阿拉伯人与其他原始人一样，从族外引进婚配对象，这就使他们内部人口出现了大量掺杂。在避免乱伦、辨明何者可婚中，他们依托了血缘纽带的标识物，这些标识物便是图腾。受麦克伦南启发，史密斯认为图腾最初以母系为传承线条。图腾起着"物以类聚、人以群分"的作用。阿拉伯人由此分为各类"图腾存库"（totem stocks）。在其所在区域，人们相信，部落的生命来自动植物和某些自然对象。到了希伯来人那里，随着农业的发展，母系制产生了一定变化，图腾也不再只是那些神秘自然物了，但早一些的体制因素还是留存着。

1887 年，应布尔内特基金会（Burnett Fund）之邀，史密斯回到阿伯丁做演讲，演讲的主题是闪米特人的原始宗教及其与其他古代宗教、《旧约》、基督教诸"精神宗教"之关系。按计划，演讲自 1888 年至 1891 年延续 3 年，分 3 个系列。第一系列完成后，史密斯对讲稿进行补充，编订出版了《闪米特人的宗教演讲录》（*Lectures on the Religion of the Semites*，1894），该书集中呈现史密斯闪米特人古代祭祀研究的成就，可谓是对"麦克伦南公式"的宗教社会学运用。

史密斯界定的"闪米特人"，是指一个母语属性有关联的"民族志群组"（ethnological group）或族类，包括阿拉伯人、犹太人和叙利亚人。这个群组最早分布在一个广阔的区域中，该区域的中心在阿拉伯半岛，边缘在两河流域，自西向东被红海、地中海、亚美尼亚高原、伊朗山脉和波斯湾等天然屏障与其他区域分离。这个区域在历史上曾经不少人群往来，与此同时，其内部的山脉、沙漠构成了部落的

①　在论述过程中，他的笔调甚至与麦克伦南的对立派梅因的《古代法》很像。

自然边界，使其长期处于分化状态。然而，分化并没有对闪米特人文化共通性的绵续产生根本影响（Smith，1894：11—12）。史密斯相信，从闪米特人的历史研究，我们可以看到一条从游牧到定居农耕的清晰演变线条，这一线条与宗教史的线条基本一致。

世界宗教中有三个发源于闪米特人，它们是基督教、犹太教及伊斯兰教。史密斯称这些被泰勒形容成"高级宗教"的大宗教为"积极宗教"。所谓"积极"意味着，它们的起源可以明确追溯到宗教发明者的教示。史密斯指出，神学和宗教学一向重视"积极宗教"本身的研究，对于"积极宗教"身后的"传统宗教"，则并不关注。在他看来，传统宗教之所以是"传统的"，乃因其实践和信仰不能追溯到个人的思想（或者说，不是由个人权威传播的），而是在无意识的悄然作用下生成、由各民族世代相传的，本质为"无意识宗教"。"积极宗教"建立之初，作为"神启器官"的宗教发明者必须基于旧宗教的实践来创造。"积极宗教"不能凭空创造，"新的信仰方案只有对业已存在于受众中的本能与感觉有吸引力，方能得到聆听"（Smith，1894：2）。

那么在积极宗教建立之前流传于早期闪米特民族和他们的原始邻人中的传统宗教是什么样？史密斯有时将之称作"原始宗教"，还表明，"原始宗教"不是原始人在智识上的创造，与先知个人阐发的宗教精神不同，它弥散于生活中，是生活的核心组成部分，它也不能与巫术混为一谈，因为巫术是危机时刻出现的宗教败坏。关于巫术产生的原因，史密斯说：

> 只有在社会瓦解时期，如在末日的闪米特小国，人们与他们的神明在亚述帝国大步伐进攻面前变得无力之时，基于恐惧产生的巫术迷信或者为抚慰外国神明设计的仪式，方会侵蚀部落或民族宗教。在较好的时期，部落或国家的宗教与私人外来迷信或巫术仪式没有任何相通之处，后者是蒙昧恐惧给个人带来的。宗教

不是个体的人与超自然力量之间的人文关系，而是一个共同体的所有成员与心怀着共同体的福利并保护其法律和道德秩序的神明之间的关系（Smith，1894：68）。

史密斯相信，理解先在的传统宗教，对于透彻理解积极宗教的系统、历史起源、形式以及抽象原则有着重要意义。传统宗教尚未像大宗教那样各自分立，是远古时代闪米特人与他们的异族共享的，它与后起的积极宗教不同，不是以信仰为主导的，它没有信条，只有制度和实践。每种制度或实践，固然都有解释，但这些解释是模糊而多样的，因而，也没有正统与异端之分（Smith，1894：16）。传统宗教没有教条，只有神话，但即使是神话，也没有神圣制裁和约束的功能，而主要是作为崇拜的一部分，起激发崇拜者感情的作用，其地位是次要的。"原始时期的宗教不是一个含实践运用的信仰体系，而是一个有固定的传统实践构成的实体"（Smith，1894：20）。这意味着，宗教的制度和实践比宗教的信仰古老。在原始人中，"宗教是有组织的社会生活的组成部分，人们生在他们的宗教传统中，无意识地遵循它，于是陷在他们生活其中的社会的任何习惯实践中"（Smith，1894：21）。

社会的"习惯实践"核心内容是仪式——特别是祭祀——的制度和实践，它们对传统宗教而言是首要的。史密斯主张，要全面理解传统宗教，便应摆脱从积极宗教提炼出的神学形而上学的制约，应看到，在远古时期，信仰、教条、神话这些观念上的东西都是附属性的，应集中研究祭祀仪式的社会构成。

仪式是远古人类作为崇拜者处理其与神之间关系的实践，这类实践不是心灵的内部活动，而是实在的社会行为，且是在特定物质空间中展开的，因而仪式同时也是远古人类处理人和神与客观存在的自然之间关系的办法。所有古代崇拜都有物性的对象，行为一样都有物质体现。在原始人中，"某些地方，某些事物，甚至某些动物类型被看作是神圣的，也就是看作是与神的关系很近，因而要求人们敬畏之"（Smith，1894：25）。因而，要理解传统宗教，便要考察人们如何处理人与自然（物）之间的关系，而这牵涉古人对宇宙及其组成部分之间相互关系的看法。

《闪米特人的宗教演讲录》共含 11 讲（前 9 讲是讲座稿，后 2 讲为出版时所增订），在第 1 讲中，史密斯阐述了其研究主题与方法（特别是历史比较方法）。在此后的 4 讲中，他先从人神关系入手，考察了"宗教共同体"的本质，接着用 3 讲的篇幅论述了圣地说见之神物关系、人地关系及圣域的类型（自然和人为）。在最后长达 6 讲的篇幅中，史密斯集中呈现了其对祭祀的历史社会学考察，牵涉祭祀的一般面貌、共餐、动物祭祀的意义和神圣效力、礼物论与赎罪论等。

如上文提到的，在 1860 年代，麦克伦南早已提出了一种不同于泰勒万物有灵论的看法，他基于图腾论研究指出，万物有灵论中灵魂和精神的可迁移看法，其实是到了古代文明出现后才发明的。在麦克伦南的启发下，史密斯重新梳理了祭祀的历史线索。他只有在两处引述了泰勒《原始文化》的资料（Smith，1894：234、322），在没有在正文中与其观点进行正面交锋中，悄然用自己的研究表明，用礼物论来解释祭祀的起源，意味着误以为原始人已经有了与"积极宗教"一样的灵魂和精神理论。史密斯坚信，礼物论是后发的，是作为"神启器官"的宗教发明者为了建立积极宗教而提出的等级化的人神关系看法，只有当神被说成是高于人的存在的，才有可能以贡献礼物为方式来展开祭祀。在传统宗教中，祭祀不是被释放出来的精神性由人向神的流动，而是被泰勒看作是后发的祝宴，而祝宴不是别的，正是图腾论下的共同体在特定时间、特定地点通过人神共餐更新生命的仪式活动。

史密斯在共同体一词前面加上"宗教"二字，使之成为"宗教共同体"，含义似乎是，这种共同体不仅由人构成，而且也由灵肉难分的神与物构成。在远古时代，人降生于其中，既有相互以亲属关系关联着的人，又有与他们的生活关系密切的神，而人神关系也被当作是人际关系。人用亲属称谓（如"母亲"或"父亲"）来称呼他们的崇拜对象，实际的意思是说，人是神（包括图腾）的后裔，人神共同构成有相互责任的广义的家。人神都是生命，生命可以被解释为"神性"，但"神性"的本质不是精神性，而是一种活生生的生命力，是由血的流淌来表现的，它赋予存在体感觉和感情。动植物、自然客体、人都有流淌着血的"血管"，所有存在体都分享生命，相互之间是亲属关系，而亲属关系不是局限于人间的关系体制，而是由生命关联人、物、神的广义亲属关系。这种广义的亲属关系，是早期闪米特人与世界中其他存在体建立图腾关联的依据。原始的闪米特人物我不分，认为物与人一样，生活在不同的群体中，而这些群体同人类建立其亲属关系，图腾由此而来。

对史密斯而言，

> 早期人类当然没有动物生命神圣的观念，一样也没有人类生命神圣的观念。同氏族的人如果说是神圣的，那么，并不是因为他是人，而是因为他是亲属；同样地，对蒙昧人来说，图腾动物的生命是神圣的，并不是因为它是活的，而是因为它和人一样是从同一个图腾库存中生发出来的，二者是堂表亲（Smith，1894：285）。

如果说祭祀是以人与神的共餐为主要内容的，那么也可以说，这与一家人吃饭没有太大差别。最初人类认识的万物和神明，其存在方式是物质性的，家或亲属制度所包含的关系是有血有肉的，其范畴并不只是人，也包括神，而人与神的存在方式都主要是物质性的，因而，二者所在的共同体可谓是一种"社会体"。

而如史密斯所言，以物质为存在方式的人与神，都被视作有其物理局限性，早期闪米特的神，同样有这一局限性，它们不是自由漂移的魂灵：

> 一个人与他的同伴之间的关系，会受物质性条件限制，因为
> 人之身体器官本身是物质宇宙的一部分，人亦是如此；而当我们
> 发现人与神的关系也同样是受限制时，我们便会得出结论，神也
> 可以被看作是宇宙的一部分。这也就是为什么人可以通过物来与
> 神交流（Smith，1894：85）。

祭祀是共同体在特殊的方位更新自身活力的活动，在早期闪米特
人中，这类活动有特定地点。祭祀地点与游牧的特定地理范围有关，
是游牧人跋涉在干旱沙漠时于峰回路转间走进山谷、经过涌泉绿洲发
现的众神的花园和各种动植物精灵所在地（Smith，1894：129—131）。
这些方位可谓是"自然圣地"，它们是人与神通过祭祀进行亲人间交
往的场所，其中心往往得到极其细致的呵护，正是在这些方位上，作
为社会基本制度的亲属制度得以将地理化为人伦。

游牧的闪米特人祭祀形式主要是人神共餐，餐食的是家畜，特别
是诸如骆驼这样的图腾动物。作为祭品的家畜，被看作是人类的亲
属，在家中被养成，是家庭的成员。祭祀意味着作为共同体成员的图
腾动物的死亡。它们被"谋杀"要有特定的时机，需要得到共同体成
员的一致同意和参与，而它们被认为是为了共同体而献身的。它们的
死亡不是以灵魂的离开为形式，而是以血的喷涌和肉的颤动这类生命
的流淌为表现的。以血肉为主的物质，而非牺牲的魂灵，是祭祀带来
的生命力，这种生命力也是物质性的，它被以物质性的方式摄取，作
用在于更新共同体的社会生命。而由于共同体是由人和神共同构成
的，不仅人要分食祭品，而且神也要参与其中，得到他们作为共同体
成员的份额。

积极宗教的孕育过程，也是神从共同体分化出来成为高高在上的
精神性存在的过程。这个过程与祭祀的物质主义特征的式微相应，其

结果为，人们认为，一方面，神不需要人所需要的血肉，另一方面，他们却拥有所有供奉给他们的祭品。如史密斯所言：

> 原本所有祭品都是被崇拜者吃掉的。渐渐地，通常祭品的某些部分和特殊祭品的肉不再被食用了。没有被使用的祭品被焚烧，而随着时间的推移，祭品变成是在祭坛上被焚烧的，人们认为，这样做是为了将祭品献给神。一样的变化也发生在献祭的血上，所不同的是，这里无须用火。在最古老的祭祀中，血是被崇拜者吞饮的，后来人们不再饮用供奉给神的血，他们将血宣布泼洒在祭坛上。燔祭和泼血祭，在倾向上显然意味着，祭祀者不再消费祭品的任一部分，祭品全然是直接送交给上神的……（Smith，1894：390）

得到整全祭品的神，当然会返回一部分给人，以显示其堂皇的风度。然而，这种新型的"交换"，已经不用于发生在人、物、神共生共同体的那种互动了。

这一转变与闪米特人从游牧的沙漠到农耕的平原迁徙这一历史过程有关。随着定居性农耕社会的出现，神变成具有赋予土地生殖力的种类，不再是人的亲人，他们就像君王那样接受赋税。由此，祭祀的内涵变成了"送礼"，而礼物往往是动植物的初生果实。礼物也不再简单是互惠性的，而是具有浓厚等级色彩的"供献"（tribute）。成了"供献"之后，祭品便不再是由人、物、神构成的共同体赖以焕发和维系社会生命的手段了。人和神之间一旦具有了等级性，便预示着共同体成员的亲属关系分化为有远近高低之别的层次，在诸层次中，宗教和国家中的特权阶层得以生成和巩固。而在此过程中，在内（内部专制）外（异族入侵）的双重挤压下，地方性共同体让位于王国政体，随之，宗教在去地方化中向普世的方向演变。积极宗教的建立，使共同体陷入瓦解的危机，与之相关，人心陷入深深的疑虑之中，意味着只有不断安抚易怒的神，方可得到社会和心理的安宁。赎罪祭的地位悄然在祭祀的行列中升高了，关于"罪与罚"的话语，成为宗教的重要内容，而宗教本身越来越变成从物质中解救精神的手段。

　　然而，正如闪米特人在转折期所经历过的，祭祀的"家"的逻辑易于拓展到"国"的范畴。即使到了积极宗教建立之后，人们依旧还是将君王当作父亲，在仪式中与他共享"祝宴"或向他贡献"供品"，而后者被相信有责任关照他的"子民"。从"家"到"国"，社会产生了变化，但在包括古希腊和古罗马在内的早期文明社会，二者之间的界线并不分明（Smith，1894：32）。倘若可以称由人神共同构成的原始的"家"为宗教共同体，那么这一共同体便有不可置疑的"根本性"。

　　史密斯的比较宗教看法，与自己所在家庭实践的那种宗教有关。他出生在一个苏格兰家庭中，其所属的苏格兰自由教会虽属于新教的一种，但有其自身特色。这个教会与英国国教会有别，主张寓教于社会，特别重视通过家庭对共同体公共生活的参与，维持人与神圣的亲密性。生活在有这样"信仰"的家庭中，史密斯能感知到，宗教"理论"之外的"非理论"制度和实践，后者的重要性并不亚于前者，甚至可以认为，它是前者的"基本制度"。

　　在结论中，史密斯说：

　　　　拯救、替代、净化、赎罪之血、正义的外衣，所有这些都可以追溯到远古仪式上。但在古代宗教中，所有这些都是被非常模糊地界定的，它们显示的是仪式特征在崇拜者脑子里制造出的印记。我们没有任何理由试图在它们中找到与基督教神学家们所用的那些词汇同等精确而确然的概念。但有一点是清楚而深刻的，这就是，古代祭祀的基本思想是圣餐，而所有赎罪仪式最终都应被作这样的理解：它们将神圣生命传递给崇拜者，并在崇拜者与他们的神之间建立或确认某种活着的关系（Smith，1894：439）。

三、弗雷泽：巫术论解释

1870 年代初至 1880 年代末，在大不列颠岛上，两个对立的人类学"范式"相继形成。在英格兰，万物有灵论范式得到系统阐述，随之由一些受泰勒启发的学者运用于域外"当代蒙昧人"的民族志研究；它也影响了一大批民俗学家，他们将它广泛运用于研究英国乃至整个欧洲的"文化遗存"之中。在苏格兰，麦克伦南从亲属制度和宗教双方面同时入手，界定了图腾制。到了史密斯在阿伯丁做那些有关宗教"根本制度"的演讲之时，图腾论终于长成一种"宗教共同体"理论，深刻影响了英法学术。

作为两个"范式"的代表人物，泰勒与史密斯在学术上并不是毫无相通之处。比如，他们都认为，一方面，文化从"低级"到"高级"，宗教从"传统"到"积极"，变迁转化是主导的；另一方面，在后发文明中，先发文化的"影子"总是依旧可见。又比如，在解释祭祀的缘起时，泰勒在论证万物有灵论时时常重申，"灵"在原始人那里常常被理解为某些流动性超强的物质，史密斯在论证图腾论时往往强调"物神"的存在，有物质性的"灵"与"物神"相互之间的差异并不是根本性的。

然而，泰勒与史密斯之间存在着重要的差异。搁置其对宗教和科学的态度差异，[①] 后世学者往往将二者的"学派区分"理解为心理学与社会学的对立：所谓"心理学"，特指对作为理性个体的人之"智识活动"；所谓"社会学"，则特指对作为非理性、情感的集体的人之制度与实践的复原（埃文斯-普理查德，2001）。以其对祭祀的解释论

---

① 泰勒和史密斯，一个为了造作"关于文化的科学"，刻意与生养他的家庭之教会，即贵格会（Quakers）——其特点是主张撇开繁文缛节，直接凭靠生灵的启示进行生活——保持距离，另一个则不仅从未放弃这一归属，还将同一门"科学"看作《圣经》学术之革新的思想条件。

之，泰勒的确强调仪式背后的心理和"智识"的决定性意义，而史密斯反对用后发的信仰理论来解释原始人，反对将原始人的仪式制度和实践归结为原始心灵的表现。泰勒将蒙昧人描述成与文明人一样理性，认为他们的万物有灵论虽是对世界的错误认识，但毕竟是认识，是源于理性的。而史密斯则不同，他基于苏格兰自由教会的观念与实践提出他的社会学解释，将"传统宗教"描绘成弥散于生活中的系统，认为它含有强烈非理性或情感的内容。

可以认为，两种学术路径的这一差异，与其创立者所在区域思想传统是有关系的：如果可以说泰勒的解释是英格兰个体-功利主义传统的某种进化人类学显现，那么也可以说史密斯的解释与苏格兰自由教会的共同体主张是相应的。

当然，说泰勒的解释是心理学的，并不是说他在论述"关于文化的科学"时从未诉诸社会学；说史密斯的解释是社会学的，也并不是说他在论述比较宗教史时从未诉诸心理学。泰勒与史密斯的杰作，都综合了心理学和社会学的内容，二者的差异主要表现为：他们对何者为"根本"有不同见解，而所谓"根本"指的并不直接是哲学意义上的"决定"与"被决定"关系，而是历史上的先后顺序。在其坚持的立场下，在论及祭祀的起源时，泰勒一面认为它源于人与神之间那种如同邻人或友人一般的和善关系，另一面用供奉来形容祭祀，相信接受供奉的神被人看作是高于人的。由于他不重视共同体观念，因而，他将祭祀中人神共餐的仪式看作是较高阶段的文化产物。而史密斯则不同，他在辨析祭祀制度与实践时，将泰勒的供奉祝宴先后说颠倒了过来，认为祝宴先于供奉，也就是说，共同体先于个体。对泰勒而言，历史上先出现的是"供奉"，后出现的是"祝宴"和内在化尊敬的各种形式，而供奉虽发生于人神之间，但其本质如同作为个体的人与他人之间的"人际互惠"，祝宴和内在化尊敬是社会性的，但这些都是后发的。而对史密斯而言，历史的先后顺序正好是倒过来的，富有社会内涵和价值的祝宴是先出现的，它的本质是广义而自然的社会，是人、物、神的相互性，供奉之实质是个体化、等级化的私有财产观念和制度，而这些是后发的。

与这一差异相关，在泰勒与史密斯之间还存在另一个重要的看法不同。在泰勒笔下，与现代人一样依赖智识生活的原始人，对世界的看法是"以人为本"的，他们眼中的世界同样是由人、物、神构成的，但贯通世界的却是人的灵魂及从其生发出来的"精神性"；而在史密斯笔下，原始人与现代人有不同，其生活并不是"以人为本"的，而是以带有神性的物为本的。这一差异正是万物有灵论与图腾论在本体论和宇宙论上的差异。

当弗雷泽的学术形象还在形成之时，泰勒与史密斯已如"先知"那样感召着许多同代人与后来者。弗雷泽也是苏格兰人，他小泰勒二十二岁，小史密斯八岁。大学期间，他学习古典学、哲学、自然科学，毕业后到剑桥大学三一学院继续读古典学，之后学了一段时间法学。在进入人类学领域之前，他已活跃于心理学和哲学领域，受过德国理想主义思想影响，但倾心于密尔（John Stuart Mill，1806—1873）和斯宾塞（Herbert Spencer，1820—1903）的思想进化观点。弗雷泽早期做的研究是古典文献编校，对含有大量民族志内容的古代史文献情有独钟。他从古典时代历史遗存的记述中领略到了原始文化的样貌。

1880年代初，弗雷泽读了泰勒的《原始文化》，正计划着用泰勒洞见重塑古典学。1885年，他应邀到皇家人类学学会发表演讲，当时泰勒在座，他多次引述泰勒观点，还表白说，正是泰勒的著述使他对人类学产生了兴趣，由此其人生也有了不同，这使泰勒相当欣喜。

在弗雷泽的人类学生涯中，泰勒的启迪有划时代意义，但史密斯的友情、帮助和教导同样重要。弗雷泽1884年初在三一学院与史密斯见面，虽不能完全赞同其观点，但因其渊博而对他五体投地。此后，两人的关系亲密了起来。史密斯担任《大英百科全书》主编，他邀约弗雷泽编写若干词条，其中《图腾》堪称弗雷泽的早期人类学代表作。在该条中，弗雷泽引据史密斯解释，将图腾界定为一种宗教和社会系统，并认为，最初图腾制社会性较强，随着时间的推移，这种社会性才让位于符号性。其实弗雷泽内心并没有完全接受史密斯的主张。在叙述中，他一面迎合史密斯，一面沿用泰勒的看法将作为宗教的图腾制解释为"原始哲学家"在理性地思考自然中得到的观点。[①] 他一面综合澳大利亚土著民族志材料和进化人类学亲属制度研究成果，将原始人对自然物的分类与他们的社会体制联系起来，一面暗示，作为社会体制的图腾是受原始智识规定的。在三年后出版的《金枝》第一版，弗雷泽赋予图腾起源"心理学"的解释，引用民俗学的观点提出，图腾起源于原始人对于"外在灵魂"（external soul）的信仰。在他看来，图腾信仰之所以出现，是因为原始人没有能力进行抽象思考，为安全起见，只好将他们惧怕的"外在灵魂"识别为某种具体的物质性事物（Stocking，1995：141）。

弗雷泽摇摆在泰勒的"心理学"万物有灵论与史密斯的"社会学"图腾论之间，但他内心深处藏着对史密斯从苏格兰自由教会共同体主张推衍出的原始图腾"社会学"解释的质疑，因而，他"摇摆"的总体方向是偏向于泰勒"心理学"的。与致力于用"史"来解释基督教的"经"的史密斯不同，弗雷泽虽也随其双亲参与教堂的礼拜活动，但从小对"经"兴趣不大，而是时常沉浸于各种"史"中。古典学中的古希腊-罗马和人类学中的奇异风俗，才是弗雷泽的爱好，他在内心深处"以基督宗教为完全荒谬而拒绝它"（Ackerman，1987：188—189；Stocking，1995：128）。可见其对宗教的态度远比史密斯激进。

当然，弗雷泽的学术并不是泰勒学术的翻版，在泰勒与史密斯之间，他还是找到了万物有灵论与图腾论之外的"第三条道路"，这便是"巫术论"解释。这一解释与弗雷泽对史密斯《闪米特人的宗教演讲录》一书的批判性解读有关。

---

① 在他看来，这些观点是"错误"的。

　　1889 年，史密斯《闪米特人的宗教演讲录》第一版问世；次年，弗雷泽出版了他的名著《金枝》①，1915 年该书出第三版时，规模已达十二卷之巨，1922 年该书由弗雷泽妻子缩编为单卷本，1936 年十二卷《金枝》则又增补了第十三卷，将其献给史密斯。《金枝》既掺杂着泰勒用以论证蒙昧—野蛮—文明进步史的"证据"和史密斯对原始人、古代游牧、农耕阶段的闪米特人习俗的记述，又大量增补了弗雷泽自己在阅读中的"发现"。在《金枝》中，史密斯在《闪米特人的宗教演讲录》一书中给定的祭祀仪式优先于信仰的次序，被颠倒了过来。于是，如泰勒《原始文化》中的情况一样，书中先出现的是大量对于信仰的描述和排序，接着才出现对于仪式的表述。

　　在《金枝》中，弗雷泽对史密斯在其著第一版中说的一段话加以戏剧性的演绎。史密斯这段话是：

　　　　将神之死解释为同自然年复一年的枯萎相通对应，自然是偶像崇拜所暗示的，这种解释最终将通向年度宗教哀悼的任何伦理解释的那道大门关闭上了。神－人为其人民而死，他的死便是人民的生，这一思想由最早的神秘祭祀所预示。它的预示确实采取一种非常天然粗糙而物质主义的形式，这毫无基督教在有关赎罪的信条中包含的那些伦理思想，这些思想是从更为深刻的罪与神圣正义意识中发源的。而如我们已经看到的，神圣牺牲的自愿死亡这一观念，对古人并不陌生，其含义早已被包含在其宗教祭祀仪式中。这一观念蕴藏着基督教信仰的最根源性的思想，这一思想是：救世主将自己献给了人民，"为了人们，主奉献了自己，人民也因而能切实地奉献自己"。然而在偶像崇拜中，在神之死仅仅成为一个宇宙过程之时，古代宗教的最庄严仪典下降到季节

----

　　① 初版（1890）时该书为两卷本，二版（1894）时副题改为"一项巫术与宗教研究"。

性的年度革命的景观表现层次，随之，那些包含着更好事物的原初仪式风光，便切实地从我们的视野中隐去了，从而，宗教的官能便停止诉诸更为高级的感受，而更多停滞于对自然的情绪之变的感同身受之中（Smith，1894：393）。

似乎是因考虑到这段话直接暴露了其"史"的基督教神学之"经"的旨趣，在修订《闪米特人的宗教演讲录》时，史密斯将它删去了。不过，即便是这段话消失了，史密斯的看法也依然无异：从有关闪米特人和其他"种族"的历史和民族学资料看，在《旧约》成书之前的很久，祭祀早已出现，它是与人类史一道开始的，而基督之死的说法，乃是古老的祭祀制度的历史结果，是其观念的巅峰。

史密斯在阿伯丁发表演讲期间，弗雷泽在故纸堆里重新发现了古希腊神话中狄安娜的祭司兼森林之王的奇异继承规则。关于狄安娜崇拜，弗雷泽描绘如下：

> 对内米圣林中狄安娜的崇拜，曾起源于极久远的古代，并且具有极大的重要性，人们尊崇她为主管森林、野兽以至家畜和大地丰产的女神。信仰她能保佑人们多子多孙和帮助母亲们顺利分娩，她的圣火即一个圆形庙宇中的长明灯，由贞女们侍奉。与她在一起的还有一位清泉女神伊吉利娅，她解救妇女们的分娩之痛，以此来分担本属狄安娜的圣职。人们还以为，她曾与一位古老的罗马国王在圣林中结合，另外，"林中的狄安娜"自己也有一位名为维尔比厄斯的男性伴侣，他俩之间的关系正如阿多尼斯之于维纳斯或阿蒂斯之于库柏勒一样，这位神话中的维尔比厄斯在有史时期则以一代代的祭司的面貌出现，他们被称为林中之王，他们照规矩总是死在他们的继承者的宝剑之下，而他们的生命又与林中的一株神圣的树息息相关，只有那棵树未受损伤，他们才能不遭攻击，平安无恙（弗雷泽，2013：20）。

也就是说，在狄安娜神话里：1）人的生命与森林、野兽、家畜、大地共处在一个世界里；2）这个世界是由主管丰产的女神狄安娜主管的，狄安娜如母亲一般，将图腾生命力传递于人间，也就是说，她既是自然的化身，又是史密斯所谓的"人民"的生命之源；3）与她为伴的，是维尔比厄斯，后者以祭司面目出现，又是林中之王，他不像狄安娜那样属于永恒的自然，而是会像人那样死去，作为人间的领袖和圣界的职司，他的"中间性"表现为他的职位的永恒与生命的有限。

麦克伦南、史密斯及相信人类曾经历过一段漫长母权制阶段的其他人类学家，必定会将以上三点中的前两点与图腾制和母系传承相联系。在亲属制度研究方面，弗雷泽也表现出对于两位苏格兰前辈学者的主张之认同。然而，在《金枝》中，弗雷泽着迷的并不是亲属制度问题，而是史密斯有关祭祀的论述。这个问题出自上述最后一点，即与自然地承载生命的狄安娜不同，要成为狄安娜的职司或者兼有祭司角色的亡者，维尔比厄斯们必须首先摘掉"金枝"并杀死其前任。那么，"第一，为什么内米的狄安娜的祭司，即林中之王，必须杀死他的前任祭司？第二，为什么这样做之前他又必须去折下长在某棵树上的、被古代人公认为就是'维吉尔的金枝'的树枝？"（弗雷泽，2013：22）。在弗雷泽看来，杀死祭司兼森林之王的习俗，是广泛存在的弑神制度的一个组成部分。在其1910年出版的《图腾与外婚制》一书中，弗雷泽将自己对弑神的研究归功于史密斯，承认是后者在《闪米特人的宗教演讲录》中对祭祀的论述，将他引向了《金枝》所表明的研究方向（Beidelman，1974：57）。

然而，弗雷泽并不愿意止步于史密斯的解释，他想独有建树。他表明，若要解答以上两个问题，便首先要理解古人眼中王者之生死到底为何物。在有关狄安娜的神话中，祭司兼林中之王既是自然的存在又是超自然的存在，即是人又是神，或者说是介于人神之间的存在体。王与祭司的合体，在西方上古史上曾经以"祭祀王"的形式存在过，而相似的类型，还包括了欧洲中世纪教皇、小亚细亚大祭司、古代中国的皇帝、东非和中美洲广泛存在的祭司长和国王（弗雷泽，2013：23）。形形色色的超凡人物都源于一种自然/超自然不分的前现代思想。在这种思想里，世界是由超自然力支配的，超自然力来自神，神有人性，与人一样有理性和情绪，也与人一样会怜悯和受感动。在这种状态下，国王必然不仅被当成祭司，被当作人神之间的联系人，而且也被当作具有凡人所没有的能力的神。他们要当好人神之间的联系人便要精通法术，因而，作为祭司，他们也是巫师，他们起作用的方式是巫术性质的。

在呈现王者的人神双重性时，弗雷泽自觉不自觉地从史密斯对祭祀的共餐解释这边滑到了泰勒对祭祀的礼物解释那边。他不相信蒙昧人已有泰勒说的神灵观念①，但他相信他们生活得像"神王"一样，相信自己拥有促进己身及同伴之幸福的力量（弗雷泽，2013：24）。弗雷泽也相信，在这种普遍的人－神观念园地里，必然会生长出高于人的"神－人"来。神－人是介于人神之间的"大人物"，他们担负着史密斯界定的那种社会作用，他们本来可能只是为民众服务的巫师，但会渐渐地应顺时代的要求，兼有为公众组织祭祀以取悦神灵的角色。

在弗雷泽看来，神－人才是祭祀的动因，因而，要理解祭祀的性质，便先要理解接受礼物的神和他们"身边的"神－人之高于凡人之处到底为何。换句话说，既然作为神－人要当好人神之间的联系人需要掌握超凡的法术，那么要理解其生命属性，也便要理解其法术到底为何。

泰勒因止步于信仰的分析而对所谓"法术"不加深究，史密斯因执迷于社会的先在性而将祭祀的法术属性看成是后发的，为了克服这两种解释的缺陷，弗雷泽独辟蹊径，进入了巫术的园地。

_____

① 他暗示，这种观念是后发的。

在《金枝》被引用最频繁的第三章中，他以"交感巫术"为题，概述了其对巫术的类型与本质的看法。弗雷泽所说的"交感巫术"是指所有巫术的总体理论和技术，它认为物体通过某种神秘的交往可以远距离地相互作用（弗雷泽，2013：28）。在"交感巫术"之下有依据相似律产生的顺势巫术，及依据接触律产生的接触巫术，前者的理论是同类相生或果必同因，后者的理论是物体一旦接触，在中断实体接触之后依然可以远距离地产生相互作用；前者的法术通过模仿产生影响，后者的法术是通过接触，被某人接触过的物体或物体的一部分对该主体产生影响（弗雷泽，2013：26）。作为理论，巫术是伪科学，作为法术，它是一种伪技术，而法术又包含积极和消极（或禁忌）两类（弗雷泽，2013：40），对人可以产生正面或负面作用。

与史密斯一样，弗雷泽认为，巫术之"术"的一面并不是服务于人、物、神广义共同体的，而仅是为了人个体的利益而施行的。然而，关于巫术的历史时代性，弗雷泽提出了与史密斯完全不同的看法。如前述，在史密斯看来，在最古的年代，社会早已从原始共同体的欢乐宴饮中诞生了，个体主义巫术是在此种古老的"公共宗教"不再能满足人们的愿望和欲求之时才出现的，是被设计来收买或限制"恶魔的力量"的（Smith，1894：264）。与史密斯相反，弗雷泽坚持认为，在原始共同体时代之前还存在一个个体主义时代，与之相随，巫术早已服务着蒙昧人的功利需求，它远比宗教共同体古老。

在弗雷泽看来，巫术起源于社会还不存在的最古时代，此后经久不绝。巫术最初是个人性的，在能人时代到来之后，有公共关怀的巫术也得以出现。能人是应合对部落社会共同福利的关注而出现的，其出现之初，人们还沉浸在对巫术的迷信之中，因而，这些能人很容易取得他们的信任，成为有首领或国王地位的权势人物。巫术是伪科学，因而，若是要在部落中成为权势人物，能人便要最善于"欺骗"，也就是说，他们必须是最善于权术和法术的人。结果是，"公共巫术"涌现的时代，"最高权力往往趋向于落入那些具有最敏捷的智力和最无耻的心地的人们手中"（弗雷泽，2013：83）。可以认为，神话中的那些祭司兼国王，原型便是这些"具有最敏捷的智力和最无耻的心地的人们"。然而，不能像史密斯那样将动员巫术的能人看作是负面的，原因是，从进化的角度看，兼有智慧与欺骗性的能人或"大人物"所起的历史作用，积极的方面比消极的方面要大得多。具体而言，基于原始巫术迷信生成的能人政治，趋向于将管理权集中于个别杰出人物手中，将原始民主制度推向君权和寡头政治，弗雷泽认为这有利于推进包括艺术和科学在内的各类变革，无论这些变革是否与社会的生成有关，都有利于比较快速地"使人类从野蛮状态脱离出来"（弗雷泽，2013：84）。

很显然，弗雷泽所感兴趣的，并不是宗教的社会根基，而是心智的进程。在这点上，他与泰勒何其相似。然而与泰勒和史密斯都不同，弗雷泽不认为应该将科学时代之前的漫长历史阶段统一界定为"宗教"。其实，如前述，泰勒和史密斯也并没有将宗教看成是无时代变异的存在，他们中一个用"低级"与"高级"，一个用"传统"与"积极"，对宗教史加以时代区分。然而，弗雷泽显然不满足于此，他将泰勒所谓"低级宗教"和史密斯所谓"传统宗教"所指的时代替代为"巫术时代"。如此一来，他便有可能为科学对原始思维的"曲折回归"加以论证了。

弗雷泽在《金枝》第四章表明，在宇宙观上，巫术与科学都认为自然是外在于人的，在自然之上，也不存在上帝那样的"超人"（神），自然自身有其秩序和运行规律，这些既不是人为的，也不是神创的，人不能通过施行手段——特别是宗教仪式手段——改变自然，而只能接近它。巫术之所以不是科学，原因仅在于，它是智识进化的低级阶段人受限于智力而对自然产生的错误认识；宗教则不同，在宇宙观上，它与科学对立，认为世界不是自成一体的，而是由凌驾于其上的超人力量统治着的，这一力量是人格化的、有意识的。与宗教一样，巫术也跟神明打交道，也认为神是有人格的（特别如图腾物那样，是有人格的），但与宗教不同，它像对待物那样对待神，旨趣在于使神符合人和物的目的，而非相反，使人符合神的目的。

正因为巫术与宗教有上述差异，到了"高级野蛮阶段"，巫师与祭司之间才开始出现对立，后者视前者为对神的特权的篡夺（弗雷泽，2013：93），前者信守着以人的手段影响世界的"迷信"。弗雷泽一面承认原始人也有神的观念，一面强调，在他看来，巫术与宗教的并存混合（特别是表现在祭祀仪式中控制神和取悦神的两种对立态度的并存混合），主要是因在宗教阶段巫术得以绵续所致。他相信，历史上远比宗教古老的巫术，是对类似或接触概念的"简单认识"，而宗教则不同，它要"复杂得多"，它认为自然进程取决于有意识的力量（弗雷泽，2013：97）。在原始阶段，人极其渺小，宇宙极其之大，而渺小的人以为他们以有限的手段便可处理他们难以把握的不确定性，因而，他们总是生活在盲目自信与无穷尽的烦恼之中。在能人阶段，人暂时依赖有神异力量的大人物来处理生活中的困难，但到其信仰和实践遭到粗暴的动摇之后，他们的思想便"颠簸在怀疑和不确定的艰难的海上"（弗雷泽，2013：102），直到发现宗教这个新的信仰与实践的"港湾"。此后，在人的世界与物的世界之上还出现了另一个世界，在那个世界中，神对另外两个世界起决定作用，"平安都在它们的意志之中"（弗雷泽，2013：107）。

总之，弗雷泽将被史密斯当作"根基性"社会制度的宗教解释为后发的。对他而言，巫术既是最早出现的，那它必定是"根基性"的，其个人-功利主义本质，即使到了文明社会也难以被根除。不同于无穷多变的宗教，"巫术信仰呈现了单一性、普遍性和永恒性"（弗雷泽，2013：100），使现实中的宗教，总是含有原始的巫术内涵和诉求。

从其行文可以看出，弗雷泽对巫术与作为宗教仪式的祭祀是做了清楚区分的。他引据澳大利亚土著的民族志记述表明，在最原始时期，所有人都是巫师，却没有一个人是神父，"每一个人都自以为能够用'交感巫术'来影响他的同伴或自然的进程，却没有一个人梦想用祈祷或祭品来讨好神灵"（弗雷泽，2013：98）。在弗雷泽看来，最早的人类只有巫术，而没有祭祀，祭祀是用来"讨好神灵"的后发做法。在这点上，他既不同于泰勒，又不同于史密斯，他不认为早期蒙昧人需要用"供奉"来取悦神，也不认为他们已经有了共同体主义的"共餐"实践，他认为二者都是后发的，"人在努力通过祈祷、献祭等温和谄媚手段以求哄诱安抚顽固暴躁、变幻莫测的神灵之前，曾试图凭借符咒魔法的力量来使自然界符合人的愿望"（弗雷泽，2013：98）。在巫术向宗教过渡之前，大人物依旧施行符咒魔法以服务于公共性的目的，但其法术的真实性和有效性渐渐被看破。"人现在谦卑地承认自己要依赖于他们那看不见的权力，恳求他们的怜悯，恳求他们赐予他一切美好的东西，保护他免遭从各个方面威胁着他有限生命的危险和灾难，最后，在痛苦和悲哀到来之前，将他的灵魂从躯体的重负下解脱出来"（弗雷泽，2013：103）。只有到此时，泰勒和史密斯刻画的那种祭祀才开始成为主导的制度与实践，而即使是在此之后，巫术的根本性依旧藕断丝连，藏在形形色色的祭祀的文化底层中。

有学者批评说，弗雷泽从史密斯那里接过了这样或那样的论题，"但却没有能力将它们安置在有关社会的任何理论中，而仅是在一套缺乏想象力而有限的描述性类别中积累越来越多的材料"（Beidelman，1974：58）。这个批评有其依据。的确，在长达六十九章的《金枝》两卷本中，弗雷泽以狄安娜神话为起点与终点，设计出一个故事情节，在叙述的首尾之间布置了大量描述性类别，用以填充各式各样有关巫术、禁忌与祭祀的古史与民族志材料。他以文学笔调陈述观点和证据，时常使其叙述与"科学"相距甚远。

不过，弗雷泽自己并没有以此为憾。1908 年在利物浦大学社会人类学教授就任演讲中，对 20 世纪初开始人类学从"历史科学"转为"社会学"的潮流，他表示无异议，但他没有将社会人类学等同于社会学，而是坚持其理想，将人类学界定为对"野蛮人的风俗和信仰"及"残存于文明程度较高的民族的思想和制度之中的这些风俗和信仰的遗留物"之研究（弗雷泽，1988：159）。风俗和信仰这两个概念构成的这个对子，既让人想到泰勒，又让人想到史密斯。弗雷泽似乎既不接受泰勒的信仰决定论，又不接受史密斯的仪式（风俗）决定论，而是选择一个介于二者之间的那个状态，由此，他还是通过材料的松散组织，表达了他从"史"的摸索获得的看法。

如其在 1889 年 11 月写给麦克米兰出版公司老板的信件中表明的，广泛分布于欧亚和非洲的弑神传说和习俗表明，"蒙昧人的习俗和思想与基督教的基本教义之间有着惊人的相似性"（转引自 Stocking，1995：139），对这一相似性展开解释，正是他要展开的工作。弗雷泽深刻意识到，到了他落笔之时，基督教已因其有道德形而上学而取得"用以征服世界的力量"（弗雷泽，2013：92），这种力量来自将神/人截然对立看待的思想。在这个思想里，神是完美无缺的，人的渺小心灵无以把握这个高高在上的神，因而，他们开始相信，对神他们只需要服从便足够了。要服从神，人便只要尽"柔弱心灵之可能"去模仿神性。为此，他们无须依赖带血的祭品、赞歌、香火及布满庙宇的贵重礼物来取悦神，而只须仿效完美的神，以廉洁、宽厚、仁慈去对待芸芸众生（弗雷泽，2013：91）。这一态度可谓是道德形而上学所指向的。与泰勒和史密斯一样，弗雷泽没有直接否证这一道德形而上学，而仅是暗示，这是极其晚近文化变化的结果。他将自己的工作界定为"以史为鉴"，揭示这一形而上学的历史特殊性。

弗雷泽重新界定了图腾信仰，似乎将植物当成图腾的本体，将动物和其他客体当成它们的化身，并用泰勒的神灵论来解释图腾的生命力，认为内在于人的"小我"是通达物我的神灵。他在《金枝》中用许多内容以描述树神、谷精的各种变相，将祭祀呈现为向物神求取丰产力的手段。1922 年，完成《金枝》十二卷本时，弗雷泽在其为缩略本所写的前言中谈到，他在书中由古典时代的"森林之王"诸事，延伸到树木和谷精崇拜，述及与这些崇拜相关的许多不同事例，但他无意夸大它们在宗教史中的重要性，更无意从它们中推演出一套完整的神话体系，他也只是把"这一现象作为宗教发展过程中极其重要的现象之一来看待，认为它应该完全从属于其他因素，特别是害怕死者这一因素"（弗雷泽，2013：4）。对弗雷泽而言，正是从"害怕死者这一因素"中，神人的类型、制度与相关仪式得以长成，"风俗"得以对人与万物产生"起死回生"的作用。在《金枝》里，这点是从古史和民族志记述中有关形形色色的祈雨、禁忌、弑神、复活、驱邪"风俗"和神话的研究中提出的，但它有助于表明，如果宗教本质在于对统治世界的神明的信仰及认定自然进程是可人为干预的，那么在理论上，它便与相信自然法则和规律的巫术决裂了，但在实践和"感觉"上，它却依旧与巫术有惊人的相似性。作为一个最好的例证，"高级宗教"的祭祀仍旧是可以参照"交感巫术"来解释的。

由以上这个枢纽，弗雷泽绕回了他在古希腊神话中找到的与史密斯笔下为人而死的神相对应的祭司兼国王的"奇异继承规则"。作为神界与人界的中间者，祭司兼森林之王的生命必须被付出（处死）才可能保证其职能——协助超越人界的神界保证人与万物的生生不息——的绵续。这意味着，他们的死或者牺牲是手段，而如果说这个手段可以被理解为祭祀，那么我们也就可以说，祭祀是一种交换，它要换的是作为自然和全体人之化身的神的"永生"（也就是祭祀主体的"永生"）。

从道德形而上学角度看，这种仪式可谓是"善"的，但信奉自然主义科学观的弗雷泽相信有必要将它放在进化的客观进程中加以审视。他由此发现，诸如狄安娜神话之类的叙述代表的那种生生不息的宇宙观，背后其实隐藏着一个有史以来难以消除的恐惧感。弗雷泽认为，这个恐惧感的根源是对死亡的意识。

于是，原始人不再是泰勒笔下借助灵魂穿透有限空间与时间的存在体了，也不再是史密斯笔下定期参与集体欢腾的"欢快的野蛮人"

了，他们一样有恐惧。经历着"生命周期"的生老病死，他们认识
到，若是不采取手段，他们一样终将离开这个世界。他们观察四周而
得知，万物与人的生命一样有兴衰、生死的周期，仰观天象而知晓，
那些上下之间的存在体一样也是"阴阳交替"。若说人、物、神是一
个共同体，那这个共同体的命运似乎是，其所有成员（不仅是人类成
员，还有物性与神性成员）的共同命运便是死亡（尽管对于死亡，不
同民族给予不同的界定）。可以认为，对弗雷泽而言，祭祀的本来面
目为，以局部的物、局部的人、局部的神换回整体的物、整体的人、
整体的神的生命。祭祀原本不含明显的道德内涵，仅是为了克服死亡
恐惧而动用的"法术"。然而，这个"法术"却又是一个如此广阔而
肥沃的思想园地，以至于即使是道德感也能得以生长。道德感的起源
还是恐惧感，它原本的样貌是"替罪羊逻辑"。这种"逻辑"的原型
为，杀掉人神或动物神，以防它因衰老而带来与之有关的其他生命体
的死亡，其"高级形态"为清除邪恶和罪过，牺牲个别或局部的物、
人、神——通常被界定为"有罪者"或罪过或不幸的承载者——换回
"命运共同体"的生机。这种被泰勒界定为"舍弃"和"替代"的献
祭，可以转化为"为人而死的神"的形象，但其本质与诸如杀死谷精
之类的"农业献祭"仪式一样，也与焚烧死亡之神的偶像一样，是对
担负着死亡的"祸害"的处置，其本质是"交感巫术"，其思想由来
是对死亡的恐惧（弗雷泽，2013：897—899）。

结　语

泰勒和史密斯均相信，祭祀伴随人的诞生而产生。假如祭祀真的
与人类史共起始，那么它到底是缘起于何？二者则给出不同解释。泰
勒相信，与其"理论基础"万物有灵论一样，作为"实践"的祭祀缘
起于原始人的自我认识与世界认识，是"原始理性"的表现，特别是

与早期人化的世界观相联系。史密斯则相信，从远古时代到文明之初，祭祀均不属于理性范畴，它充满着情感，是古人在人、物、神的共同体中感通"社会"的习俗，是共同体的"根本性制度"。与泰勒和史密斯都不同，弗雷泽不相信最早的人类有祭祀，他认为远古时代人只有巫术而没有宗教，同样没有作为宗教仪式的祭祀。与史密斯一样，弗雷泽相信祭祀的缘起与宗教共同体息息相关，但与史密斯不同，他不相信最初的人是社会性的。在他看来，最初的人尚无社会，他们是孤独而有恐惧感的个体。祭祀产生于巫术向宗教过渡的历史阶段；在这个历史阶段中，为了人与万物构成的共同体之再生，或者说为了克服人的孤独与恐惧，人神之间的"中间者"乃至神自身，必须献出其生命。祭祀与人类史上"巫礼过渡"相伴随，但人之初的"性"是泰勒所言的个体-功利主义的，这种"性"并不会随"进化"而消失，因而，与"进化"相随的祭祀（或者"礼"），实有不少巫术色彩。

　　上文对古典人类学祭祀理论的比较，主要是基于对《原始文化》《闪米特人的宗教演讲录》《金枝》三本经典及其他相关文献的"局部解读"做出的。这些原典均具有高度综合性，它们引据了来自世界各地的大量民族志素材，将之与民俗学、古典学及比较宗教史等学问关联起来，从而，既塑造了特征鲜明的"原始他者"形象，又将这一形象与其作者的"文明自我认同"关联起来。

　　泰勒、史密斯及弗雷泽如何在文明的他我之间纵横，使民族志素材关乎"己"？不难看出，他们采取的办法是同时考察文化的同与不同。局部复原三位先贤有关祭祀的论述，使我们看到，三者均有三段论的主张：泰勒有低级宗教—高级宗教—科学的主张，史密斯有传统宗教—积极宗教—科学的主张，弗雷泽有巫术—宗教—科学的主张。三种三段论主张都将文化看作是有共同基础和发展规律的，与此同时，也都赋予文明史以"破裂"特征。但这三种三段论又实可分为两种二元对立论：泰勒倾向于将低级宗教与高级宗教看作与科学对反的同类，弗雷泽倾向于将巫术与科学看作是与宗教对反的同类①，史密斯倾向于在承认宗教与科学的相异性之同时，主张宗教的"史"的真相，唯有通过科学加以复原②。

如其所并不讳言的，三位先辈都基于历史的推测而展开其研究，他们通过推测对文明的历史大势做出判断，从文明的源流之辨提出理论解释。

身在重民族志"事实"的现代人类学兴起一个世纪后，我们易于随波逐流，否弃古典人类学的推测。不过，返回学术的"过去时"，我们应看到，推测并没有妨碍三位先贤展开其对若干重要问题的思考：到底是贯通物我之间的精神性使祭祀达成不同的存在体的互动交流成为可能，还是物质性的生命力？祭祀到底是有条件的（即对接受供奉者有所求的）还是无条件的（即纯粹出于对神圣的尊敬）？能不能说祭祀之所以在某些社会中有突出重要性是因为这些社会尚未发展出抽象的伦理思想或道德形而上学？

对于第一个问题，三者给出了三种不同解答，包括万物有灵论下的"精神普遍说"、图腾论下的"物神说"及巫术论下的"交感说"。至于第二个问题（即在祭祀时远古人类到底是否已抵达"奉献自身"的"境界"），三者则给出相通的解答：他们共同认为，从原始社会到古代文明，祭祀都牵涉祭祀人的求应思想，只不过是对于"求"与"应"，三者的看法有所不同——在泰勒和弗雷泽的看法中，所求所应均为人为和为人的，而人是个人；在史密斯那一带有道德社会学色彩的看法中，求与应均与"宗教共同体"的集体生命相关。至于第三个问题，很显然，三位古典人类学家似乎共同相信，抽象的伦理思想或道德形而上学是文明晚期历史发展的结果，学者不应以它为准绳来衡量原始和古代文化的价值。

---

① 只是承认二者之间一种是错误的认识，另一种是正确的。

② 此外，在他看来，"科学时代"，宗教尚可作为"社会"继续发挥其集体情感作用。

从今天的角度看，以上解答都不能说是"正确的"。但如泰勒在界定"文化"时表明的，三位古典人类学家的视野开阔，他们的探索涉及知识、信仰、美感、德性、风俗习惯及秩序诸事物，他们对这些事物的本原与流变加以大胆求索，提出了不同解释。这些解释固然不能算正确，但至今仍值得重新辨析与思考，我们不能以"过时"为由而加以随意抛弃。

尤其值得关注的是，三位前辈以不同方式暗示，人类史上曾发生过一场堪称"文化上的革命"的巨变。在这场"革命"爆发之前，人对其自身及"广义他者"（物和神）不加明确区分，其生活在条件和状态上表现出极大的"混融"特征，其宇宙观具有高度的"魅惑"色彩。"革命"来临后，三种存在体的边界得到了越来越清晰的界定，随之，神与物相继被归入人之外的领域之中。这场"革命"的最终后果似乎是，物我自他相分的"自然主义宇宙观"取得了胜利。

倘若这场"文化上的革命"的前期成果是神的超越（即神从人与物中升出于外的进程），那么这一"革命"到底会带来祭祀的"兴"还是"衰"？弗雷泽暗示的答案是"兴"（他认为祭祀是随着宗教替代巫术而产生的），而泰勒和史密斯暗示的答案似乎是"衰"（泰勒笔下的祭祀转化进程为从供奉到祝宴再到放弃和替代，其最后阶段可以理解为对认知上的神发自内心的尊敬。这种尊敬意味着以"身外之物"祭祀的传统的式微及道德形而上学的兴起[①]；史密斯笔下的同一进程，为从人神共餐向产权化和等级化的"献祭"的转变，这个转变意味着本来意义上的祭祀的式微）。

对于上述"革命"，承袭启蒙进步论传统的泰勒、史密斯、弗雷泽都表示乐观其成。然而，与此同时，他们也浓墨重彩地描绘了原始信仰、祭祀和巫术作为"低级""落后"的"小传统"在古典时代、

---

① 此如《礼记·檀弓上》所言，"祭礼与其敬不足而礼有余也，不若礼不足而敬有余也"。

中世纪乃至近世欧洲"我者"中的绵续。这表明，三位先贤的确共同有着将"作为文化科学的民族学"理解为在遥远的异域发现人的"蒙昧性"或文明的"源"的倾向，但他们并没有像后世人类学家那样，以在自我与他者之间设立不能跨越的藩篱为己任，因而，他们也便不仅对"他者中的我者"（特别是蒙昧人中的"文明根苗"）深感兴趣，而且同样也对"我者中的他者"（特别是文明人中的蒙昧和野蛮习俗、制度和实践）有敏锐的观察。在他们述及诸如祭祀、"魔鬼庆典"及巫术之类的"文化遗存"之处，我们甚至还能看到，某种与进步论相反的"好古幽思"实实在在地存在于取向不同的进化人类学中：无论是在泰勒和弗雷泽的不同智识论解释，还是在史密斯的宗教共同体解释，都含有对远古时代的知识、神话和情感的怀旧。应指出，这种"好古幽思"至今仍是西方人类学的突出特征之一。

参考文献

Ackerman, Robert 1987, *J. G. Frazer: His Life and Work.* Cambridge: Cambridge University Press.

Beidelman, T. O. 1974, *W. Robertson Smith and the Sociological Study of Religion.* Chicago: University of Chicago Press.

De Brosses, Charles, Rosalind Morris & Daniel Leonard 2017, *The Returns of Fetishism: Charles de Brosses and the Afterlives of an Idea.* Chicago: University of Chicago Press.

Frazer, James George 1894, *The Golden Bough: A Study in Magic and Religion.* New York, London: MacMillan & Company.

Frazer, James George 2000[1910], "Totem." In James George Frazer, *Totemism and Exogamy: A Treatise on Certain Early Forms of Superstition and Society.* London: Routledge.

Hubert, Henri & Marcel Mauss 1964, *Sacrifice: Its Nature and Function*. W.D. Hall (trans.). Chicago: University of Chicago Press.

Jones, Robert Alun 1986, "Durkheim, Frazer, and Smith: The Role of Analogies and Exemplars in the Development of Durkheim's Sociology of Religion." *American Journal of Sociology* 92(3).

McLennan, John 1869, "The Worship of Animals and Plants: Part I." *Fortnightly Review* 6(34).

McLennan, John 1870, "The Worship of Animals and Plants: Part II." *Fortnightly Review* 7(38).

Smith, W. Robertson 1885, *Kinship and Marriage in Early Arabia*. Cambridge: Cambridge University Press.

Smith, W. Robertson 1894, *Lectures on the Religion of the Semites: First Series, the Fundamental Institutions*. Edinburgh: Adam & Charles Black.

Stocking, George W. 1963, "Matthew Arnold, E.B. Tylor, and the Uses of Invention." *American Anthropology* 65(4).

Stocking, George W. 1971, "Animism in Theory and Practice: E.B. Tylor's Unpublished 'Notes on "Spiritualism"'." *Man* 6(1).

Stocking, George W. 1987, *Victorian Anthropology*. New York: Free Press.

Stocking, George W. 1995, *After Tylor: British Social Anthropology (1888 – 1951)*. Madison: University of Wisconsin Press.

Tylor, Edward Burnett 1871, *Primitive Culture: Researches into the Development of Mythology, Philosophy, Religion, Language, Art and Custom*. London: John Murray.

埃文斯－普理查德，E. E.，2001，《原始宗教理论》，孙尚扬译，北京：商务印书馆。

弗雷泽，J. G.，1988，《社会人类学界说》，《魔鬼的律师——为迷信辩护》，阎云祥、龚小夏译，北京：东方出版社。

弗雷泽，J. G.，2013，《金枝》，汪培基、徐育新、张泽石译，北京：商务印书馆。

列维－斯特劳斯，2012，《图腾制度》，渠敬东译，北京：商务印书馆。

泰勒，爱德华，2005，《原始文化：神话、哲学、宗教、语言、艺术和习俗发展之研究（重译本）》，连树声译，桂林：广西师范大学出版社。

王铭铭，2020a，《从经典到教条：理解摩尔根〈古代社会〉》，北京：生活·读书·新知三联书店。

王铭铭，2020b，《古典学的人类学相关性：还原并反思地引申一种主张》，《社会》第 2 期。

（作者单位：北京大学社会学系）

葛兰言专栏

编者按

葛兰言（Marcel Granet，1884—1940）对中国先秦文献的研究，长期湮没在"汉学"领域，甚至一度受到有意忽视。近年来，葛兰言的学术思想逐渐为国内外人类学家所重视。王铭铭、汲喆、赵丙祥、宗树人（David Palmer）、纪仁博（David Gibeault）、梁永佳、张亚辉等诸多学者都认为，葛兰言不应被简单地视为汉学家、研究中国的社会学家，而应被视为一位对一般人类学有原创贡献的人类学家。实际上，葛兰言对法国人类学史上最有影响的人类学家，例如列维－斯特劳斯（Claude Lévi-Strauss）、路易·杜蒙（Louis Dumont）、菲利普·德斯科拉（Philippe Descola），均有直接甚至决定性的影响。我国老一代学者、葛兰言的学生杨堃先生（1901—1998），曾多次撰文提醒学界重视葛兰言的学说。值得一提的是，写下《社会人类学的中国时代》的英国人类学家莫里斯·弗里德曼（Maurice Freedman，1920—1975），晚年似乎意识到了自己的失误，放弃了从村落逐级向上认识中国的思路，转而投入对葛兰言的研究。可惜天不假年，弗里德曼未能完成这项研究。四十多年过去了，从中国社会生产一般人类学理论的思路，早已被用中国经验探讨西方理论的模式所取代。尽管几乎所有欧美顶尖高校都为研究中国的人类学家提供了教授席位，但中国人类学领域的研究越做越小，很少出现新的、能引领人类学风格的议题，也没出现过像葛兰言这样对一般理论产生影响的人类学家。甚至，很长时间内葛兰言的主要作品连英文版都没有，也没有中文版。听法国朋友说，葛兰言的文笔绚丽多彩，追求老派文人的风格，并不容易懂。看来，语言的隔阂使我们在很大程度上还不清楚葛兰言到底做了什么。好消息是，听说葛兰言文集的中文版翻译进行得颇为顺利，这令人十分期待。

本期"葛兰言专栏"，我们重刊三篇曾湮没在历史中的珍贵文章，并配上几篇当代学人的新作。我们希望配合已有的葛兰言研究，将这个领域引向深入。感谢岳永逸、宗树人、张亚辉、黄子逸、毛若涵和几位译者的鼎力相助。

关于古代中国婚级与亲属关系的问题[*]

——评葛兰言教授新著并重新解释古代
中国祖先崇拜中的昭穆制度

许烺光 (Francis Lang-Kwang Hsu)

毛若涵 译

葛兰言的新著作 *Catégories matrimoniales et relations de proximité dans la Chine ancienne*（《古代中国的婚姻范畴与亲族关系》）[①] 颇受关注，他试图表明有正式历史记载前的一段时间，中国人实行两个氏族之间的婚姻联盟（matrimonial alliance）制度，类似于著名的澳大利亚八分婚级制体系。

在本文中，我将首先对本书进行总结，然后再讨论他所用的证据及得出结论的方法，最后，对其主要证据——"昭穆制度"，进行重新解释。

---

* 感谢 A. C. Moule、拉德克里夫 - 布朗（A. R. Radcliffe-Brown）、E. N. Wermig、Margaret Read、E. J. Lindgren、B. Seligman 阅读本文并给出了宝贵的建议。

原文分两个部分刊载于 1940 年《天下月刊》（*T'ien Hsia Monthly*），题为"Concerning the Question of Matrimonial Categories and Kinship Relationship in Ancient China"。该文是一篇对葛兰言著作 *Catégories matrimoniales et relations de proximité dans la Chine ancienne* 的评述文章。这篇价值甚高的文章虽然得到了列维 - 斯特劳斯的重视和讨论，却很少出现在其他人类学家的参考文献之中，原因之一就在于该刊过于"小众"。感谢曾就读于浙江大学社会学系的毛若涵同学将这篇文章翻译成中文。——编注

① *Annales sociologiques. Série B. Sociologie religieuse*, 1939.

第一部分

1. 葛兰言的假设

根据葛兰言的说法，在中国古代，统治家族的祖先牌位排列表明连续两个世代（即父子之间）的牌位存在根本对立。他推断，只有某些母系继嗣的交表婚（例如，母亲兄弟的女儿和父亲姐妹的儿子），以及母系与父系的对等性才能解释这种对立。这种交表婚——如果有且仅在两个氏族之间进行（*alliance unique*）①——会产生一个对应的将社会划分为四个婚级（matrimonial catégories）（各个外婚群体中有两个对立世代）的社会组织。然后，他认为在这种刚性的婚姻设置和后来自由的婚姻设置（*alliance libre*）之间，可能存在一段过渡期。这一时期不是一个唯一的双向交换式交表婚，即兄弟们和姐妹们不再与另一个氏族的同个（或同类）家族进行婚配，这将四个婚级各自再分为两类，从而产生了一种新的划分方式。葛兰言认为，这构成了一个"至少在数量上"等同于澳大利亚体系的社会系统。他接着说："如今人们已经普遍认可，八分婚级制之前存在四分婚级制。"

为了证明这一假设，葛兰言教授从多个领域获取资料，其主要证据和论点总结如下。

2. 葛兰言的主要资料和论点总结

a. 葛兰言的出发点是，在周代及后来的封建时期（约前700—前200），统治家族的祖先牌位排列表现出一种特定的次序和世代数目上的刚性。祖先牌位被分为两列。基本特征是两个连续世代的祖先不能位于同一竖列。因此，如果要供奉四代祖先，则需要按如下方式排列。

---

① 许烺光先生在原文中括注了法文，译文予以保留，并统一以斜体形式出现，下同。——译注

"A"		始祖
"4"	"5"	
"2"	"3"	
"1"		家主（现任）

这个规则被称为古代中国的"昭穆"制度。根据葛兰言的说法，如果父亲是"昭"，儿子就是"穆"，反之亦然。

　　诸侯的祖庙中供奉四代祖先，以及最早的祖先"A"（或始祖）。大夫的祖庙中，除了始祖之外，只有两代祖先。因此，诸侯每列将有两层祖先，而大夫的每列只有一层祖先。当现任家主去世时，他会代替图中"2"的位置，原来的"2"将转到"3"的位置，以此类推。因此在诸侯的例子中，原来的"5"被移出后与始祖的牌位放在一起，此后他们变得毫无差别。而对于高级官员而言，他的曾祖父（"4"）及之前的所有祖先都是无差别的。

　　b. 葛兰言教授坚持认为，在中国，个体之间的区分是次等的或根本不重要的，但个体所属类别的区分是一等重要的。在中华帝国甚至中华民国的法律中，重要的两样东西是氏族（有同样的姓氏）和世代（generation），也即结婚的两个人必须是同辈但不同姓。

　　他表明，尽管在服丧义务中世系（lineage）原则占主导，但在亲属称谓的书面语体系中，世代原则是最主要的。他发现中国人并不像西方那样区分血亲和姻亲，但是会区分内部亲属（同氏族的所有成员，包括嫁进来的妇女）和外部亲属（所有不同氏族的亲属）。他们对外部亲属的衡量方式与内部亲属相同，即以世代为主要原则。以此观之，内外部亲属之间必然存在一种对等的状态。也就是说，两个氏族家庭的成员只有在已有婚姻决定为同辈人时，才能相互结婚。由此可以推断出，常规的婚姻制度一定是交表婚（父亲姐妹的儿子和母亲兄弟的女儿）。

　　c. 这种母系继嗣的婚姻制度将显著建立起祖父与孙辈间的亲密关系。葛兰言坚持认为，以前在同祖父的表亲间存在一种团结。实际上在古代，高祖父和玄孙之间形成了一个巨大的、不可分割的家庭集团。他认为，在古代服丧义务中，可以清楚地看到两个圈。内圈的半径将祖父及其孙子分离，外圈的半径将高祖父和玄孙隔开。前者具有明确的等级制原则，而在后者中，大共同体的原则更为明显（高祖父和玄孙实际上属于同一类别）。从这一点和其他证据中，葛兰言得出结论，男系等级原则被强加在大共同体的古老原则之上。古老的大共同体家族中，世代是首要的；但在男系家族中，世系是最主要的——尽管世代原则没有被放弃。

d. 葛兰言表明，中国法律并不禁止事实上的续娶妻妹婚或收继婚。此外，事实上是，妇女不仅称呼妹妹为"娣"，而且还将丈夫的弟媳称为"娣"，这表明同一代妇女中存在着一种精神共同体。中国及其周边一些部落的续娶妻妹婚和收继婚惯例的观察发现，使葛兰言有理由相信这种婚姻起源于一种古老的婚姻形式，其将一群姐妹分配给一群兄弟（显然是按照出生顺序——大的分配给大的，小的分配到小的）（p. 64）。年轻的弟弟妹妹跟随着长兄或长姐的婚姻命运。这是个人婚姻宿命重要的古老原则。

e. 来自个人名和氏族名的资料提供了下一个关注点。葛兰言坚持认为，古代有一种周期性使用四个名字的制度，名字既代表个人的世代，也代表他的家族。这些名字显然与婚姻宿命相关，亲属称谓和个人名字都在此起作用。即使是在父系原则得到强化后，孩子的个人名字仍然是由母亲所起。

现在，父亲给的姓氏（family name）被用来表示外婚义务；母亲起的个人名字被用于表示婚姻目标中的平行义务（即与一个异族的同辈人结婚的义务）。这两者构成了婚姻联盟不变性（invariability）的主要规则。因此，这一主要规则在古代的存在还可以通过以下事实证明：今天的人们对婚姻设置中亲属称谓的恒久不变表现出强烈的感情，其通过使用"辈份字"①来表示——从个人名字可以看出他的世代及其在同辈兄弟中的相对年纪；并且事实表明，如今人们在选择姻亲家庭时，往往更喜欢以前联姻过的家庭。

作者看到了两种不同的体制：一种是以婚姻联盟不变性为中心的古老设置，另一种是摧毁这种设置的姓氏规则。前者中，所有关系都是根据性别、世代和年龄表述的，关注的中心是婚姻联盟。在后者中，关系是根据内部（具有相同的家族和氏族名）而非外部（不具有相同的家族名和氏族名）亲属建立的，关注的中心是从属（affiliation）关系。

f. 以父权制权力为代表，后者的发展破坏了古老的共同体团结，特别是在同祖父的表亲间。这种发展导致了长子继承制的传递，以及最高等级的贵族"一娶三人"（必须是一对姐妹和她们的一个侄女）的礼节规定。

这样一来，父权制的父亲既破坏了隔代的权力平衡，也破坏了两个联姻群体间的平衡。昭穆制度表明了旧有的两个群体之间通过联姻形成的平衡原则，以及隔代间的团结，而非父系家庭的独立性（p. 74）。

因此，男系群体的等级制组织、长子继承制的传统、男系父子关系或氏族名都不能被认为是中国社会最有代表性的要素。最重要的要素有两个：（1）对一片共同土地的依恋，这构成了群体同质性的基础；（2）男女分隔（主要是兄弟和姐妹间，但也带到了丈夫和妻子之间），这使得唯一的双向交换婚姻（chassé-croisé）成为合乎逻辑的结论。从出生开始，男孩和女孩就为相反的角色和命运做好了准备。

葛兰言宣称，如果这种体系是婚姻联盟的唯一类型，那么结果将是一种建立在连续世代和两性对立中的平衡制度，这将给社会生活带

———————

① "辈份字"为许烺光先生原文所用，此处保留原文用法，下同。——译注

来最大的稳定和凝聚力。

g. 葛兰言坚持认为，从古代书面汉语亲属称谓的考察来看，这种社会组织曾用于古代中国。他区分了由两个字和一个字组成的称谓。由两个字组成的称谓：（1）通常表示既不是同一代也不是连续两个世代间的关系；（2）并且通常这两个字各来自单个字的用语。单字称谓总是表示两个连续世代（无论更低或更高）的关系。单字称谓主要是分类性的，也就是说，它们主要表示类别，而不指明特定亲属。

从这些预设，葛兰言表明基本上存在四个类别，用四对基本称谓（单字）表示：（1）"父"和"母"（父亲和母亲）相对于"子"和"女"（儿子和女儿）；（2）"舅"和"姑"（母亲的兄弟和父亲的姐妹）对应于"甥"和"姪"①（姐妹的儿子和兄弟的女儿）。后两个类别与前两个类别的区别体现在我称为"舅"的人称呼我为"甥"，而我称为"姑"的人称我为"姪"。之所以说这些称谓是对应的，是因为"舅"和"甥"有相同的意为男的构字部件，而"姑"和"姪"有相同的意为女的构字部件。

显然，要指代直系的下代成员，必须使用四种称谓，每个性别各有两个称谓：儿子和女儿，姐妹的儿子和兄弟的女儿。如果不考虑性别差异，这一代的人可分为两类：一类是作为内部亲属，另一类是作为外部亲属。对于直系的上一代，也是相同的情况。上一代的个体用四种称谓来指代，每个性别各有两种称谓：父亲和父亲的姐妹，母亲和母亲的兄弟。"由此看来，因为父亲和母亲是夫妻，父亲的姐妹和母亲的兄弟也是夫妻。实际上，不仅是父亲兄弟的妻子被称为母亲，就连母亲的姐妹也是如此，这使母亲的姐妹看起来好像已经嫁给了父亲的兄弟"（p. 165）。

在这种体系中，为了指称另一部分人，一个人必须使用同一种称

---

① "姪"的简体字为"侄"，此处保留原文用法，下同。——译注

谓表示两类关系——亲属关系和婚姻联盟关系。出于对外婚制规则的遵守，一个人不能与父亲兄弟的或母亲姐妹的孩子结婚，而必须和母亲兄弟的或父亲姐妹的孩子结婚。显然，母亲的兄弟和父亲的姐妹必然会成为岳父（公公）和岳母（婆婆）。

葛兰言说这一点已经得到证明。"舅"这个词有两种含义：男人或女人用这个词来指代母亲的兄弟和其配偶的父亲。类似地，"姑"这个词也有两种含义：女人或男人用它来称呼父亲的姐妹和其配偶的母亲。相反，男人用"甥"这个词同时称呼他姐妹的儿子和他女儿的丈夫。"侄"这个称谓只在兄弟的女儿这一种意义上被使用，而儿子的妻子则被称为"妇"。据葛兰言的说法，这种不合规定的形式是由于封建时期，一夫多妻制要求每个诸侯接纳一组妻子（共三位），其中一位必须是其他两位的侄女（Chin［侄］）。

因此，这种命名法似乎可以由这样一种制度解释：内婚制的共同体分为两个外婚部分，为了区分两个连续的世代，每个部分又将自己分为两个子部分。婚姻必须发生于这两个外婚部分和平行世代（parallelism）之间（p. 171）。

h. 这个四类别体系对婚姻做了预先确定。每一代都会更新存在于各自前一代的两个部分之间的婚姻联盟。婚姻联盟是一种严格的双向交换（chassé-croisé），并且由于只有两个结盟群体，因此只能是唯一的（unique）和绝对的（totale）。

将共同体分为四个类别的划分方式并非将婚姻规则作为唯一目标。它表现了群体间——两个外婚部分之间以及两个相隔世代之间——的基本关系和平衡，这构成了基本的公共秩序。这种组织结束于封建时期（约前 700—前 200），这是一个社会条件（商业、人口、城市的增长）经历深刻变革的时代，男系社会组织从此取而代之。男系奠基者通过和同一群体中两个世代的女人结婚，破坏了共同体的两个联盟群体（即外婚部分）间旧有的平衡，结束了同一祖父的兄弟间如手足般的亲密关系。这个新的体系中，不再存在唯一（unique）婚姻联盟的严肃议题或不变性。对男系奠基者而言，婚姻设置成为一件自由的事。

而葛兰言提出疑问，在四类别的体系和父系组织之间，是否存在过渡的制度？他给了这个问题一个果断、肯定的回答。原因是：祖先崇拜中的昭穆制度要求区分祖孙，以及祖父和高祖父；并且一个共同的高祖父的所有后代在亲属关系中都被认为是相关的。如果仅做四个类别的划分，这些区别是不必要的。

过渡期的制度是这样一种形式：姐妹和兄弟不会被用于缔结同一个婚姻联盟，即其与同一个外婚部分结婚，但进入该外婚部分划定的两个不同类别中。因此，我们可以得到一个将四类别加倍成八类别的新体系。

i. 在更老的建立在母系和父系王朝平衡基础上的唯一双向交换婚姻联盟，以及较新的完全独立的父系王朝的完全自由选择婚姻联盟之间，这种过渡制度将给父亲带来一些"手段上的自由"，促使其完成父系王朝的完全独立。

葛兰言认为，这种过渡制度可能有两种可能性在起作用。他称这两种可能性为"公约"（conventions）。

公约一：

　　　男子与母亲兄弟的女儿结婚；

　　　女子嫁给父亲姐妹的儿子。

他使用了一组命名符号，并以非常清晰的方式显示了该公约的各种后果和含义。该公约的结果如下：

祖父母仍然会看到他们儿子的女儿嫁给他们女儿的儿子，但是他们儿子的儿子不再与他们女儿的女儿结婚。孙辈的半偶族仍然形成类似于他们祖父的姐妹和祖母的母亲的家庭团体，但不再形成类似于他们祖父母的家庭团体。结果是，如果孙女和祖母属于同一类别，则孙子和祖父不再属于同一类别。反之亦然。在这样的体系中，后代是母系继嗣还是父系继嗣无关紧要。

j. 葛兰言设想的第二种可能性如下。

公约二：

男子娶他们父亲姐妹的女儿；

女子嫁给她们母亲兄弟的儿子。

通过符号的重新排列，他表明，按照这种惯例，祖父母必须让他们儿子的儿子娶女儿的女儿，因此他们的孙辈毫无理由会与祖父母有区别。

k. 现在，从昭穆制度中我们可以看到祖父和孙子是有区别的。因此，更可能的是公约一在这种过渡制度中是正确的。

在这个系统中，后裔的血统可以是父系的，也可以是母系的，但只有母系继嗣才可能引起父子之间的对立，这是昭穆制度的本质特征。自然而然的结论是，这种血统是沿母系继承的。这个体系中的三个特征是：（1）父子（属于不同的部分）之间的对立；（2）祖父与孙子（属于不同子部分）之间的区别；（3）高祖父和玄孙的同一性。

l. 在这种体系中（男人娶母亲兄弟的女儿，但这个妻子不是父亲姐妹的女儿；而女人嫁给父亲姐妹的儿子，这个丈夫也不是母亲兄弟的儿子），女子向同一方向不断流动（她们被认为是社会循环的方式）。因此，家族群体 A 向 B 提供女子，B 向 C 提供，C 向 D 提供，D 向 A 提供。这样下去，第三代总是儿子的女儿与女儿的儿子之间的婚姻。这种循环的结果是在任何一代中，父子总能发现他们妻子的兄弟在同一个家庭中。同样，他们姐妹的丈夫也同在另一个家庭中。"总有一个简单的（不是双向交换的）婚姻联盟，但存在两个有联姻关系的群体……且除此以外不存在其他类型的婚姻联盟"（p. 208）。

葛兰言坚持认为，这种过渡体系的存在已经被中国亲属称谓中的某些特征所证明。这些特征如下：

（1）"婚"这个词表示娶妻的家庭，"姻"表示提供妻子的家庭。

这两个词分别对应"舅"和"甥"。"舅"所属群体——一个人母亲的兄弟也就是他妻子的父亲;"甥"所属群体——一个人的外甥也就是他的女婿。

(2)葛兰言说,男人不仅用"舅"称呼自己的岳父和母亲的兄弟,还有妻子的兄弟——他被提前视为自己儿媳的父亲。同样地,一个人不仅以"甥"一词来称呼其外甥和女婿,还有其姐妹的丈夫——他们被追溯为上一代的女婿。

(3)葛兰言还说,被称为"姑"的女人不仅有她父亲的姐妹和婆婆,还有她丈夫的姐妹——她们被预先当作她们女儿父亲的姐妹及其婆婆。应当指出的是,"姑""舅"和"甥"称谓的使用,范围涵盖了两个连续的世代。

(4)葛兰言宣称这证明了唯一(unique)婚姻联盟体系的存在,在这个体系中妇女是螺旋或无限循环的。上述称谓的特征表明,被提供的女子已经事先被视为提供者,会依此称呼,接受者也用同样的眼光看待。

m.本书最后三十页左右专门对这个假定的八个婚级的古代中国体系与澳大利亚体系进行了比较。葛兰言以几个特征代表澳大利亚的体系:(1)兄弟姐妹会被用来缔结同一个婚姻联盟;(2)但为了使社会不分离成两个不同的、独立且完整的单位,两个世代必须与社会另一组成部分的两个不同的子部分结成婚姻联盟。葛兰言将该体系与假定的古代中国体系进行了有趣的比较。

第二部分

(A)葛兰言教授是否证明了他的观点?

为了判断葛兰言论点的合理性,我们必须首先检查他所用资料的准确性。①

（1）葛兰言的一个重点是父子之间假定的对立。他说，古代中国的大量神话都说明了这一点。但是葛兰言在使用支持他命题的神话时，并没有考虑到那些与他的论点不同的神话，例如：（a）舜帝有个受父亲喜爱的弟弟帮助父亲残忍对待舜；（b）禹（夏朝的第一位君主）没有将王位传给他的大臣，而是传给了自己的儿子；（c）黄帝（神话时代的第一位君主）将王位传给其子孙后代直到五代。如果葛兰言列举的几个神话表明了父子间的对立，那其他这些神话又说明什么？

（2）接下来我们可能要检查他关于昭穆制度的资料。像《礼记》《仪礼》这样更为可信的历史记录中，有明显的迹象表明祖庙或牌位的这种排列，但该体系的实际运作在许多方面都不同于葛兰言的图示。

《礼记》记载：

a. 天子七庙；

b. 诸侯五庙；

c. 大夫三庙；

d. 适士二庙、一坛。……官师一庙。②

现在，君主的七座祖庙中，第一个是王朝的创建者，位于中间（参见图 I③）。但是接下来的两个（A 和 B）是谁，这个问题没有得到普遍的共识。如果根据一些注解家的说法，A 和 B 是周朝的前两个统

---

① 除了极少数情况，葛兰言书中没有任何参考文献，因此我们不知道他许多资料的来源，无论是文学的还是历史的，经验的还是同时代的。葛兰言可能认为他已经在中国历史上收集了足够的证据来证明这一过程是正确的，但是我们必须提醒他的是，中国文学遗产丰富，而且中国地域辽阔。此外，他对中国文学著作的解释无疑是不统一和不一致的，因此，除非我们知道作者从何处获得了他的资料以及遵循的解释是什么，否则我们必须认为这是这本书一个非常严重的缺陷。

② 《礼记义疏》，卷五十九，第 12—20 页。

③ 原文图 I、图 II 和图 III 缺失，为了上下文连贯性，仍译出，下同。——译注

治者，在其他较低的统治者被替换时，他们将始终存在，那么葛兰言的描述不会受到严重威胁。但是，如果按照其他人——其中包括宋朝伟大的新儒家代表人物、历史上伟大的注解家朱熹——的看法，A 和 B 不是永久性地被包括在内，他们的位置会被用来放置第六代和第七代祖先，那么葛兰言的说法显然是错误的，因为他认为在祖先崇拜中被供奉的祖先只到"5"世代——高祖父（参见图 I）。除非有充分的理由证明，否则我们不能忽略第二种可能性。

当我们谈到诸侯（Seigneur）的规则时，情况变得更加模棱两可（参见图 II）。数字与葛兰言的说法相吻合，但是我们一旦对祭拜仪式进行研究，问题就出现了。《礼记》中写道：

> 诸侯立五庙……皆月祭之；显考庙、祖考庙，享尝乃止。

现在如何解释对高祖父的这种区别对待？这是否意味着后者确实不是这个体系的组成部分？实际上，图中的 C 和"5"被称为远庙（指距离远的庙，和近庙相对）。

如果站在葛兰言的立场上，我们将发现高级官员的做法同样难以理解。昭穆制度被违反了（参见图 III）。"4"不是始祖，而是曾祖父。但是他位于中间，既不是"昭"，也不是"穆"。

《仪礼》也清楚地表明了不同阶级的人，他们的祖先存在差别待遇：

> ……禽兽知母而不知父。野人曰："父母何算焉！"都邑之士，则知尊祢矣。大夫及学士，则知尊祖矣。诸侯，及其大祖。天子，及其始祖之所自出。①

---

① 《仪礼义疏》，卷二十三，第36—37页。对此也有很多评论；参见《仪礼义疏》，卷三十四，第1—4页。

葛兰言显然看到了这段话，并在他的书中随意提及了（p.183），但是由于急于证明自己的论点，他忽略了它的重要性。这种差别对待不仅限于祖先，还包括对后代：

王下祭殇五：适子、适孙、适曾孙、适玄孙、适来孙。诸侯下祭三，大夫下祭二，适士及庶人，祭子而止（《礼记义疏》，卷五十九，第 28 页）。

我们必须注意，葛兰言根本没有提到或考虑到引文中最后指出的那个人与其来孙（即超出葛兰言承认的范式一个世代）的关系。

中国经典著作中所包含的资料与葛兰言教授所给出的不同。葛兰言声称，当祖先超过"5"时（例如，诸侯的情况），其会被移出并不再被理会。而事实并非如此。从《礼记》中我们发现，诸侯会向直到"7"的祖先祈求庇护。他在一个专门建造的平台（坛）上向祖先"6"祈祷，在一个特别标记的地方（墠）上向"7"祈祷。对高等官员而言，他们在专门建造的平台上向祖先"5"祷告，在另一个类似的平台上向始祖（太祖）供奉祭品。对于只有两个庙宇的低等级官员来说，祖先"4"在这个平台上被祷告。

因此，不仅向上或向下持续 2 代或 4 代这一恒定数目的问题不存在，而且不同的社会阶级会根据其自身所在社会等级向祖先供奉祭品。

我们必须澄清另一点。葛兰言只是告诉我们：

父为昭，儿为穆（p.4）；
昭与昭齿，穆与穆齿（p.147）。

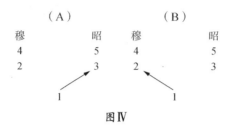

图Ⅳ

　　但是，新一代祖先加进来时，实际上存在两种替换祖先牌位的可能方法。因此，当"1"死时，他可能被置于"2"位置，也可能被置于"3"位置（如图Ⅳ箭头所示）。在可能性（A）的情况下，原来的"3"上推至"5"的位置并将"5"推出，另一侧保持不变，直到"1"的下一世代进入。在这种情况下，个人的"昭"或"穆"不会改变。但是，在可能性（B）中，当"1"死时，他被置于"2"的位置，"2"被移到"3"的位置，"3"被移到"4"的位置，而"4"被置于"5"。由此看来，每一新生代进入祖庙时，之前每个人的昭穆次序都会发生完全的改变。

　　这两种转移祖先的方式的后果截然不同。学者们并没有就他们采取哪种方式得到明确的一致意见。在我们重新解释昭穆制度之前，我们将保留这个问题，但是在这里可以对事实先做出两种观察。首先，"昭"和"穆"这两个词均表示光线，只是第一个表示较明亮的光线，第二个表示较暗淡的光线。其次，虽然翟理斯（Herbert Allen Giles）的字典中给出了相反的定义，但在中国古代，左是一个与荣誉有关的位置，右位低于左位。无论是在《礼记》还是《仪礼》中，左边都是"昭"，右边均为"穆"（左昭右穆）。① 鉴于这些事实，我们可以合理地假设，如果并排放置，可能儿子是"昭"而父亲是"穆"？显然，在父权制社会组织下，这是不可能的。我们将在本文的下一部

　　① 我们可能会在《仪礼》所述有关接待客人的规则中看到这一点。通常情况下，"主人揖，入门右。宾奉挚，入门左"（参见《仪礼义疏》，卷四十，第 6、10 页）。葛兰言并未提及这些事实，因为这对他的论点没有用，但我们决不能仅出于这个原因就忽略它们。

分讨论这个问题。目前可以充分说明的是，中国古代历史上，仅在各类礼节性称号中出现了"昭"和"穆"的帝王之间，父亲是"昭"，儿子是"穆"（周昭王和周穆王）。①

　　根据预测，我们必须排除可能性（A）（参见图Ⅳ）。如果是可能性（B），这意味着"1"活着时不会被包括在昭穆制度之内，只有当他死了，他父亲的位置改变，他才会在整个次序中有一个位置。这意味着"昭"或"穆"不是个人的类别内在固有的，而只是一种短暂地表示祖先崇拜中，个人相对于另一世代亲近亲属的地位。换句话说，我们稍后可以看到，昭穆制度仅仅用以指示父子之间的关系。

　　（3）接下来，我们可以研究这样的断言：在古代，每个家庭都有一组被循环使用的四个名字，每个名字都表示一个人的世代和家庭。

　　首先，我们只能哀叹资料的匮乏。在大量的理论分析之后，当需要一些证据时，作者只是说一些痕迹似乎表明"一个人与他的高祖父具有相同的本质"。他坚持认为，在政治神话中，从主干分离出分支开始于第五代（pp. 92-93）。为证实这一说法，葛兰言说："孔子的祖先是从祖父的名字中获得的姓氏，这个祖父是一个王亲贵族的年轻旁支的高祖父"（p. 92）。我们必须注意作者陈述其事实的迂回的方式，以便使之与其论文吻合。当我们以另一种方式理解他的陈述时，同样的事实变成了"孔子的祖先从去除了前七代的祖先那里得到名字"。在一些中国的记载中，我们发现以下有关孔子祖先的资料：

----

　　①　拉德克里夫－布朗指出的今天福建（以及中国其他地区）人们的以下做法，引起了我的注意："将氏族创始人（"1"）的牌位放在中间位置，后代的牌位则按世代左右交替放置，这种制度可以延续二三十代，但牌位一旦放在适当的位置，便永远不会被移动……林耀华可以告诉你这件事……"（引自拉德克里夫－布朗教授的信）。这一事实很重要，但不能说这种现代做法与周朝及之后的君主、诸侯和贵族之间的做法存在直接关系。我们必须仔细阅读历史文献，并且还必须记住，就礼制规定而言，普通百姓只在神龛中放置父母的牌位。祭拜更多世代的祖先是贵族的标志。顺带一提，现代福建人的做法无法证明昭穆制度。在山东省的某些地区，已故祖先的棺材是按世代交替排列的，其中最古老的棺材居中。这种墓地排列被称为"雁行"，显然棺材一旦被固定在适当的位置就不会再移动。这些事实都很有趣，但不能从中推断出周朝祖先牌位和庙宇的布置。

a. 在《广韵》中：

> 孔……亦姓。殷汤之后。本自帝喾次妃简狄吞乙卵生契，赐姓子氏。至成汤，以其祖吞乙卵而生，故名履，字天乙。后代以子加乙，始为孔氏。

b. 在《氏族略》中：

> 孔氏：子姓……自孔父六世而生仲尼。

c. 在《孔子家语》中：

> 孔子之先，宋之后也。……熙公生弗父何及厉公方祀。……弗父何生宋父周，宋父周生世子胜，世子胜生正考甫，正考甫生孔父嘉。

　　这些引文表明，资料并不像葛兰言期望的那样清晰。因此，问题是葛兰言所说的"古代循环使用一组由四个名字组成的名字"是什么意思？可以在河南出土文物中找到任何证据吗？或者可以在《商纪》中找到证据吗？据我所知，这两个来源中都没有出现这种四个名字的周期性循环。《商纪》的编撰者给了一些反复出现的名字，例如"甲"，但并非以四代的固定间隔形式出现。如果葛兰言有其他不太明显的资料来源，那么我们应该能在书中有所了解。

　　葛兰言还采用了"辈份字"的现代用法（该习俗规定，每个人都应使用一个名字来表示他在家庭和氏族中的世代），以此证明这种名字循环在古时就已经存在。① 他坚持认为，这种现代用法在某种程度

---

　　① 由于篇幅有限，无法详细讨论葛兰言关于今天中国资料的准确性。关于"辈份字"和其他资料的使用，我已经在另一篇文章中讨论过了，此文刊登于 *Man*（伦敦皇家人类学研究所的一本月刊）。

上与他所说的古老做法有关，但他完全忽略了以下事实：在中国长期的历史中，名字大多是单音节的，因此几乎没有办法表明其在家庭中的世代。甚至大多数他们的礼节性名称（字）都无法告诉我们什么。我们可以举很多例子。例如，孔子以及他所有著名的后代和门徒；或三国时（汉末）的所有英雄人物。毫不夸张地说，他们中百分之九十都是单音节的名字，并且他们的礼节性名称根本无法表示他们的世代。"辈份字"广泛使用是一个相对较新的现象。没有很好的证据表明"辈份字"在历史上被广泛使用，我们怎么能接受这是古时普遍做法的结论呢？

而且，如果要接受一个人具有与高祖父相同"本质"的观点，那么我们就要问了，为什么在《尔雅》中，超出其玄孙的直到十代的所有后代都有特定的称谓：

> 玄孙之子为来孙，来孙之子为晜孙，晜弟之子为仍孙，仍孙之子为云孙（《尔雅》，卷三）。[①]

如果高祖父和玄孙"本质"上是相同的，有什么必要详尽阐述所有这些关系呢？

（4）葛兰言关于"古代中国的亲属称谓"的相关资料并不总是与已知来源所呈现的资料一致。很多时候，此不一致性出现在对他整个论点至关重要的点上。

A. 为了表明中国社会组织的中心只有四对称谓，葛兰言忽略了这样的事实，即"姪"不仅被女性用作指代兄弟的女儿，还用于指代兄弟的儿子。[②] 这一事实至少在一定程度上使葛兰言关于"舅""甥"和"姑""姪"严格对应的说法无效。他的说法是"舅"和"甥"仅

[①] 据考订，此处应为卷四，《尔雅·释亲》。——译注
[②] 《尔雅》："女子谓晜弟之子为侄。"

在男性间使用，"姑"和"姪"仅在女性之间使用。他说"舅"和"甥"都有相同的基本含义"男孩"，而"姑"和"姪"都具有相同的基本含义"女孩"（p. 164）。但是他没有解释这样一个事实，即在《尔雅》中，"男子谓姊妹之子为出"，这个词没有特定的偏旁来表示说话人或说话对象的性别。①

以上所有这些表明，如果将书面用语的部首作为研究社会现实的良好资料，只会使其希望捍卫的论题变得复杂。但是，如果我们记得书面语言是在口头语言之后出现的，并且我们不知道书面语言的起源，那么我们在采用书面语言中的某些观点来表示早期基本的社会关系时，应该更加谨慎。

B. 为了坚持基本上只有四对称谓，葛兰言试图将"孙"（单音节称谓，因此根据葛兰言的说法，应该是主要关系）的称谓归为不同的类别来处理。他说，尽管有这个词，但日常会话中总是称呼为"孙子"（p. 160）。关于这一条件的古老来源尚不清楚。如果葛兰言说的是如今日常会话中的口语用法，那么他是正确的。但是，在今天的日常会话中，"儿"也被称为"儿子"（双音节称谓，因此是次级称谓）。这一事实可以立刻使葛兰言对有四对主要的单音节称谓的坚持变得无效。然后还必须指出，当今还有许多其他亲属称谓与它们的古老形式有所不同。我不明白为什么在"孙子"一词中他可以使用现代用法来证明自己的观点，但是在其他称谓中，他必须使用古老的用法。

C. 还有一个难题是关于"姪"这一称谓的。为了证明初级称谓同时在近亲关系和婚姻联盟中被用，葛兰言发现"姪"是一个例外。

---

① 葛兰言显然知道"舅"一词以及我在上文中指出的"任"一词的额外用法（参见 p. 164），但他说这些称谓没有术语学价值，它们仅被用于女性指称她兄弟的儿子，以及男性指称他姐妹的儿子。我不知道这个叙述的出处。据我所知，葛兰言仅是从性别的社会区分中得出了这个想法。此外，很难理解他所说的"没有术语学价值"的含义。我在对华北两个社区的亲属关系的研究中发现，指代亲属的用语比起称呼亲属的术语对社会组织有更基础的意义（*The Functioning of a North China Family*，伦敦大学博士学位论文，即将在美国出版）。

它仅被用于兄弟的女儿，而不被用于儿子的妻子。葛兰言试图通过后来的一夫多妻制的发展——其规定一位诸侯要同时娶三个妻子。其中之一必须是另外两人的侄女——解释这一困难。

但是，如果这种发展能够影响到"姪"一词，那么它至少也应该影响到另一个称谓"甥"。"甥"也应仅被用于表示姐妹的儿子，而不是女儿的丈夫。

此外，后来的这一发展也应该影响了妻子兄弟的称谓。他应该被叫作"舅"。但《尔雅》中称之为"甥"。

D. 现在让我们检查葛兰言用于证明从四类别体系到八类别体系转型的资料。如我们所见，这一点的主要资料来自亲属称谓（参见本书第59—61页）。可以肯定的是，在古代，一个人用"舅"同时称呼他的岳父和母亲的兄弟。但是，我们希望知道有关妻子的兄弟也被称为"舅"这一说法的来历。在《尔雅》中，他被称为"甥"。据我所知，最早关于妻子的兄弟被称为"舅"的说法是在唐代，当时有一叫杨行密的人说："得舅代我，无忧矣"（《新唐书》）。我们可能注意到，这个男人所处的时代距离《尔雅》，至少已经过去了十到十二个世纪。另一方面，姐妹的丈夫被称为"甥"（外甥或者女婿）在《尔雅》中有记录。

同样的方式，葛兰言认为妇女使用"姑"的用语不仅指她父亲的姐妹和婆婆，也指代她丈夫的姐妹，这一点在古代中国典籍中没有证据。在《尔雅》中有：

> 夫之姊为女公，夫之女弟为女妹。

"姑"一词用于丈夫的姐妹，这又是后来的含义。

因此，我们看到，为了证明存在四类别体系，葛兰言用现代用法处理"孙"这一称谓。为了证明存在从四个类别到八个类别的过渡制度，他再次使用"姑"和"姪"相对现代的用法。现代用法和古代用法之间存在的这些巨大差异并没有困扰到葛兰言，就像葛兰言使用"辈份字"的现代用法来推断古代存在四个名字的循环使用体系。

这种推理模式使葛兰言每当发现两组事实之间的表面相似性时，就坚持称两者之间存在相同的本质。为了建立双向交换的交表婚假说（母亲兄弟的女儿和父亲姐妹的儿子）是古代中国唯一的婚姻形式，母系和父系同等重要，他不得不说，相对于父亲给姓氏，个人的名字必须由母亲给定（参见本书第55—56页）。让我们看看葛兰言采用了什么逻辑来得出这个结论：

"在封建时期，所有贵族家庭都以在父系一脉中传承的'家族姓氏'作为标志；然而，婚姻是由妇女安排的，[1] 并且婚姻是以个人名字交流来决定的。[2] 这使我们得出结论，原则上是由妇女决定个人名字"（p. 105）。

如果遵循这种非凡的逻辑，我们可能会得出许多有趣但奇妙的结论。例如，我们可以说：

仆人安排晚餐，

晚餐包括食物和饮料，

因此，原则上是由仆人决定食物和饮料，诸如此类。

（B）重新审视主要论点

在详细讨论了葛兰言事实的不准确性后，我们现在来重新审视他所使用的主要论证。

1. 若着眼于残存的文化特征，那么一切都可以被视为残存文化，别无其他。就像中国人所说的：想着鬼魂时，鬼魂就会出现。葛兰言

---

① 即使在关于婚姻是否由母亲安排的问题上，除了葛兰言在 *La Civilisation Chinoise*, pp. 156‑157（英文版）给出的一个来自《左传》的例子，我们再也没有别的证据。但是，这不是一个很好的能说明母亲为儿子的婚姻按规则做安排的例子，因为这仅提到母亲"希望"儿子娶兄弟的女儿，说明母亲没有按规则安排儿子的婚姻。

② 在后来的事例中，葛兰言转换这一部分证据（名字的交流决定婚姻），完全以另一种方式来证明另一点。他坚持认为，直到三年后的婚礼才确定了婚姻（p. 152）。

认为在父系原则被滥用之前，存在着一个更大的不可分割的共同体（communautaire）组织，其最高层有一个共同的高祖父，最有力的证据是传统的丧服制度。我们已经知道，他坚持有两个亲近圈，内部的圈有共同的祖父，外部的圈有共同的高祖父（参见本书第55—56页）。他说内部圈（其中世代和世系被清楚清晰地标记，有了明显的等级制度原则）后来被强加在了原始共同体组织之上，这个共同体组织现在仅由外部圈代表（世代和世系不清楚，并且祖先和旁系亲属都属于同一类别）。

我们可能会问，超出高祖父的所有亲属对彼此都没有服丧义务，这不也是一个重要的事实吗？如果我们遵循这种寻找残存文化特征的步骤，最初"中国的一段时间内"，不存在对任何亲人的服丧义务，共同体哀悼的原则是后来强加到这种空缺之上的。这样的结论会有价值吗？

葛兰言拒绝看这样一个事实，除了父亲和长子受到的特别压力外，超出一定程度后，个人与亲属的联系单纯由于身体和社交距离的增加而更松散，对人们来说，见过祖父比见过曾祖父更普遍。由此得出的结论是，即使在一个父系的组织中，个人对更远的亲戚也将承担更少的义务。当采用这种观点时，我们很容易看到《礼记》所提出的不同的服丧义务（参见葛兰言书中的图表，p. 54），由三个亲近圈组成：内部有三个世代，中间的有五代，最外层有七代。

我们要注意，这些数字也与根据《仪礼》和《礼记》规定的官员、诸侯和君主分别具有的祖庙数量一致。如果这类事实可以证明什么的话，那就是等级制原则在整个古代祭祀义务中都是显而易见的。

2. 对于葛兰言而言，父子的对立本质上意味着继承必须是母系的，因为只有这样父子才能属于不同的社会群体。因此，必须不惜一切代价证明古代中国存在母系继嗣。但是，其为此提供的证据不太有力。首先，他提到"姓"（家族和氏族名）一词由"女"（女人）和"生"（出生）这两个部分组成，我们已经看到了使用书面字的部首来证明古代社会体制的困难。在这里葛兰言使用了同样的技巧。但是，对于先前存在母系状态的第二个证据有更大的不合理之处。他坚持认为，因为在中国，土地始终与母性观念联系在一起，所以以前的社会必须是母系的。①

我必须承认，我对于这种推理逻辑几乎无话可说。因为当我们将父亲比作天（天或天空），而将母亲比作地（土地）时，这仅表示女性的地位比男性低。因此，将母亲比喻为大地这一事实与父系原则和父权制规则完全吻合。② 我们不必为古代中国人赋予天最崇高的地位提供充足的证据。我们只需要注意，葛兰言为显示土地的重要性付出了很多努力，却完全没有关注到天在中国古代社会思想中的重要地位。

3. 接下来要研究的是葛兰言对于具有同祖父的兄弟之间团结的证据。据说，尽管堂兄弟不从同一个厨房分享食物（即不在一起生活），但他们仍然有同财（使用共同的钱包）的义务或特权（p. 59）。但是葛兰言也提到了这样一个事实，即儿子对他们的父亲应该为私（特别）。③ 显然，重点是父子之间的团结。

如果说父系同祖父兄弟间旧的团结只是被父系原则的提升所破坏，那么我们应该发现，经过这么多个世纪的父系政权之后，如今已不再存在这种团结。但是，我们今天在中国乡村或内陆城镇中的发现与这个结论并不相同。我在华北一个已婚兄弟在一起生活的村庄中发现，相比于分开生活，其更强调他们儿子间的社交团结。例如，在这种情况下，父系的同祖父表兄弟总是按出生顺序编号，并称呼彼此为兄弟。这样，他们看上去似乎是同一父母所生。如果他们分开生活

① 也参见他的 La Civilisation Chinoise, p. 322（英文版）。
② J. H. Driberg 告诉我，在所有父系或母系继嗣的种族中，男人被比作天，而女人被比作土地。
③ 《仪礼》的注疏指出，"故言其理之不容分者以释之。东宫、西宫、南宫、北宫，盖古者有此称，亦或有以之为氏者，故传引之以证古之昆弟亦有分而不同宫者焉。……"（《仪礼义疏》，卷二十三，第22—23页）。

（即分家），他们将不会在称呼上附加任何数字（例如，二哥），而是在任何情况下都以名字作为前缀。如果有孙子，同样的规则也适用。

因为男系的原则不仅限于父子，还适用于父子一系的延续。从男系父亲的角度来看，一个他统治下的多代的大家庭增加了他的声望和自我满足感。最重要的是，这些后代应该彼此和睦以使家庭团结在一起。分裂削弱了家庭的精神状态，因此破坏了父子一系延续的可能性。父系原则的特征之一是不愿分割土地（财产的主要种类）。家庭的分裂总是意味着土地的分裂。①

出于同样的原因，我们不能同意葛兰言坚持的外婚制的实行是用来抵消父系制度和父权制权力的发展所带来的影响（p. 145）。相反，维系男系一脉的完整性和繁荣，有必要在氏族之外结成联盟，以便男系的父亲和他的后代得到姻亲间的互助。② 由此看来，我们可以得出结论，父系的原则是首要的，而同祖父的兄弟间的团结是次要的，后者是提升前者的手段。

采用这种观点，很容易重新解释葛兰言所引用的其他建立在理想化的残存文化现象基础上的用以支持他理论的事实。其一是，在传统的丧葬义务中，弟弟将他的所有儿子等同于他的侄子，相反，儿子们并不区分父亲的长兄和弟弟，但他们确实在其各自父亲间做了区分。葛兰言坚持认为，这表明了父系原则在将其强加于古老的组织共同体时所面临的困难。但依我看来，这是父系原则的体现。弟弟不再延续主要的家庭脉络，而是从自己的儿子开始新的次要的一脉。

我们可以同样的方式质疑葛兰言对另一个事实的解释。《仪礼》中说，只有诸侯的孙子才能将其父亲这一代、同辈的堂表亲视为臣民，但他的父亲和诸侯本人却不能这样做。葛兰言说，这表明只有在

---

① 在前面提到的我的作品（*The Functioning of a North China Family*）中，我证实了这些观点。

② 我在另一篇论文中讨论了这个问题，"The Problem of Incest Tabu in a North China Village", *American Anthropologist*, January – March, 1940。

祖父和孙子之间才有完全的独立。但是他忘记了：

公孙不得祖诸侯（《仪礼义疏》，卷二十四，第35—39页）。

但如果是这样，祖孙间的自主权在哪里？

4. 我们可以从另一个角度审视葛兰言的立场。所有关于家庭和亲属关系可靠的现代研究，包括在澳大利亚和母系美拉尼西亚进行的研究中，有没有发现根据父母和后代定义的个体化家庭不是主要的？的确，我们今天发现的无文字记录的种族状况不能作为过去不存在其他状况的科学证据。但是，个体化家庭的存在不同于命名（"辈份字"）等问题，它与人性的基本特质和养育年轻一代的技术要求有关。如果我们不能假定从最近的古代以来人性已经发生了变化，无疑我们必须有充分的理由相信相反的一面（个体化家庭的存在）。

第三部分

昭穆制度的重新解释

（1）鉴于之前的讨论，我们可能会问，是否存在对昭穆制度的另一种可能解释？

我们已经看到，新一代进入时，有两种替换祖先牌位的方式，且这两种方式具有不同的含义。即使目前尚未对此问题做出最终定论，我们也会注意到，无论以何种方式移动牌位，可以确定的是，尽管两个连续世代位于不同垂直列中，但它们始终位于同一水平面上。如果我们采用可能性（B）（参见本书第66页），则父亲将永远留在"昭"，儿子将永远位于"穆"。为了表明这种考虑并非为了曲解事实，我们将提到祖庙或其中牌位的排列没有如葛兰言图中所描绘的用来分隔两个垂直列的界限或障碍物。由此，无论该线是在两个间隔的世代之间垂直绘制（如葛兰言所说），还是在两个连续的世代之间水平绘制（我更倾向的方式）都完全取决于作者的选择。

我选择水平地画这条线有几个原因。

第一，"昭"意味着更明亮的光，而"穆"意味着更暗淡的光；"昭"始终位于左侧（更光耀的位置），"穆"始终位于右侧（相对没那么荣耀的位置），因此，"昭穆"所基于的概念必定明确年长和年轻，或"尊"（崇高的位置）和"卑"（低的位置）。但是，明确位于尊卑关系中的两个人必须紧密相关。更明亮的光线和暗淡的光线之间，不存在质的差别，只有数量上的差异。每个水平列本身就是一个单位，"昭穆"并不指祖父和孙子。

第二，正如我们所看到的，在诸侯的情况下，他们必须将其曾祖父置于中心。如果我们站在葛兰言的立场看，那就意味着诸侯的曾祖父既属于"昭"又属于"穆"，或者都不属于。这对葛兰言而言显然是一个很好的案例，而且非常重要。另一方面，如果我们将每两个连续的世代作为一个完整的"昭"和"穆"的单位，仅显示父亲和儿子之间的相对位置，而不是一个人相对于所有亲属所固有的位置，那么将一个祖先放置在另一个祖先的中间只是亲属关系制度中等级概念的结果。

第三，在服丧义务中，真正的中心类别是父子。只有当父亲过世或患有无法治愈的疾病使他失去能力且无法正常生活时，他才会为祖父穿上一等丧服。否则只能为祖父穿戴二等丧服。但不同的是，无论祖父是否活着，他都必须为父亲穿戴一等丧服。

第四，如果按照葛兰言坚持的说法，等级制男系王朝只是成功地建立在最初平等的共同体组织之上，并且如果男系原则的后续发展是以牺牲母系亲属重要性为代价的话，我们有什么理由可以假定——正如葛兰言的假设——一个尽最大努力使儿子受益的男系父亲，将允许作为男系家族制度中心的祖先崇拜中，一种表明父子之间原始对立的安排保持不变？还是我们应该假设在过去的二十个世纪中①，在保持祭祖中的昭穆制度的同时，没有人对"昭"和"穆"的本质有丝毫想法，也没有人质疑它们的含义？

上面的讨论使我们回到了我们先前的观察，即若着眼于残留的文化特征，那么一切都可以被视为残留文化的迹象。葛兰言忽略了，从一个原则得出的事实与从另一原则得出的事实之间的相容性，前者本应已经被移植了。如果像葛兰言坚持的那样，昭穆制度暗示了父子间本质的对立，那么它似乎不可能在坚持儿子完全从属于父亲的父权制组织中"幸存"。

从这个新的观点，我们可以解释很多其他事实，如果葛兰言正视这些事实，他将面临许多困难。

正如我们所看到的，葛兰言仅列举了那些表明父子对立的神话，但是他没有提及同一神话时期发生过的由父传给子再传给孙子的那些事例，而这些事例证明并不存在父子间的对立。其次，为证明在封建统治时期，祖父和孙子之间的联系更加紧密，葛兰言给出的一个重要例子：王子娶儿子的未婚妻，并支持这位特定妻子生下的儿子最终继承王位。葛兰言称这个王子是由于他对孙子的旧有亲密感情而晋位的。这确实是荒谬的。我们只能问，一个人如何同时拥有两种相反的感觉？如果他夺取儿子的未婚妻是由于他渴望加强自己的男系王朝（葛兰言坚决主张的），那么他为什么同时表现出对"孙子"的偏爱来期望降低这种强化？其次，"孙子"根本就不是孙子。他其实是王子自己的小儿子。② 我们只要发挥想象力就会马上意识到，作为儿子未婚妻的妻子也是他最小的妻子。如果我们考虑一下人类的情感，再

---

① 据我所知，昭穆制度至少一直延续到明朝的皇帝。

② 如果根据葛兰言的说法，婚姻中这种古老的对世代的无视是由于在旧的平衡上提高了男系原则，那么今天我们看到，在婚姻的安排中，世代原则几乎没有任何重要性。但是相反，这一原则是最重要的原则之一。在男系的父权制组织中，基本重点是父亲对儿子的保护，而这种重点是投射在整个亲属关系中的，即上位一代（尊）比下位一代（卑）高。这种区分是男系组织的基石之一。

看看最近的情况——一个人对他的妾（总是比妻子年轻）和妾的儿子（总体上比他妻子的儿子年轻）的偏爱，那么我们根本不需要遵循葛兰言异常的推理。实际上，我们可能会更进一步。在其他条件相同的情况下，社会关系和身体关系中，关系越紧密，接触越频繁，摩擦的可能性和强度越大。如果历史上父子之间比其他人之间有更多的摩擦，这仅表明他们彼此间存在更紧密的关系。例如，在中国历史上的某些时期，我们可以找到许多儿子为了王位而杀害其父亲的案件，但我不知道有孙子杀死他祖父的事例。这样做，没有必要。除极少数情况外，继承总是从父亲到儿子。父权制家庭的祖父与孙辈的教养没有任何关系。因此，他可以将"含饴和弄孙"相比。如果我们发现父子间的摩擦所引起的家庭麻烦案例多于祖父与孙子间的摩擦，我们不必提出异常的联想，即认为祖父与孙子之间存在某种神秘的或以前的"同一性"，或者这一事实表示社会组织的古老体系。①

　　（2）我们已经注意到，关于亲属称谓的事实既不系统，也不像葛兰言试图说明的那样清晰。但是，许多人类学家已经提出，亲属称谓可能证明了过去有些模糊的婚姻设置状态这一事实。② 因此，仅从亲属称谓用语中，我们（在剔除数据的不准确性之后）可能得出结论：有迹象表明父亲姐妹的儿子和母亲兄弟的女儿之间的双向交换婚姻设

---

　　① 现代心理学和人类学研究表明：一方面，父子对立在父权制和父权制家庭中最为尖锐（参见 J. C. Flugel, *The Psycho-analytic Study of the Family*, 1921）；另一方面，和葛兰言的假定相反，母系类型的家庭中，例如美拉尼西亚，不存在父子间的对抗。在后一种情况下，父亲和儿子之间有着强烈的情感依恋（参见 B. Malinowski, *The Sexual Life of Savages*, 1931）。葛兰言有假设古代中国人在本质上和心态上与现代欧洲人或特罗布里恩群岛居民不同吗？拉德克里夫－布朗友好地写信给我说："父子之间的对立以及祖父和孙子的团结几乎在所有亲属制度中都普遍存在。"尚不知拉德克里夫－布朗是否已考虑到美拉尼西亚的情况（例如，上述引用过的马林诺夫斯基教授的著作），但是无论我们采取哪种观点，葛兰言从明显的父子对立到母系家族组织的先前存在的推论都是完全错误的。

　　② 例如，参见 A. I. Hollowell（*American Anthoropologists*）的工作。但是像拉德克里夫－布朗这样的其他学者，则坚称亲属称谓与现在有关（参见 *Oceania*, 1930—1931）。但是，后者涉及的是没有书面语言的地区。如果有过去的书面记录，这两个论点并不是严重互相矛盾。

置，尽管我们不能太认真地看待这个证据且只看这个证据本身。①

　　但是，最大的困难出现在我们思考葛兰言从亲属关系中推断出的过渡制度的存在上。这种过渡制度规定兄弟姐妹不嫁给同一个家庭群体，而要进入另一个外婚部分的两个不同的家庭群体，从而形成一个八类别体系。

　　令我们震惊的是，葛兰言广泛地从不同时间维度获取他的资料，去证明一个本该在更早的时间维度上发生的现象存在。正如我们已经说明的（参见本书第 70—71 页），葛兰言用来表示这种过渡制度存在的某些称谓取自《尔雅》，而其他称谓则至少出现在十个世纪或更长时间之后。葛兰言必须确定，《尔雅》时期是否出现了这种过渡制度。如果有的话，那么在《尔雅》中，妻子的兄弟这个词应该被记录为"舅"而不是"甥"；丈夫的姐妹这个词就应该记录为"姑"而不是"女公"或"女妹"。相反，如果过渡制度发生在《尔雅》写成后的十个世纪或更长时间后，《尔雅》中姐妹的丈夫的称谓不应该是"甥"（女婿和姐妹的儿子），因为那样他便没有理由被看作"可追溯为个人父亲的女婿"（参见本书第 62 页）。

　　此外，这种过渡制度是短暂的？还是持续了很长时间？如果是前者，那么我们可能会合理地怀疑它是否能够对亲属称谓进行某些相当大程度的改变。如果这是一个长期的发生在晚于《尔雅》写成时间的体制，那么我们可以合理地找出一些历史记录来证明这一点。

　　如果对这些问题中的任何一个都没有令人满意的答案，这就会导致人们相信葛兰言关于这种过渡制度的理论仅基于一种推测的数学可能性。但如果这样，就会有八个以上的类别。如果葛兰言想计算出，特定的复杂婚姻设置结果会是 16 类或 32 类或 64 类的无止境的类别。

---

　　① 拉德克里夫－布朗在给我的一封信中说，他"认为很有可能古代中国像今天山西和湖南的部分地区那样实行交表婚（参阅 Li Yu I 的著作），将一个村中的两个氏族或两个村的各一个氏族联系在一起"。但是，在没有发现进一步证据之前，这仅仅是一个联想。

我们想知道这样的推测是否会对中国社会组织的历史产生任何影响。[1]

（3）葛兰言的结论是根据更广泛的历史考察而来的。

通过检验更广泛、更广为人知的史前事实和历史事实，我们还可以证明，从四种婚级到八种婚级的转型期在中国历史上从未发生过。

我们可以从一个明显的事实开始，即中国古人不只代表一种文化。他们是几种文化体系的相互反应。商（前3000）之前的文化起源是一个有争议的问题，但商和周代表的是两种截然不同的文化这一事实已经被很好地建立起来。

顾立雅（Herrlee Glessner Creel）教授有一个很好的研究中国古代社会组织的机会，但迄今为止，他关于该主题的著作仅表明了一些表面的观察结果。但就连他也注意到了商朝人和周朝人之间差异的重要特征。他表明，周朝在许多方面都不同于商朝，一个重要的区别在于他们的继承法。

"回想一下，在商朝，君主死后，除非已故君主的兄弟都死了，否则他的儿子通常不会继承王位。另一方面，在周朝，王位通常直接传给君主的嫡长子。"[2]

陶希圣在顾立雅之前几年所写的文章向我们非常准确地表明，简而言之，商周之间的本质区别在于是否存在宗法（家族主义的组织，作为父系王朝的延续和扩张的基础）。他从最近的出土物和经典著作中获得的资料表明，商朝没有宗法。父亲这一世代都是父亲，而祖父的世代都是祖父。在周朝，宗法制度确定成为最发达的形态。[3] 这是很重要的事实，可以最终证明，在完全发达的男性为中心的男系家庭

---

① 有一个可以提醒葛兰言的作品：B. W. Aginsky, *Kinship Terminology and Systems of Marriage*, 1935, *Memoir of American Anthropological Association*（准确的书名应为 *Kinship Systems and the Forms of Marriage*：*Memoirs of the American Anthropological Association*, no. 40, 1935。——译注）。此书已经广泛探讨了婚姻联盟形式的数学可能性，但是 Aginsky 不建议将其与任何一个特定民族的历史联系起来。

② Herrlee Glessner Creel, *The Birth of China*, 1936, pp. 221–222.

③ 陶希圣，《婚姻与家族》，1932。

组织之前，从四类别到八类别的过渡时期是不可能的。没有这样一段转型期的可能性是因为我们没有资料表明商朝的社会组织在宗法制中结束，或者周朝的社会组织是从一个男系与女系平等的共同体组织建立起来的。宗法制突然与周一起出现。

如果我们考虑有关商和周之间的相对文化习俗，情况就更加清楚了。商有比周更高和更复杂的文化，周不仅被商的文化所吸引，而且在很多方面以商的文化为标准。[①]

现在不是很明显的是，如果周曾与商具有同类型的社会组织（特别是在继承法上），那么在这种情况下，王朝建立初期，他们会保留其原有制度，而不是改用一种不同于商朝的新制度（即他们欣赏且在很多方面依附的文化）？

如果我们承认商有一个四类别的非男系社会组织的事实，我们仍然不知道之后发生了什么。无论如何，在周的男系制度中寻找商朝模式从四类别向八类别设置转变的迹象是完全错误的。确实，正如我们之前所见，没有任何资料支持中国古代亲属关系称谓转变的这种理论。

考虑到《尔雅》《礼记》和《仪礼》中的关系亲属书面称谓，我们可能会注意到世代原则不是主要的，也不是绝对的，因为两个世代的许多亲属都由一个词（特别是"甥"）涵盖，但是在现代文学和口语用法中，这种灵活性是不被允许的。属于不同世代的人必须具有不同的书面称谓，正如我们先前所指出的那样，这一事实表明，在父权制的社会组织中，血缘关系和世代都是首要的。父系社会的基石是这样一个事实：上一代人相对于下一代人必须处于权威地位。这种社会秩序的执行权落在男系父亲的肩膀上，他权力的直接对象是他的儿子。出于这个原因，昭穆制度被用来象征社会组织的中心关系。我们必须记得，这一中心关系也被鲜明地置于传统服丧义务中。

---

① Herrlee Glessner Creel, *The Birth of China*, 1936, p. 224.

　　我们应该认识到双向交换的交表婚（父亲姐妹的儿子和母亲兄弟的女儿）与父权制的社会组织不相容。两个独立朝代可以互相视为母系朝代。这一点的证据是这种类型的交表婚偶然存在于男系原则建立较好的组织中。

　　得出上述结论之后，我们可能进一步发现许多其他历史事实，这些事实很容易落入他们自己的视野。例如，在汉代（约在公元前200年开始），皇帝妻子或母亲的家庭的外戚两次控制了皇权。在唐、明和清末，同样的现象一再出现。我们是应该坚持认为这些朝代可以追溯到早期原始的社会组织，还是应该说这些事件仅表明男系组织有时可能会受到母系朝代施加的不适当影响？我认为必然是后一种答案。

　　我们再次以把女儿作为建立社会性同盟或将致命的敌人变成友好力量的工具为例，这在中国历史上曾发生过多次。如果采用这样的事实——如葛兰言所言——作为先前存在一个不同社会组织的标志，我们肯定会问，为什么在现代意大利，墨索里尼将女婿作为自己的得力助手。也许葛兰言可以为我们提供答案。就我而言，我满意地观察到，依靠婚姻联盟获得帮助，在任何形式的社会组织——无论亲属关系重要性程度如何——都具有重要意义，欧洲社会也不完全例外。

　　对制度残余的研究具有重要的科学意义和价值，但必须格外小心。我们不同意葛兰言的解释，不是因为我们不同意这种方法，而是因为他既没有考虑所有相关资料，也没有运用他早期一些作品中似乎是天赋般的批判能力。

　　（作者单位：伦敦政治经济学院；[1] 译者单位：复旦大学社会学系）

---

　　① 原刊并未署作者单位，该文发表时，作者为伦敦政治经济学院博士生。——编注

葛兰言汉学导论[*]

杨　堃

曹雅楠 译　岳永逸 校

众所周知，在欧美学者的眼中，汉学是一门西方科学，而且首先在本质上它是一门法国科学。二十年前伊曼纽埃尔－爱德华·沙畹（Emmanuel-Èdouard Chavannes）提出："如果汉学是这样一门科学——从起源来讲，它是由法国传教士所开创，并由雷慕沙（Abel Rémusat）与儒莲（Stanislas Julien）等人建立，那么它目前的研究者名单中还包括了众位法国汉学家，而他们无愧于那些杰出的前辈。"[①] 在过去的二十年里，西方汉学仍然是一门法国科学，因为诸如伯希和（Paul Pelliot，1878—19?）、马伯乐（Henri Maspero，1883—19?）以及高本汉（Bernhard Karlgren，1889—19?）[②] 等学术权威均属

　　[*] 该文是《燕京社会学界》1939 年第 1 卷第 2 期 "说明与问题" 专栏 "马塞尔·葛兰言：一种理解"（"Marcel Granet：An Appreciation"）的第一篇。原文出处信息如下：Kun Yang, "An Introduction to Granet's Sinology", *The Yenching Journal of Social Studies*, v. 1, no. 2, 1939, pp. 226 – 241。本文的译校得到中国人民大学科学研究基金项目（22XNLG09）的支持，是该项目的阶段性成果。——校注

　　[①] Chavannes, "La Sinologie", *La Science Française*, 1915. 为了完成这一关于法国汉学的历史注解，沙畹在 1915 年写到，有必要引用 Henri Maspero, "La Sinologie", *Société Asiatique. Le Livre du Centenaire*, 1822—1922, ch. 11; Henri Maspero, "Chine et Asie Centrale", *Histoire et Historiens depuis Cinquante Ans*, 1928, v. 2; Marcel Granet, "La Civilisation Chinoise", *Annales de l'Université de Paris*, 1928; Demiéville, "La Sinologie", *La Science Française*, 2nd ed., 1934, v. 2。同时应当参见 *Journal Asiatique*, 1822, 以下诸页；*T'oung Pao*, 1890, 以下诸页；*Bulletin de l'École Française d'Extrême-Orient*, 1900, 以下诸页。

　　[②] 高本汉，瑞典汉学家、杰出的语文学家，沙畹的门徒之一。

于这一法国学派。①

　　葛兰言教授②亦为该学派的一员。③ 他从 1912 年起逐渐为人所知，④ 在过去的七八年间已经声名斐然。他已能开辟出一条汉学研究的全新道路，而他所代表的学派也标志着中华文明史学的一个重要时期。

　　然而说来奇怪，迄今为止，葛兰言的著作还没有任何一本被译成中文，而且我们国内的学者似乎也并未意识到，或不认可他对汉学的贡献。只有在近四五年间，当其部分著作被译成英文后，葛兰言的名字才开始逐渐为我国学者所知。不幸的是，葛兰言与我国学者没有人际联络，其治学方法也完全不同于新旧两派汉学家。更不幸的是，他碰到了丁文江博士这位劲敌。在后者对葛氏作品及其本人横加指责与挖苦下，⑤ 葛兰言的名字在中国便被黯然埋没了。从那以后，人们再提起葛兰言似乎就只剩下嘲讽。这无疑是缺乏理解所致。因此，没有人努力去发现他是否真的为汉学带来什么新东西。在我看来，这种误解对葛兰言而言无疑是一大憾事，对我国学术研究的损失则更令人

----

　　① 此处列举的生卒年份谨保留杨堃先生的原文用法，下同。伯希和，法国汉学家、探险家，逝于 1945 年；马伯乐，法国汉学家、印度支那诸语言专家，逝于 1945 年；高本汉，逝于 1978 年。——译注

　　② 马塞尔·葛兰言在 1884 年 2 月 29 日出生于法国德龙省的 Luc-en Diois。1904 年他进入巴黎高等师范学校（Ecole Normale Supérieure）就读，并于 1907 年获得高中历史教员证书毕业。1908 年至 1911 年，他获得了狄爱尔基金会（Thiers Foundation）的资助，师从沙畹研究汉学。1911 年至 1913 年，葛兰言远赴中国，从事实地调查研究工作。从 1913 年起，他开始作为沙畹的继任者、接替者，就任巴黎高等学术院（École Pratique des Hautes Études）宗教科学部门"远东宗教"讲座的研究主任。1920 年，他在巴黎大学文学院获得了文学博士学位。从 1925 年起，他同时兼任巴黎东方语言专门学校（National School of Oriental Living Languages）"远东史地"讲座的教授。此外，他还是巴黎中国学院（Institut des Hautes Études Chinoises）的创始人之一。自该所于 1926 年成立以来，葛兰言便一直担任校务长以及中国文明研究的教授。有关他的作品，请参见文末的参考书目列表。

　　③ 说明：为尊重原作者，本文中的校名、职务名，均采用杨堃先生在《葛兰言研究导论》（杨堃，1997，《社会学与民俗学》，成都：四川民族出版社）中的中文译法。后文中此类名称译法亦如此，不再另行说明。——译注

　　④ Marcel Granet, "Coutumes Matrimoniales de la Chine Antique", *T'oung Pao*, v. 13, 1912, pp. 517 – 558.

　　⑤ 丁文江的评论刊登于 *The Chinese Social and Political Science Review*, v. 15, no. 2, 1931, pp. 265 – 290。

扼腕。

　　就个人而言，我是葛兰言的学生，而且他曾给予我许多极其有用的建议。在此，不必我为他辩护，他自己的著作更加能说明问题。然而，我想建议我的读者：在批评一位作者之前，我们应当尽量设法去理解他。丁文江博士精通法文吗？我不知道。就算他自称精通法语，仍有可能无法理解葛兰言的学问。对此二人而言，尽管都是在从事研究探索类的工作，他们的思维却是截然对立的。一个是极大地受到赫胥黎（Thomas H. Huxley）理性主义影响的科学家思维，[①] 另一个则是深受马塞尔·莫斯（Marcel Mauss）的社会学所浸染的神话学家思维。一个在某一领域有突出成就的人，可能无法理解另一领域的杰出者。正如歌德不理解贝多芬一样，丁文江也并不理解葛兰言，尽管他们都是各自领域内的佼佼者。

　　在其首部著作《古代中国的节庆与歌谣》（*Fêtes et Chansons Anciennes de la Chine*, 1919）的扉页，葛兰言写有："谨以此书纪念埃米尔·涂尔干与伊曼纽埃尔－爱德华·沙畹。" 1926 年，他又将其基础性著作《古代中国的舞蹈与传说》（*Danses et Légendes de la Chine Ancienne*）"献给马塞尔·莫斯"，并在序言中明确补充到，"我的首个愿望就是使读者能感受到：我曾是涂尔干与沙畹的学生……尽管可能还无法堪当此称，但我已得到了我所希望的最好回报——出于友谊，莫斯先生允许我将他的名字置于本书的首页"。[②] 这表明葛兰言、沙畹、涂尔干以及莫斯的思想之间存在着密切的关系。因此，如果我们希望理解葛兰言的学术渊源、学说及贡献，

----

　　① 参见傅孟真［斯年］，《我所认识的丁文江先生》，《独立评论》（纪念丁文江先生专号）1936 年第 188 号，第 7—8 页。丁文江（1887—1936）是我国为数不多的优秀科学家之一。他不仅是一位地质学家、地理学家，更是一位思想家，对中国民族学亦做出了至关重要的贡献。不幸的是，他在这方面的工作尚未完成便溘然长逝。在丁氏身后，中央研究院历史语言研究所 1936 年编纂了他的《爨文丛刻·甲编》（关于罗罗人的文本）。但是，目前还尚未有人对其民族学成果进行系统性的研究。

　　② Marcel Granet, *Danses et Légendes de la Chine Ancienne*（以下简称"*DL*"），1926, p. 56。

就势必要认清这一关系。

　　我并不打算在此谈论沙畹的生平与成就（1865—1918），对此，各国汉学家早已知之甚详。在我看来，沙畹对于葛兰言的影响可以归结为三。首先，沙畹的汉学观不同于其西方前辈们的看法——他们沿袭了中国史家的治学路线，将汉学视为一种纯粹的学问；而沙畹则极大地拓宽了汉学领域，并以整个的中国文化，与整个活动的中国社会作为研究对象。他将考古学、金石学（epigraphy）、① 民族学、民俗学以及汉学本身都纳入其研究视野之中。其次，沙畹不仅仅是一位汉学家，更是一位能力超常的历史学家。正是在沙畹之后，西方汉学家才知道如何将史学方法（historical method）用于汉学，从而摆脱中国传统思维方式的桎梏。最后，沙畹通过对《史记》的研究发现，宗教在中国古代文化中占有极为重要的位置。而在他之前，从未有人如此清晰地意识到这一点。

　　从沙畹到葛兰言，汉学得以进一步发展。第一，葛兰言的汉学研究目标已经不再仅限于描述，而是对中国文明进行社会学分析。第二，葛兰言将沙畹的史学方法与法国社会学派的分析方法（analytical method）紧密结合，使之成为一把双刃利器。这是葛兰言对当今汉学最重要的贡献之一。第三，葛兰言发现了新的事实，而它们都为关于中国古代宗教的研究提供了相关资料。这些内容构成了葛兰言全部作品的主题。

　　我想最后强调一点，即在其所有作品中，葛兰言都以神话学者的观点展开论述。这一贡献的重要性正如他在《古代中国的节庆与歌谣》首句中指出的那样："我希望证明，欲知中国**古代宗教**的一些事物并非天方夜谭。"② 如果我们希望理解他的作品，就必须先采纳其观点。在这一问题上，沙畹的影响并非唯一的因素，因为葛兰言本身就

――――――――――

　　① Epigraphy 一词还有"碑铭学""铭文学"等含义，杨堃则将其译为"技艺学"。——译注

　　② 加粗字体为葛兰言所著原文中的标识，下同。

是一位天生的神话学家，且更多受到法国社会学派——主要是莫斯的影响。后者对葛兰言的陶染，甚于沙畹。此外，环境的关系也不容忽视。葛兰言是巴黎高等学术院"远东宗教"讲座的研究主任。他所有的著作都是先在那里构思为讲义，而后扩展成书。然而，这一切并不意味着沙畹对他的影响就无关紧要。对葛兰言而言，沙畹是一盏明灯、一位向导，他为葛兰言指明了要遵循的方向。葛兰言称沙畹的《中国古代宗教中的社神》（*Le Dieu du Sol dans la Chine antique*）[1] 是"一个兼具历史精确性与学术严谨性的典范"。[2] 这表明沙畹对其具有无可否认的影响，但在形塑葛兰言思维的过程中，发挥更大作用的仍然是涂尔干。

众所周知，埃米尔·涂尔干（1858—1917）是法国社会学派的创立者，也是世界上最负盛名的社会学家之一。所有的社会学教科书都对他的名字有所提及。因此，对他，我们毋庸赘言。但是，我们仍要注意这一事实：涂尔干那三本被翻译为英文的著作[3]尽管也声名卓著，但并未对葛兰言产生太大的影响。相比之下，葛兰言更偏爱《自杀论》（*Le Suicide*）[4] 与《原始分类》（*De Quelques Formes Primitives de Classification*）。[5] 前者是涂尔干独著，后者乃涂尔干与莫斯合撰。

---

① 该文卢梦雅译为《古代中国社神》，参见《国际汉学》2015 年第 2 期，第 52—69 页。——校注

② Marcel Granet, *Fêtes et Chansons Anciennes de la Chine*（以下简称"*FC*"）, 2nd edition, 1929, Introduction, p. 1, note 3.

③ 1）*Les Formes Élémentaires de le Vie Religieuse*, 1912; 2nd edition, 1925; 3rd edition, 1937. 英文版, *The Elementary Forms of the Religious Life: A Study in Religious Sociology*, tr. Joseph Ward Swain, London, George Allen and Unwin, 1915。2）*De la Division du Travail Social*, 1893; 2nd edition, 1902; 6th edition, 1932. 英文版, *The Division of Labor in Society*, tr. George Simpson, New York, Macmillan, 1934。3）*Les Règles de la Méthode Sociologique*, 1895; 2nd edition, 1901; 9th edition, 1938. 英文版, *The Rules of Sociological Method*, tr. Sarah A. Solovay and John A. Mueller, The University of Chicago Press, 1938.

④ 此书第一版刊行于1897年，第二版（未修正）于1930年问世。我们必须用莫里斯·哈布瓦赫（Maurice Halbwachs）的 *Les Causes du Suicide*（1930）一书补充此作。

⑤ Émile Durkheim et Marcel Mauss, "*De Quelques Formes Primitives de Classification*. Contribution à l'étude des représentations collectives", *L'Année Sociologique*, v. 6, 1903, pp. 1 - 72.

　　葛兰言曾说："就我自己与他人而言，是《自杀论》震撼并征服了我，而非《社会学方法的准则》（*Les Règles de la Méthode Sociologique*）抑或是《社会分工论》（*De La Division du Travail Social*）；而且我相信，或许可以将社会学家分成两类：一类是受到过《自杀论》启发的群体，另一类是其他人……"①

　　在《原始分类》中，葛兰言注意到一些极具价值的东西，即"发现"的原则："他们（社会学家们）发现事实的原则，可见于涂尔干和莫斯出版的《原始分类》中。我很高兴地说——或许我可以再补充有趣的一点，那便是这本论著中关于中国部分的几页。尽管很少有专家摘引此处，但它应当成为汉学研究史上一个重要的里程碑。"② 令人钦佩的是，葛兰言将该原则应用到其全部著作中，尤见于他最新的，也是最成功的著作——《中国的思想》（*La Pensée Chinoise*，1934）。

　　尽管法国社会学派的创始者是涂尔干，但该学派目前在世的主要代表人物乃是涂尔干的继任者马塞尔·莫斯（1872—19?），③ 他也是新起的法国民族学派④的创始人之一。不幸的是，其著作迄今为止罕有英文译本。但正如葛兰言自己所说，莫斯对他的影响远比涂尔干更为深刻，也更富有成效。⑤ 对此，我认为有两点原因。首先，莫斯不仅是一位社会学家兼宗教史学家，亦是一位天才的神话学家，因而在精神方面与葛兰言颇为契合。其次，莫斯所代表的法国社会学派已经进入一个新的阶段（主要是方法论层面）。涂尔干的《社会学方法的

---

　　① Marcel Granet, "Discussion du programme de l'enseignement de la sociologie", *Bulletin de l'Institut Français de Sociologie*（以下简称"*Bulletin*"），2nd year, fasc. 3, 1932, p. 106.

　　② Marcel Granet, *La Pensée Chinoise*（以下简称"*PC*"），1934, p. 29, note 1; *FC*, p. 249, note; *DL*, p. 615. 在拙文《莫斯教授的社会学学说与方法论》（《燕京社会学界》1938 年第 10 卷）的第二部分，我对葛兰言提及的《原始分类》中"关于中国部分的几页"进行了详细分析。本文中，我将《莫斯教授的社会学学说与方法论》一文简称为"《莫斯的社会学》"。

　　③ 莫斯逝于 1950 年。——译注

　　④ 杨堃将该学派写作"法国社会学派"。——译注

　　⑤ Marcel Granet, "Le Dépôt de l'enfant sur le Sol", *Revue Archéologique*, 1922, p. 34; *DL*, p. 611, note 1; *Bulletin*, p. 105. 亦参见我的文集《法国社会学家访问记》（1930，中文手稿），以下简称"《访问记》"。

准则》充满了哲学色彩，并且频繁地做出系统性的范畴陈述（categor-ical statement）。[1] 在本质上，莫斯的方法与涂尔干的观点保持一致，但莫斯的方法更为灵活，更适合具体研究，更加明确且更富有成效。例如，莫斯在比较法的使用上主张特别从严，[2] 同时他也会采用史学的方法，[3] 并强调历史学家与社会学家之间应采取一种合作的态度。[4] 这些观念都与葛兰言的思想不谋而合。

在这一点上，请允许我回忆一些个人往事。1928 年 11 月 14 日，我第一次去葛兰言教授的家中拜访他。那时，他就建议我细读《社会学年鉴》（L'Année Sociologique）。他告诉我刊内"普通社会学"（general sociology）的部分不必过于留意，因为这些内容比较偏哲学，但他告诫我一定要认真阅读"宗教社会学"（religious sociology）一栏。他说他自己也经常阅读这部分，并从中发现了许多极为重要的内容。随后谈到莫斯时，他坚持要我去听莫斯的所有课程，阅读其全部著作，而且一定要反复细读，不能只读一遍。在葛兰言教授送我到门口时，他特别提议我去精读莫斯的两篇论著——《爱斯基摩社会之季候的变化：社会形态学之研究》（Essai sur les Variations Saisonnières des Sociétés Eskimo）[5] 和《论赠与为交易之古式》（Essai sur le Don）[6]，并

---

① 杨堃将涂尔干的方法论称为"充满了哲学的色彩与系统的说明"，故作此译。——译注

② 关于莫斯对比较法的观点参见 Annales Sociologiques. Série C. Sociologie Juridique et Morale, fasc. 1, 1935, pp. 72 - 75；《莫斯的社会学》第二部分。

③ 参见 Marcel Mauss, Les Civilisations éléments et formes; "Civilisation. le mot et l'idée" ed.; "Centre international de Synthèse", Nature, 1930; Bulletin de la société française de Philosophie, April, 1923, p. 25; L'Année Sociologique. v. 12, 1913, pp. 3 - 4; 等等。

④ 参见 L'Année Sociologique, New Series I, 1925, pp. 287 - 288; Mauss, "Avertissement", in Henri Hubert, Les Celtes et l'Expansion Celtique, 1932, p. xxiv; Célestin Bouglé, Bilan de la Sociologie Française Contemporaine, 1935, pp. 93 - 94; Centre d'études de politique étrangère, Les Sciences Sociales en France. Enseignement et recherche, 1937, p. 39。

⑤ L'Année Sociologique, v. 9, 1906, pp. 39 - 132; 参阅《莫斯的社会学》，第 313—333 页。

⑥ "Essai sur le don. Forme et Raison de l'échange dans les Sociétés Archaïques". L'Année Sociologique, New Series I, 1925, pp. 30 - 186; 参见《莫斯的社会学》下篇（尚未出版）。

且在每篇文章上至少要下两个月的功夫。[①] 最后他强调，一定要关注文章中的每一个字："慢慢地细读，一直要慢。"[②]

后来我理解了这些建议的价值，并且恍然大悟：细读、慢读与重读正是葛兰言的治学法门。[③] 从他所有的著作——特别是《古代中国的舞蹈与传说》和《中国的思想》——可以看出，在此方法的指导下，莫斯著作的精髓已悉数为葛兰言所提炼，并吸收纳用了。

因此我相信，对葛兰言影响最大的学者就是莫斯；而最能了解、最能发挥莫斯学说与方法论之旨要者，亦当属葛兰言。从这一点来看，他不仅是一名乔治·德斐（Georges Davy）[④] 所言的"社会学化的汉学家"（sinologue sociologisant），[⑤] 更不容置疑的是莫斯的合法嫡系，以及莫斯之后法国社会学派一位真正的代表人物。我们须谨记一点：如今的社会学已不再是哲学。莫斯的门徒都是历史社会学家或民族学家，而非纯粹的理论学者。[⑥]

但凡读过葛兰言著作或是听过其课程的人，我想应该都能觉察到，葛兰言是一位对方法论极为重视的学者。在我看来，他在《古代中国的舞蹈与传说》中的长篇绪论，是对其方法论最好的诠释，也是面向整个汉学领域的一则革命性的宣言。该书没有被译成英文，实乃一大憾事。在这篇绪论中，葛兰言首次提出了这一问题："我们应该

---

① 要说明的是，在续写的《莫斯的社会学》中，杨堃并未沿用其文章原名。上条注释中说的下篇，是后来刊发的莫斯教授的书目提要。在书目提要篇首，杨堃视提要为前文的"附录"。1943 年，杨堃在国立北京大学法学院《社会科学季刊》1943 年第 2 卷第 1 期刊过一个不完整的提要版本，题为《莫斯教授书目提要》；全文则以《法国社会学家莫斯教授书目提要》为名分五部分连载于《中国学报》1944 年第 1 卷第 2 期至第 2 卷第 1 期。关于这里提及的莫斯这两篇论著的提要，杨堃的编号分别为 8 和 21。在此，莫斯这两篇文章的译名也采用了杨堃的译法。参见杨堃，1943，《莫斯教授书目提要》，《社会科学季刊》第 2 卷第 1 期，第 37、40 页；1944 年，《法国社会学家莫斯教授书目提要》，《中国学报》第 1 卷第 2 期，第 48、50 页。——校注

② 参见《访问记》中葛兰言部分。

③ 同下书，p. 233，关于葛兰言的授课方法。

④ 乔治·德斐（1883—1976），法国社会学家，曾师从涂尔干。——译注

⑤ Georges Davy, *Sociologues d'hier et d'aujourd'hui*, 1931, p. 21.

⑥ 同下书，p. 235, note 52。

如何搜集采择史料，才能使之有助于我们了解霸权出现的条件、环境以及相关的各种制度呢？"[1] 葛兰言坦言："事实上，在中国以及我们的汉学中，除了'历史化的传说'（*légendes historisées*）之外，我们别无所获；随后的评述也仅考虑了这一类型的文本。"[2]

那些文本值得被视为历史文献吗？在对史料的评判上，葛兰言有着独到的见解。当中国的普通史学家全在殚精竭虑考证古籍的文字与出版年代时，葛兰言却已越过了这一层。他深入文本、着力事实，去寻找有助于理解古代中国宗教的重要线索。他批评唯理主义历史学家根本错误的态度，即只知考证著作却不重视事实，且并不致力于触及那些文本的深层神秘来源。"何谓**真伪**？这仅仅是两种对事实的编排方式。前者是证明一物比他物更古老，后者则是经过或多或少的巧饰之后附于前者之上。至于事实，在这两种情况下，它们都源自传统。无论何时，传统都是有价值的。当我们在一个档案（不论存在于何时）总是被迅速破坏殆尽的国家中追溯千年前的历史时，就其发现时间早或晚三四个世纪这一点而言，史料会有价值的大小之分吗？真正的《尚书》最接近于孔子时代吗？也许吧。那么伪造的《尚书》便是全然杜撰的吗？不错，它的确全靠取材于别的叙述，例如墨子的诸多言论。墨子与孔子几乎处于同一时代。那么，这些文本在价值上相差很远吗？真正的《尚书》中的虚构成分就一定比其他文本中更少吗？"[3]

同理，葛兰言说道："我有充分的理由，足以抛弃正统与非正统文本之间一直以来的对立，因为前者并不比后者更值得信任。尽管基于不同的精神，它们却都使用着相同的主题。"[4] 因此，他有权做出结论："所有的文本，都可以无差别地为我们提供事实。倘若批判是从

---

[1] *DL*, p. 24.

[2] 同上书，p. 24, note 1。

[3] 同上书，p. 27 – 28。

[4] 同上书，p. 592。

事实而非文本出发，那么它便会更富有成效。"①

　　葛兰言所意指的事实乃是社会事实。从基础性的、他最具体的研究——《古代中国的舞蹈与传说》，到他最具综合性的著作《中国的文明》（*La Civilisation Chinoise*）和《中国的思想》，葛兰言的作品都不是旨在研究文学史，而是对制度和信仰史的探讨。在《中国的文明》中，他试图揭示"中国古代的社会系统"。② 在《中国的思想》中，他探求的是"中国思想的制度性基础"。③

　　在勘定历史年代的问题上，仍有值得商榷的空间。④ 葛兰言的立场十分清楚："我们必须从不同时代的作者、不同的价值观、不确定的历史、多样的起源和对立的学派中，获取所需的材料。汲汲营营于考索每一件事实发生的精准时空，最终只会徒劳无功。"⑤ 我们是否可以得出结论：葛兰言所研究的事实并非历史事实呢？在这一点上，我们需要注意葛兰言所研究的是先史时期（prehistorical period），即他所说的"那个半文献时代"（age of semi-written literature）。⑥ 那个时代的历史事实是"伪饰后的篇章"，它"在抽象年代学的大框架中只有一个仪式性的日期（ritual date）⑦"。⑧ 因此，即使所有关于那一时期的书面文本都附有成书年代，其准确性也无法保证。然而，即便这些时期并非绝对准确，即便那些文本的成书年代远远晚于它们所承载的时代，对我们而言重要的是：这些文本讲述了作为史前传说而被人们口口相传的事实。自然，那些事实以及传说，保存了其所有象征性的和

---

①　同上书，p. 595。

②　Marcel Granet, *La Civilisation Chinoise. La Vie Publique et la Vie Privée*, 1929（以下简称"*CC*"），p. 4。

③　*PC*, p. 4.

④　参见 Philippe de Vargas（王克私），"The Place of History among Sciences and Its Relation to Sociology"，重印于 *The Chinese Social and Political Science Review*, v. 8, no. 2, April, 1924, p. 12。

⑤　*DL*, p. 40.

⑥　同上书，p. 600。

⑦　杨堃将其称为"礼式的年代"。——译注

⑧　同上书，p. 600。

神话学上的价值。因此，葛兰言将这类日期称为"仪式性的日期"。我相信，在作为一位神话学家写作时，葛兰言有能力揭示社会学和神话学意义上的古代中国的时间、空间与数字观念。其最近一部作品，《中国的思想》的巨大价值亦在于此。

尽管葛兰言认为，对准确年代的考据只是徒然之功，但他暗示社会学的分析可以判定"社会学的年代"。根据"社会结构、技术与信仰的特定状况之间"的相互关联，事实可以被置于确切的时代框架之内。[①] 正如考古学所勘定的时期，以葛氏方法所界定的时代同样以事实为基础，而非浮于纯粹推理之上的空中楼阁。葛兰言断言："历史批评法须求助于社会学的分析，倘若失去这一奥援，它将无法自立。"[②]

在对史料的选择标准上，葛兰言曾说："让我们选择那些最富有传说性的史料。我们既不要排除那些被历史精神所扭曲的东西，也不要把那些一般被视为寓言或创制品的文集拒之于门外。"[③] 他在注释中指明："我最注意阅读的著作是：司马相如的赋，《楚辞》《列子》《庄子》《墨子》《淮南子》《韩非子》《晏子》《吕氏春秋》《论衡》……"[④]

葛兰言的阅读方法值得我们关注："我们必须强迫自己缓慢而直接地阅读中文原著。"[⑤] 在注释中，葛兰言写道："我的意思是要对准原文反复细读，即使手头有英文/法文译本也要尽量避免参考。最有价值的事实（它们往往相互联系）只有透过文笔与文章的极细微处才能显现出来，而这些特质只有通过长期的研究实践方能得以窥见。当一名学者发现新的事实之后，他必须将其代入自己的思路之中，然后重新阅读整篇文本。每当发现新线索后，他都必须不断重复这一过

---

① 同上书，p. 602；尤见于 pp. 52 - 53。
② 同上书，p. 36。
③ 同上书，p. 42。
④ 同上书，p. 42, note 4。
⑤ 同上书，p. 42。

程。譬如我曾在研究宋国国都城门的名字时，便将《左传》细读了数遍。当我发现城门的名称与山泽的名称似乎存在某种联系时，我又再次阅读了那些材料。"①

必须补充的是，葛兰言并不使用索引。他在阅读每本原著时，都是从头到尾、逐字逐句地慢慢细读。"一个人必须，"他说，"拒绝在现有的图书集成或者是任何中文的、可以作为索引体系的文本辅助下进行研究。"否则，它"会使个人将那些晚出的、抑或是武断的解释与联系误认为原有的真义"。②

葛兰言从未有过重构古代中国历史的野心。在《古代中国的舞蹈与传说》的开篇，他即郑重声明："我不会犯企图重造一个中国传说的错误。"③ 随后，他补充道："即使足够多的事实似乎都指向同一背景，我也永远不会试图重造一个历史传说或神话人物。"④

另一个要点是，葛兰言对唯理主义的坚决拒斥。他相信，正是"积习难改的唯理主义"⑤ 将会把我们正统派的史学家带入迷误之中。这些唯理主义者错误地"对文本进行净化"，即以文本已被更改为借口，而把那些似乎并未显现古人深层理性的事实排除在外。⑥

葛兰言似乎也并不在意历史学家所偏爱的语文学批判。他相信"仅靠语文学的批评，绝无法建设出一部科学明确的历史来"。⑦ 当沙畹频繁地使用这一方法时，伯希和与马伯乐也如法炮制，而唯独葛兰言钟爱另一种方法。"让我们用明确的社会学分析取代语文学的批评，

---

① 同上书，p. 42, note 2。
② 同上书，尽管葛兰言在阅读过程中并不使用索引，但他所有的重要著作中都含有索引。严格来讲，自 1931 年哈佛－燕京学社《汉学引得丛刊》（*Sinological Index Series*）起，中国才出现了真正的索引方法。该系列由洪业（号煨莲）教授指导，它的出版标志着中国科学史上一个重要的时代。
③ *DL*, p. 1.
④ 同上书，p. 41。
⑤ 同上书，p. 31。
⑥ 同上书，p. 29。
⑦ *CC*, p. 68.

社会学分析首次将制度与信仰的历史纳入研究范围之中。"① 这便是葛兰言与其他汉学家的区别。或许，也是其真正的独创性和特殊贡献所在。

葛兰言对比较民族志方法并无太大的信心。以下段落揭示了他如此谨慎的理由，以及他作为一名历史学家的态度："撰写民族志是近来的风潮。尽管我手头有《金枝》和《社会学年鉴》的合集，尽管我知道如何去使用其索引，尽管人们已经证实可以借此进行学术研究，但我并未屈从于这种诱惑——通过各种媒介，从非洲人或美洲人那里借取一些令人印象深刻的篇章来填塞我贫乏的中国文本。我害怕在这海量的材料中遗失自己的些微灵感，正如我相信穷人从来不会向富人借钱。"②

最后，我们有必要略提一下社会学的分析方法。该方法并非由葛兰言首创，而是源自涂尔干与莫斯所在的学派。葛兰言自己致谢道："当一位工作者使用了一种非其自创的有效工具后，也许他应当表示感激。"③ 葛兰言的功绩在于，他将该方法应用到汉学领域，从而发现了许多关于古代中国宗教的惊人事实。这本身就是一项重大贡献。

虽然在此我们无法深究社会学分析的主题，④ 但是我们仍希望指出和葛兰言直接相关的几个要点，从而澄清一些对他的误解。

在法国社会学派的眼中，社会学分析是发现事实的最佳工具。倘若要获得对社会事实准确完整的解释，它也是唯一的可行之策。这是一种明确的方法：它源自事实，研究事实，并止于其他新的事实。这是一种科学研究方法，而完全不是仅对事实的说明。葛兰言曾写道："或许（这也不是什么新鲜事），从不同的侧面出发，我想这段话意味着一种恭维。这些纸页将会使人们告诉我，我曾希望通过'社会学理

---

① *DL*, p. 36.
② 同上书，p. 55。
③ 同上书，p. 59。
④ 参见《莫斯的社会学》第二部分。

论'阐明中国事实，或者（同样地）我试图借助中国事实来解释'社会学理论'。我有必要声明自己对所谓的社会学理论一无所知吗？就算有社会学家来做这项工作的话，难道他们的首要目标不是发现事实吗？或许，我已经指出了一些以前并不为人们所注意的问题。"①

　　社会学分析方法的目的在于解释客观事实，而非如史学方法一般对其进行描述。然而，这两种方法是互补的：史学方法率先描述事实，而后社会学方法对此予以解释。葛兰言的方法，则源于对此二者出色的融合。

　　社会学分析方法首先是一种对具体事实的分析。它将自身限定在特殊案例，而非抽象概括。这就是为什么《古代中国的舞蹈与传说》呈现出这样一种框架，即"较长的绪论——一系列史料分析—较短的结论"。② 而《古代中国的节庆与歌谣》和《中国古代之媵制》（*La Polygynie sororale et le sororat dans la Chine féodale*）③ 也大体上是以同样的方式写成。尽管在两本综合性的著作——《中国的文明》和《中国的思想》中，葛兰言似乎都旨在"概述"，④ 但实际上，他在其中研究的全是或特殊或典型的案例。葛兰言总是偏爱并使用案例法（case method），有时他也称之为"实用的方法"（applied method）。⑤ 虽说葛兰言在关于古代中国文明的方面有许多发现，但他从未自诩要去撰写一部完整的中国史。在《中国的文明》中，葛兰言坦承了这一点："目前还不可能写一本关于古代中国的手册。"⑥ 随后，他在《中国的思想》中重述道："我将不会接受撰写一本关于中国文学或思想体系

---

　　① *PC*, p. 29, note 1.
　　② *DL*, p. 53.
　　③ 《中国古代之媵制》是杨堃 1939 年刊发在《社会科学季刊》的《葛兰言研究导论（下篇）》中对该书名的意译。在这本书的提要中，杨堃也直译出了该书的全名：《中国封建时代之娶姨的多妻制与娶姨制——中国多妻制之古代形式之研究》。——校注
　　④ *CC*, p. 4.
　　⑤ *Bulletin*, p. 104.
　　⑥ *CC*, p. 3. 在第 6 页，葛兰言说道："我主要借助案例进行研究，而且我只坚持关键性的观点。"

手册的任务。"① 当你阅读葛兰言时，这一点须牢记在心……

从另一点来看，社会学分析方法本质上也是一种比较法。因为倘若离开比较，它便不可能做出任何解释。库朗热（Fustel de Coulanges）② 曾说："虽然比较法对于那些不善使用者非常危险，但它对历史学家却是必需的。"③ 只不过，社会学的比较法与以往比较法的不同之处在于其精确性，尤其是其"总体范畴"（category of totality）的观点。④ 尽管葛兰言并不愿通过大量民族志阐明中国事实，但他确实对事实进行了相互比较。例如在我看来，他关于"夹谷之会"的案例，⑤ 便是一项比较研究，并以一种典型的方式彰显了其方法的优势。

对我而言，葛兰言的最大功绩在于：他既未借助民族学知识，亦不利用近来考古发掘发现的新事实来获取资料，而是专注于那些已被中国学者研究了数千年，并且似乎已被解读得山穷水尽的古籍。然而，他竟能从中发现许多惊人的、前人始料未及的新事实，这使我们对于这些故纸堆又重新燃起了极大的兴趣，并希望能从中发现更多新事象。这不也正是葛兰言的重大贡献之一吗？

社会学分析方法和他的新态度使葛兰言发现未知的事物成为可能。这些对于汉学是新颖的，并且与传统的历史学者、科学的（即唯理主义的）历史学者之成见迥然不同。以一副神话学者的头脑，葛兰言使得社会学看法更富有成效。毫不奇怪，他以全新的视角看待汉学。或许，他的研究将会使我们理解，宗教在中国文明中是何等的重要——尽管迄今为止，我们中国的汉学家，甚至西方汉学界，都忽略了这一点。

这篇论文仅仅是对葛兰言汉学的简要导读。⑥ 因此，我们并不能

---

① PC, p.3. 葛兰言在第13页解释了自己的目的："我建议仅对**少数中国人的观念与态度**进行分析，它提供了保持客观性的最佳机会。我只考虑了**其中最重要的部分**，以便对其细加考察。"（加粗字体为我所加。）

② 库朗热（1830—1899），也译为古朗士，法国历史学家。——译注

③ J. -H. Tourneur-Aumont, *Fustel de Coulanges*, Paris, 1931, p.182.

④ 参见 PC, p.29, note 1；*Bulletin*, pp.105 - 106；《莫斯的社会学》，第291页之后。

⑤ DL, part I, ch.3, "Danseurs sacrifiés", pp.171 - 216；另见 pp.35 - 37、594。

⑥ 目前，笔者正在准备写一篇更长的关于葛氏汉学的研究。

讨论葛兰言的发现是否单单是假说，抑或他是否真的发现了新的事实。我们必须等待考古发掘，以检验葛兰言这些发现的真伪。由于史前考古学在中国才刚刚起步，目前这些证据也只是临时性的。在《古代中国的舞蹈与传说》的结尾，葛兰言写道："这一问题只有通过考察发掘出的地下实物才能得以解决。"① 由此我们可知，尽管他未使用最新发掘的成果，但对此高度重视。②

最后，我们想再引用葛兰言的一句话，以表明他不仅是一位伟大的西方汉学家，更是一位热心于我国的朋友："中国代表着一种文化传统，它与西方的优良传统堪称姊妹。因此，我们衷心祝愿它所代表的思想能够熠熠生辉。"③

参考文献

著作

Fêtes et Chansons Anciennes de la Chine, Paris, Edition Ernest Leroux, 1919; 2nd edition, 1929, In the collection "Bibliothèque de l'Ecole des Hautes Etudes", section on religious sciences, v.34.

此书有两个英译版本：1）*Ancient Festivals and Songs of China*, tr. by John Reinecke, 2nd edition, typewritten manuscript, Paris, 1929; 2）*Festivals and Songs of Ancient China*, tr. by E.D. Edwards, London, George Routledge and

---

① *DL*, p. 619. 另见 *CC*, p. 74。

② 除《中国的思想》之外，葛兰言的所有作品均成书于 1929 年之前。《安阳发掘报告》的第一卷也在这一年出版，第二卷发行于 1930 年，第三卷发行于 1931 年，第四卷发行于 1933 年。在 1932 年，这部重要报告的前三卷获得了著名的儒莲奖（Stanislas Julien Prize）。这表明法国汉学家对近来中国的考古发掘并非一无所知。

③ Marcel Granet, "Les Chinois et Leurs Voisins", *Les Nouvelles Littéraires*, Nov. 6, 1937, p. 8.

Sons, 1932。内田智雄（Uchida Chio）① 在 1938 年将此书译作日文，其标题为《支那古代の祭礼と歌謡》，参见中西定雄（Nakanishi Teio）② 的书评，*Japanese Journal of Ethnology*, vol.IV, no.3, July – Sept., 1938, pp. 205 – 209。

La Polygynie Sororale et le sororat dans la Chine Féodale [= *A Study of Old Forms of Polygamy among the Chinese*], Paris, Edition Ernest Leroux, 1920.

La Religion des Chinois, in the collection "Science et Civilisation", Paris, Gauthier-Villars et Cie, 1922.

Danses et Légendes de la Chine Ancienne, 2 v., in the collection "Travaux de l'Année Sociologique", Paris, Librairie Félix Alcan, 1926.

La Civilisation Chinoise. La Vie Publique et la Vie Privée, in the collection "L'Évolution de l'Humanité", Paris, La Renaissance du Livre, 1929。

此书英译版标题为：*Chinese Civilization*, in the collection "History of Civilization", London, Kegan Paul, Trench, Trübner and Co., 1930。

La Pensée Chinoise, in the collection "L'Evolution de l'Humanité", 1934。北平中法大学教授曾觉之先生正准备将该书翻译成中文。

Famille Chinoise des Temps Féodaux（尚未出版）。

Le Roi Boit,《中国古代王权观中的神秘因素研究》（尚未出版）。

论文

"Coutumes Matrimoniales de la Chine antique", *T'oung Pao*, series II, v.13, Leiden, 1912, pp. 517 – 558.

"Quelques particularités de la langue et de la pensée chinoise", *Revue Philosophique de la France et l'Étranger*, Paris, 1920.

"La vie et la mort, croyances et doctrine de l'antiquité chinoise", *Annuaire* (1920 – 1921) *de l'École Pratique des Hautes Études, Section des sciences religieuses*, pp. 1

---

① 括号内罗马音为杨堃原文。该学者姓名的片假名为ウチダ　トモオ，实际罗马音为 Uchida Tomoo。——译注

② 括号内罗马音为杨堃原文。该学者姓名的片假名为ナカニシサダオ，实际罗马音为 Nakanishi Sadao。——译注

－22, Paris, 1920.

"Le dépôt de l'enfant sur le sol, Rites anciens et ordalies mythiques", *Revue Archéologique*, v.14, pp. 305－361, Paris, 1922.

"Le langage de la douleur, d'après le rituel funéraire de la Chine classique", *Journal de Psychologie*, 19th year, February, 1922, pp. 97－118.

"L'expression de la pensée en chinois", *Journal de Psychologie*, 1928.

"La Civilisation Chinoise", *Annales de l'Université de Paris*, 3rd year, No.6, Nov.－Dec., 1928, pp. 543－550.

"L'esprit de la religion chinoise", *Scientia*, May, 1929.

"La droite et la gauche en Chine", *Bulletin de l'Institut Français de Sociologie*, 3rd year, fasc.3, 1933, pp. 87－116.

"La mentalité chinoise", *Laby-Hollebecque, L'évolution humaine des origines à nos jours, étude biologique, psychologique et sociologique de l'homme*, 4 vols., Paris, 1934, v.I, pp. 371－387.

"Le ciel dans la pensée chinoise: le fils du ciel", *La huitième "Semaine de Synthèse"*, Centre international de synthèse, 1936（尚未出版?）。

"Les Chinois et nous", *Les Nouvelles Littéraires*, Oct.30, 1937.

"Les Chinois et leurs voisins", *ibid.*, Nov.6, 1937（参考上书，Dec.11, 1937, p. 8: correction）。

"Le mariage et la famille dans la Chine ancienne", *Annales sociologiques*, Série B: Sociologie religieuse, fasc.1（尚未出版?）。

其他文献

Annuaire de l'Ecole Pratique des Hautes Etudes, section des sciences religieuses.

　　在过去的二十年里，葛兰言一直担任该校"远东宗教"讲座的研究主任一职；本年鉴每年都会刊登他的讲稿。

Bulletin de l'Institut Français de Sociologie, 1930－1933.

　　尤其见 2nd year, fasc. 3, 1932: A Discussion of the Program of Teaching Sociology, pp. 98－107。

自 1921 年起在 Musée Guimet 的公开讲座。据我所知，其中葛兰言主讲的主题大致如下：*Etudes de mythologie chinoise*, 1921; *Le culte des ancêtres et du foyer en Chine*, 1923; *Les sacrifices humains dans la Chine antique*, 1925; *Tambours et drapeaux, leur rôle dans la mythologie et les rites chinois*, 1926; *La danse en spirale et les fêtes du tonnerre dans la Chine ancienne*, 1929。

这些讲稿大多收录在以下合集中：*Conférences au Musée Guimet. Annales du Musée Guimet.* Paris, Librairie Ernest Leroux。

L'Islam et la politique contemporaine, by le Maréchal Lyautey. Gaudefroy-Demombynes, Paul Boyer, Marcel Granet, le Général Weygand, René Pinon, Jules Cambon, Augustin Bernard, Le Comte de Saint-Aulaire, Louis Massignon. Paris, Librairie Félix Alcan, 1927.

Larousse du XXme siècle. 6 vols. Paris, Librairie Larousse, 1928—1933. 尤见于两篇文章："Chine" and "Japon"。

葛兰言撰写的书评。我们可以在各种评论中找到这些文章，其数量非常之多。在此我仅标明自己熟悉的部分：*Journal de Psychologie*, 1922, pp. 928 -939 (Davy, *La foi jurée*); *L'Année Sociologique*, n. série, v.I, 1925, pp. 460、497、507、608 - 609、663、911; *Quinzaine critique*, 1929, pp. 194 -195 (Grousset, *Histoire de l'Extrême-Orient*); *Revue critique d'Histoire et de Littérature*, 1930, pp. 2 - 3(*Mythologie asiatique illustrée*), 1931, p. 64(Steinilber-Oberlin, *Les Sectes Bouddhiques Japonaises*); *Journal des savants*, 1931, pp. 91 -93(Sién: *Histoire des arts anciens de la Chine*).

对葛兰言的批评文献

Henri Maspéro, "Granet: Fêtes et Chansons Anciennes de la Chine," *Bulletin de l'École Française d'Extrême-Orient*, 1919, v.19, pp. 65 - 75.

Maurice Halbwachs, "Histoire dynastique et legendes religieuses en Chine d'après un livre récent de M. Marcel Granet: Danses et Légendes de la Chine Ancienne", *Revue de l'histoire des religions*, July - Dec., 1926.

Marcel Mauss, "Divisions et proportions des divisions de la sociologie", *L'Année*

Sociologique, serie II, 1927, p. 105.

P. Masson-Oursel, "Revue critique: Histoire de la philosophie chinoise", *Revue Philosophique*, Nov.– Dec., 1927, pp. 453 – 456.

Henri Berr, "Avant-propos: L'organisation de la Chine", Granet, *La Civilisation Chinoise*, 1929, p. V – XXI.

E. Gaspardone, "Granet: La Civilisation Chinoise", *Bulletin de l'Ecole Française d'Extrême-Orient*, v.30, pp. 158 – 161, 1930.

V.K. Ting, "Prof. Granet's ' La Civilisation Chinoise' ", *The Chinese Social and Political Science Review*, v.15, no.2, 1931, pp. 265 – 290.

The Times Literary Supplement, Sept. 24, 1931, p. 715.

The Times Literary Supplement, April. 28, 1932, p. 303.

D.W.L., "Granet, Festivals and Songs of Ancient China", *Journal of the North-China Branch of the Royal Asiatic Society*, v.63, pp. 197 – 201, 1932.

Marcel Mauss, "La Sociologie en France depuis 1914", *La Science Française*, 2nd. ed., Paris, Librairie Larousse, 1933, tome I, p. 39.

Henri Berr, "Avant-propos: Mentalité chinoise et psychologie comparée", Granet, *La Pensée Chinoise*, 1934, pp. V – XXIII.

Lucius Porter, [1] "Granet: La Pensée Chinoise", *The Chinese Social and Political Science Review*, v.19, no.3, 1935, pp. 443 – 445.

Emile Benoît-Smullyan, "Granet: La Pensée Chinoise", *American Sociological Review*, v.1, no.3, 1936, pp. 487 – 492.

P. Masson-Oursel, "Granet: La Pensée Chinoise", *Scientia*, 1936, no.5, pp. 288 – 289.

Daniel Essertier, "La Sociologie", *Collection des Philosophes et savants français du XXe siècle*, v.5, Paris, Librairie Félix Alcan, 1930, pp. 404 – 407.

P. Demiéville, [2] "La Sinologie", *La Science Française*, 2nd ed., 1934, v.2, pp. 111 – 112.

Bouglé, *Bilan de la Sociologie français centemporaine*, 1935, pp. 51 – 52.

———

① 博晨光（1880—1958），美国学者、传教士，长期在燕京大学任教。——译注
② 戴密微（1894—1979），法国汉学家、敦煌学者。——译注

Li Houang（李璜），《古中国的跳舞与神秘故事》，上海，中华书局，1933。

本书是对《古代中国的舞蹈与传说》并不完整且不尽如人意的一本中文概要。由于没有更好的版本，无法阅读法文原著的读者们也可参看此书，但切记应当谨慎。

Matsudaïra（N.），*Etude sociologique sur les fêtes saisonnières dans la province de Mikawa du Japon*，Paris，Maisonneuve，1936.

Abel Rey，"De la pensée primitive à la pensée actuelle"，*Encyclopédie française. Tome I: L'outillage mental: Pensée, Langage, Mathématique*，Paris. Librairie Larousse，1937.尤见 pp. 1，12－9 to 1，12－12: "La pensée mystique de la Chine"。

Kiang Chaoyuan（江绍原），[1] *Le voyage dans la Chine ancienne considéré principalement sous son aspect magique et religieux*，fasc.1，Paris，Nizet et Bastard，1938。

此书原版标题为：《中国古代旅行之研究侧重其法术的方面》，第一册，上海，商务印书馆，1935。

Witold Jabłoński，[2]"Marcel Granet and His Work"，*The Yenching Journal of Social Studies*，v.1，no.2，Jan. 1939.

当我读到夏白龙先生的这篇文章时，本文也已收笔。我很高兴地发现：尽管他与我各执一词，然彼此之间也并无矛盾。事实上，它们是相互补充的。

（作者单位：燕京大学社会学系；[3] 译/校者单位：中国人民大学社会与人口学院）

---

[1]　江绍原（1898—1983），现代著名民俗学家、比较宗教学家。——译注
[2]　夏白龙（1901—1957），波兰汉学家。——译注
[3]　此文发表时，作者为燕京大学社会学系教授、系主任。——编注

马塞尔·葛兰言和他的著作[*]

夏白龙（Witold Jabłoński）

曹雅楠 译　岳永逸 校

在西方汉学界，葛兰言占据着一个特殊的位置。尽管许多汉学家并不承认葛兰言的"汉学家"名号，且轻蔑地称其为一位"社会学家"，但汉学领域外的诸多学者却发现：较之那些冗长乏味的语文学论集，葛兰言的著作潜藏着或多或少的惊喜。倘若我们仅仅将汉学看作中国传统语文学的西方同行，而不是关于中国文明的一门学问，那么葛兰言就不是"汉学家"。如果相信后者对汉学的界定，那么我们便可在此充分肯定葛兰言论著对汉学的重要贡献。

谈论葛兰言，我总觉得有些为难。我曾在巴黎长期师从于他，因此我担心部分个人的因素可能会在不知不觉间影响自己对其著作的评判。葛兰言个性十足，但这一点并未全然呈现在他的作品中。他是一位学者、思想家，有时可能还是一位奇才。在与中国文化，特别是与道家的日亲日近中，葛兰言的气质愈发接近道家高人。他喜欢似是而非的隽语，淡泊名利，也从未开宗立派。他常以累积的难题启发其追随者，从而向他们展示问题的复杂性，并尽量避免对正式制度的逐步

　　* 该文是《燕京社会学界》1939 年第 1 卷第 2 期"说明与问题"专栏"马塞尔·葛兰言：一种理解"的第二篇。原文出处信息如下：Witold Jabłoński, "Marcel Granet and His Work", *The Yenching Journal of Social Studies*, v. 1, no. 2, 1939, pp. 242－255。本文的译校得到中国人民大学科学研究基金项目（22XNLG09）的支持，是该项目的阶段性成果。——校注

阐述。葛兰言已意识到这一任务的危险性，但他并不畏惧。

追溯葛兰言的学术源流绝非难事——他坦率地承认自己是沙畹与涂尔干的门徒。① 或许，涂尔干的影响更甚于沙畹。涂尔干对封建中国的兴趣、见地，使葛兰言受益匪浅。沙畹的《史记》译本、宗教专论，则对葛兰言颇有启发。

在讨论葛氏最重要的著作之前，首先应对其汉学方法的通性加以概述。唯此我们方能明了，他在这些论著中究竟取得了何等成就。对编译中国史料，葛兰言毫无兴趣。其兴趣全在"中国的问题"。对这些中国问题，葛兰言并不急于求成，而是制定了自己的方案——他渴望揭示出那些看似一目了然的问题背后的复杂性。正如其自诩的那样，葛兰言的全部作品都旨在发挥临时效用（provisional utility）。② 在由几代学者精心搭建的、宏大的汉学殿堂中，葛兰言的著作恰如壮硕的砖石。这些前辈就汉学殿堂的大胆设计可能会，也可能不会给予这个殿堂的"建筑师"以灵感。我们无法从葛兰言的论著中觅得新的语文学资料，但我们可以发现**新的问题与新的路径**。③

葛兰言并非一位语文学家，他也不喜欢这一称谓。的确如此，葛兰言最鲜明的特征之一便是对语文学方法的批判。他不仅没有广泛运用中国古往今来的文江学海，④ 而且也低估了此类著作的科学价值。当葛兰言在论作中提到史料时，他并不十分在意文本的真伪，也不焦灼于其确切的年代。这种方法可能会遭到非难——事实上确实如此。诘责该方法的学者都相信，只有年代确切的真实文本才能用于科学研究。实际上，尽管葛兰言的观点与众不同，但这无损于其方法的科学性。

葛兰言认为，完全基于语文学证据来寻求**"历史的真相"**（histor-

① 参阅 Marcel Granet, *Danses et Légendes de la Chine Ancienne*（以下简称"DL"），1926, v. 1, p. 56。
② 同上书，p. 55。
③ 加粗字体为英文原文标识。——译注
④ DL, p. 42.

ical truth）纯属谬误，实乃无稽之谈。因为事实正如其所见：两千年以来，中国的考据学仅汲汲营营于论证经典的真实性。学者们坚信通过对文本去伪留真，就能发现真相，一种拜物教遂由此生发。葛兰言指出了考据学的发展与儒学正统复兴之间的关系。① 此外，考据学并非一个好的"向导"。因为在历经沧桑后，古典文献只有很少一部分能被视为真实，且年代明确。然而，这部分可能不足以成为科学概括的稳妥基础。

在此有必要讨论，葛兰言对中国学问的漠然是否值得批判，以及当他明确拒绝从中国学问中或多或少地受益后，其论著的科学性是否会因此降低。葛兰言不在意真伪文本的区别，这似乎有损其陈述的可信度；但如果我们分析他的研究方法，就会发现其中科学准确性的证据。

首先，葛兰言提出：无论文本可能是何等艰涩与荒谬，我们都必须直接对其研究。② 查阅注释的目的在于明确语义，而非获取解释。③ 对一则文本而言，最好的注解即其本身。其次，应当充分了解文本的类型、作者以及注家。研究者务必要尽可能详细地阅读文本，以确定所有术语的含义。然而，我们很难相信最终得出的结果仅仅是对单个语句的简单补充。事实上，这也是不可能的——这些文本往往经历过多次粉饰篡改（葛兰言对此不甚在意④），更何况中国的古文本身就以隐喻与用典见长。科学家们不得不紧扣主题。⑤ 他们相信，即使是最浅显直白的文字，背后也一定饱含着作者的深意。然而，我们不应该这样牵强附会地解释文本，即为原文强行添加言外之意。当我们感到费解时，应该勇于承认自己的无知。文言文本身已足够言简意

---

① 同上书，p.28、29。
② 同上书，p.42。
③ Marcel Granet, *Fêtes et Chansons Anciennes de la Chine*（以下简称"*FC*"），1929, p.6，"注家的语文学研究独立于他们的道德主张"。
④ *DL*, p.31.
⑤ *FC*, p.223.

赅，我们毋须再画蛇添足。有时整个社会的兴趣会聚焦于生活的某些特殊层面，从而发展出多样而精确的各种术语，但随后它们便逐渐销声匿迹。即使有辞典助力，我们也往往难觅其雪泥鸿爪。在其他情况下，这些术语是模糊的，因为生活并不需要更精确的定义。

葛兰言力求发现的，不是个别的事实（individual facts），而是映现在特殊事实中的制度与信仰。诚然，"个别的事实""信仰"及"制度"不过是我们建构或重构的结果。比起那些只能机械性地堆叠在枯燥年表中的个别事实，对制度和信仰的研究更能使我们通达参错重出的历史进程。

在葛兰言的著作中，科学家的推测至关重要。他应尽可能地像自己所研究时代的古人那样思考，但同时又必须用现代科学的术语去解释他所研究的问题。这种行为的魅力与危险同在。其危险性有二：一是将现代思维引入古人的观念之中（我相信葛兰言已经避免了这种常见的问题）；另一种情况也并非鲜见，即蹈常袭故而不致力于解释。在此类历史资料的诠释中，还存在着一种更大的危险，即试图将一切事象制度化的倾向。实际上，部分事实非同寻常且罕见，我们有必要对其进行单独的处理。如果随意给其贴上"制度"的标签，那么研究者很可能会被误导。

葛兰言提议：即使我们对过渡阶段一无所知，也不要滥用诸如"逐渐"或"不久"① 等表达，以试图填平两个时代之间的沟壑。有些学者并未考证史料，就武断使用"进化"等措辞。葛兰言认为，这不过是一种"懒人方法"——一把能打开所有门的万能钥匙。

我曾提及葛兰言不甚在意史料的真实性，② 但这并未减损其研究的科学价值。他相信，最坦诚的创作者与最老练的伪造者之间其实相距不远。因为无论文本是真是伪，它们都不是随心所欲写就的。二者

① *DL*, p. 22.
② 同上书，p. 27。

都利用了一些显见的文献及传统，都拥有颇为明确的目标，且都受到其所处时代信仰的限制。文中的一些细节看似无关紧要，作者可能也从未想过对其进行捏造或掩饰——它们不过是理所当然的事实。但恰恰是这些琐碎，为学者提供了最宝贵的证据。创作者与伪造者都在利用素材；也许他们或多或少可以用"正统"的方法重新对其编排，却终究无法改变这些材料，因为二者的思想都在同一范畴的框架内运作。当科学家了解作者的直接动机后，他也许会试图"重构"历史的真相，但这一切并无必要。我们要做的，应该是一视同仁地去明辨所有作者——伪造者或创作者——使用的范畴、模式与信仰。这些并非仅凭语文学的襄助就能实现。科学家必须发现研究对象隐匿的思想结构。在研究过程中，他可能还会进行创造性的想象，并使用比较分析的方法。当然，比较分析不能太机械化。

在葛兰言的绪论中，我们已获准进入他的"实验室"。葛兰言向我们指出其作品的临时性特征，并解释自己使用这种研究方法而不使用其他方法的原因。当我们开始聆听他的讲座，或阅读其论著时，我们会感到自己被抛进一连串非常困难的问题之中。尽管这些难题还没有清晰的答案，但至少已得到了准确的陈述。[1]

葛兰言不仅是一位科学家，更是一位作家。尽管我并非法国人，但仍要在此斗胆赞叹：他的文笔确实极佳，对语言的驾驭炉火纯青。在其著作中，大量复杂精妙的论证与引文桴鼓相应，继而又有一则隽语为全书画龙点睛。然而这种写作可能暗含危险——有时人们只关注最后的陈述，却忽略了基本的论证过程。

在以上关于葛氏方法及观点的综述之后，我们便可以进一步对其著作进行更细致的分析。葛兰言不喜欢为期刊零散撰稿，他更倾向于攒够资料时动笔写书，以更完整地表明自己的观点。这些著作有时需

---

[1]　这些概论建立在葛兰言的演讲与著作基础之上。它们都仅是我个人的解读，也未必能完全阐明其理论方法。

要很久才能问世，但每本书都展现了一种新的研究方法，以及他治学的不同面向。

在此，我们仅讨论以下四部著作：《古代中国的节庆与歌谣》《古代中国的舞蹈与传说》《中国的文明》和《中国的思想》。与后两本相较，前者显然更偏向于立足中国文献的汉学研究。如其所述，在《古代中国的节庆与歌谣》中，葛兰言主要通过对《诗经》以及部分《礼记》的解读，试图突破经典与史书所记载的官方宗教的窠臼，探知封建时期中国真实的宗教生活。在《古代中国的舞蹈与传说》中，他则利用了古代中国不同时期的诸多史料，勾勒出中国封建时期及其之前的制度与信仰。

事实上，尽管这四部著作均属于同一科学综合体系（scientific syntheses），但后两本书在研究问题与方法上都迥异于前者。《中国的文明》之成书，主要是基于中国史料的英法译本，以及葛兰言已经出版的著作。此外，倘若我们无视其标题的平淡无奇，就会发现《中国的思想》其实是一本关于中国思想某些方面的、逸趣横生的专著。在本书中，葛兰言每每与研究主题同声相应，以致读者也不时恍惚，即葛兰言似乎并不像一位 20 世纪的西方学人，而更近于周朝、汉代年间最后的行吟者。①

《古代中国的节庆与歌谣》是葛兰言首部重要的论著。尽管该书所引文献不及其他几本丰富，但足已阐明整体的研究方法。葛兰言将《诗经》解释为一部以民歌为主的选集，而这无疑是对传统中国古典学术界的挑战。该学界的主流观点为，《诗经》是由圣人或学者创作、删定而成的歌谣集，用以彰善瘅恶、规劝讽谏。在迻译时，葛兰言始终秉持自己的信念，即文本便是对其自身内容的最好注解。因此，他摒弃了训诂学家的微言大义，仅借其注疏以资参考。葛兰言尤其重视《国风》中歌谣的民众特征（popular character），并指出其中辑录了大

① 参见他关于数字的长篇章节。

量的情歌。这种解释与朱熹的观点有几分相近,[1] 但后者却将其仅视为"淫诗"。[2] 葛兰言在此大胆假设,古代中国乡村的性爱仪礼与宗教活动实质上是统一的。在他看来,许多歌谣都与季节性节庆密切相关。由此,葛兰言得以从歌谣、习俗以及谚语的千汇万状中超脱出来,并提取出其中的主导因素——节奏(rhythm),它支配着封建制时代农民社会的全部活动。这一节奏体现在季节的交替中,是一种兼及身心的整体性秩序。历法是将这种秩序合理化的最重要尝试,常以历法时谚的形式呈现出来。在这一方面,葛兰言不仅引用了《诗经》《礼记》,还参考了部分《大戴礼记》的内容思想。葛氏向来重视俚谚和习语,并特别强调二者在中国人的思想与文学中的重要性。他指出这些俚谚的非个人性、持久性,以及魔法般的强制力。对儒家学者而言,《诗经》的内容本是下流的异端邪说,那么它为何能得以存留,并最终成为儒家经典呢?只因它是由一些神圣的、不可更改的程式(formulae)所建构。对歌谣的解释或许会不断改变,但原初的韵律却会保留下来。

在《古代中国的节庆与歌谣》中,农民占有非常重要的位置。古代中国社会可以分为两个阶层,即农民与贵族。葛兰言认为,这一划分至关重要。然而,他并没有解释乡村文化与城镇文化的起源。[3]

我们应当在此引用葛兰言关于《诗经》的陈述:"这些情歌诞生于传统即兴的竞歌活动,青年男女在时令性的春季节庆中酬歌互答。"[4] "在贫乏的日常语言中,农民们无法找到合适的表达方式;神

---

① 参阅葛兰言,2005,《古代中国的节庆与歌谣》,赵丙祥、张宏明译,桂林:广西师范大学出版社,第67—68页。——译注

② 朱熹的"淫诗"说观点主要见于其《诗集传》,例如他对《郑风》的评论为"郑卫之乐,皆为淫声。然以诗考之,卫诗三十有九,而淫奔之诗才四之一,郑诗二十有一,而淫奔之诗已不翅七之五"。参阅朱熹集注,1980,《诗集传》,上海:上海古籍出版社,第56页。——译注

③ 在 *DL* 第3—24页,葛兰言试图解释贵族与平民之间联系的复杂性,以及建构这两类群体起源之假说的困难所在。

④ *FC*, p. 224.

圣的情感需要一种庄严的语言，而这种语言便是诗歌。"① 在这些歌谣
竞赛中，谚语被频繁使用，为这种非个人性的情感表达锦上添花。在
这种集会中，活泼的青年男女所表达的感情也是非个人性的。他们在
此履行自己的社会责任，因为其行动不只基于性冲动，更是建立在与
自然进行神秘联系的牢固信仰基础之上。因此，集会的目的也不只是
为了人口的繁衍，还是为了大地的丰产。

　　人们在圣地（sacred place）举行节庆。很久以后，当诸侯通过建
立社神崇拜垄断圣地的宗教权力，当贵族将女人们幽禁于其宅第时，
这些庆典与歌谣却并未随之消失。前者改变了相关的仪式，后者则被
赋予了其他的解释，但从未有人质疑过它们的重要性。在鲁国不同年
龄段的男子集体表演仪式性舞蹈时，典礼被时常提及。在《论语》
中，孔子的一位弟子也谈到了仅由男性表演的季节性舞蹈。② 因此，
即使我们同意朱熹的"淫诗"说，在这些诗中我们也无法找到任何放
纵的痕迹。诸侯的政谋还产生了另一个结果，即将当地的崇拜变为了
英雄传说。③ 对于这一现象的讨论，构成了《古代中国的舞蹈与传说》
的大部分章节。

　　《古代中国的舞蹈与传说》④ 或许是葛兰言最出色，但无疑也是最
艰深的一本著作。这是一次雄心勃勃的冒险——他将用社会学的方法
分析古代中国的传说。葛兰言认为：自孔子和司马迁以来，中国的史
学家所做的全部努力便是将神话与传说转化为编年体的历史叙
事。⑤ 这些史家墨守文野之见。对于一切似乎荒谬，或有违其道德标

---

　　① 同上书，p. 225。
　　② 在《论语·先进》篇中，当孔子问众弟子"如或知尔，则何以哉"时，曾晳回
答说："莫春者，春服既成，冠者五六人，童子六七人，浴乎沂，风乎舞雩，咏而归。"
孔子对其大为赞赏，喟叹曰："吾与点也！"参阅《论语·先进篇第十一》，杨伯峻译注，
2019，《论语译注》，北京：中华书局，第166—170页。——译注
　　③ FC, p. 256.
　　④ 有关本书的大致内容，可适度参考李璜的读书录。参阅李璜译述，1933，《古中
国的跳舞与神秘故事》，上海：中华书局。——译注
　　⑤ DL, pp. 31-32.

准的文本，他们都坚决予以批判，并竭力将其抹杀殆尽。实际上，他们使用的大部分资料都来源于口头传说（oral traditions）。这些传说即使被精简为寥寥数语，依旧尽人皆知。因此，被引入更宏大的英雄叙事也就成了它们必然的宿命。

葛兰言认为，建构式的批判（constructive criticism）所涉及的更多是事实，而非文本。他相信，传说是中国古代最古老、最真实的文献，他致力于从中发现一些潜在的事实。这些事实并非个体性事件，而是在宗教式戏剧与仪式性舞蹈中所呈现的习俗传统。正如他所说，它们可以表明封建国家创立时期的社会与技术条件。为佐证自己的观点，葛兰言撷取了大量的中国文学典籍：《史记》《山海经》《庄子》《左传》《天问》《周礼》《诗经》，以及司马相如的赋。

与对史料真伪之别的漠视相类，葛兰言同样拒绝对所谓的道家与儒家学派进行任何区分。两派的材料几近无别，只是在内容的编排上有所不同。对于同一句话，各派学者的解释可能大相径庭。例如，"夔一足""夔（有）一足"——这是一则在封建中国尽人皆知的谚语。它看似平淡无奇，但在庄子的笔下，夔的故事化作了一个瑰丽的寓言。可怜的夔被分别与多脚的蚿、无脚的蛇以及没有形体的风相比较，展现出世间万物的多样性，以及从静止的单足之夔到永不停歇之风的速度变化过程。①

如吕不韦所引，在孔子的言论中，夔则是一名臣子。当鲁哀公问孔子"夔"这个人是否存在过（"乐正夔一足，信乎？"）时，孔子回答夔是舜帝任命的乐正（"舜以为乐正"），并说像夔这样的人一个就足够了（"若夔者，一而足矣"）。②

---

① 参阅《庄子·秋水》。（要指明的是，《庄子·秋水》中单足的夔并非静止不动。参见钱穆，2011，《庄子纂笺》，北京：九州出版社，第135—136页。——校注）

② 参阅《吕氏春秋·慎行论第二·察传》。陆玖译注，2011，《吕氏春秋》，北京：中华书局，第848—849页。——译注

　　另一些学者认为夔曾截肢。令葛兰言十分高兴的是，翟理斯①将夔译为"海象"（walrus）。② 葛兰言认为，夔最初应该是一面龙皮鼓，因为鼓只须一条腿支撑，且与乐正相关。因此，在《古代中国的舞蹈与传说》中，葛兰言用一整章的篇幅来探讨单腿的夔。③ 夔往往与雷电联系在一起，④ 而他传说中的妻子（玄妻）是一面青铜镜，⑤ 其子（伯封/封豨）则是一只斝。⑥ 这为葛兰言呈现出一个神秘的冶金家族。作为证据，葛兰言引用了《山海经》中对于夔的描述。通过摘引神话文献，并且援用其他关于鼓的案例强化论证，葛兰言最终得出一个结论，即冶金术在中国古代王权建立时的重要作用。葛兰言并不汲汲于重构传说，抑或核勘辨伪。相反，他充分利用了他所知道的全部传说，并点明其通性。

　　既然我们无法在此举例，以说明葛兰言利用传说的具体方法，也不能对他在《古代中国的舞蹈与传说》中的所有一般性观点进行分析，那么，我们仅将目光聚焦于最重要的部分。在这些观点中，最引

---

　　① 翟理斯（1845—1935），英国作家、汉学家。1867—1893 年，他在中国多地工作，回英国后任剑桥大学汉学教授。——译注

　　② *DL*, p. 508.

　　③ 同上书，pp. 505 - 515。有关夔的其他大量章节，请参见《古代中国的舞蹈与传说》的索引部分。

　　④ 《山海经·大荒东经》："东海中有流波山，入海七千里。其上有兽，状如牛，苍身而无角，一足，出入水则必风雨，其光如日月，其声如雷，其名曰夔。黄帝得之，以其皮为鼓，橛以雷兽之骨，声闻五百里，以威天下。"——译注

　　⑤ 《左传·昭公二十八年》："昔有仍氏生女，黰黑，而甚美，光可以鉴，名曰玄妻。乐正后夔取之，生伯封。"——译注

　　⑥ 夏白龙原文中将其写作"boiler"。译者推测，此物可能指的是"斝"。斝是中国古代一种温酒的酒器，也被用作礼器，通常由青铜铸成。有关斝的研究，参阅吴伟，2015，《青铜斝卷》，张懋镕《中国古代青铜器整理与研究》，北京：科学出版社。关于伯封/封豨的史料，参见《左传·昭公二十八年》："（伯封）实有豕心，贪惏无餍，忿纇无期，谓之封豕。有穷后羿灭之，夔是以不祀。"此处可见伯封是夔的儿子，也是一个人面兽心的残暴之徒。而在《淮南子·本经训》中，伯封则被描述为一只藏匿于桑林中的巨大野猪。它为害一方，最终为羿所擒："禽封豨于桑林。"参阅陈广忠译注，2012，《淮南子》，北京：中华书局，第 393—394 页。桑林，相传为商汤祭祀祷雨之所。参见《淮南子·修务训》："汤旱，以身祷于桑山之林。"参阅陈广忠译注，2012，《淮南子》，北京：中华书局，第 1118—1122 页。葛兰言可能根据伯封/封豨与夔、玄妻、桑林以及云雨等之间的联系，推测其原型乃是一只青铜斝。——译注

人注目的是：在前封建社会与封建社会时期，部落首领的威望至关重要；在很大程度上，它从宗教和巫术的仪式中汲取力量。由于社会秩序与自然秩序的相似性，人为的仪式秩序反映并激发了自然秩序，因而这种威望的神力无限。

在典礼中，舞蹈对秩序的要求最高。我们能够从孔子以及整个儒家学派所强调的"乐"对社会秩序的作用发现这一点。秩序是一种非常具体的思想，涉及舞者的常规配置。交感巫术有其信念基础，即符号与想象中其象征的事物具有神秘的同一性，而这赋予舞蹈一种普遍性的特征。葛兰言相信，在春秋时代初期，大部分军事和外交的历史都可以归结为一种争夺霸权的过程。在此过程中，仪典与舞蹈扮演着关键性的角色。当然，它们并非卖弄风情的、个人性的现代西方舞蹈，而是以军事为主旨的仪式性舞蹈（这类舞蹈仍保留在中国的戏剧中）。当时的战争也许没有战国时期那般残酷，但模仿性的舞蹈也并非仅供娱乐，而是为树立政治权威而进行的激烈斗争。军事舞蹈、狩猎、阅兵与战争之间没有明确的界限，都只是暴力的不同方面。只有通过决斗、审判或献祭牺牲以证明自身的合法性，君主或首领才能赢得至高无上的威望。随着儒家的人道主义日益成熟，在其影响之下，古代中国文化中所有这些凶残的特征都逐渐变得模糊难辨——尽管在孔子去世后的数百年间，人们从未将其视作一位仁师。①

葛兰言善于从史海中钩沉传说与神话元素。在《古代中国的舞蹈与传说》中，实践该方法的最好案例便是著名的夹谷之会部分。② 此处也表明了葛兰言对待中国古典文献的态度。据史料记载，公元前499年，鲁定公、齐景公在夹谷会盟。在孔子的运筹帷幄下，这场会盟以鲁国的外交胜利告终。对这一事件，有八次相关的记载：《左传》《公羊传》《穀梁传》《孔子家语》《新语》，以及《史记》中的三

---

① 参阅 *DL* 中专门介绍夹谷之会的章节。
② *DL*, pp. 171–216.

次——《齐太公世家》《鲁周公世家》与《孔子世家》。① 这八则故事大同小异，可以分为两组。对重新还原这段历史的真相，葛兰言全无兴趣。他仅证明了孔子在这场会盟中并未襄助鲁国。葛兰言注意到一处细节。在会盟期间，齐景公曾鼓动其俘虏——蛮夷莱人扮成舞者去刺杀鲁定公。孔子察觉了这一阴谋，使得齐景公无地自容。以违反礼仪之名，齐景公惩罚了这些舞者，将他们斩首并"裂其手足"，而后从四个方向分别掷出。对这种举动的残酷性，葛兰言并未过多置评，而是重在解释：在这一杀人仪式与新秩序的建立之间，究竟存在着何种关联。使犯人"首足异门而出"，意味着旧秽已除，新序乃立。在该案例中，舞者成了齐景公的替罪羊。葛兰言并不在意这一扑朔迷离的事件是否为真。对他而言最重要的是，当人们在称颂外交胜利与新秩序的开端（齐鲁之间的和平）时，很难不联想到那场残酷的表演。

由于满意地证明了此次会盟中孔子并不在场，那么对葛兰言而言，提出一个假说以推演该故事中的这一情节与其他因素的发明就有其必要性。为此，他再现了当时鲁国孔子私学中一幅可能的情景：弟子门人正在阅读《春秋》中夹谷之会的故事，"在王历第三年的春天，② 鲁国与齐国讲和。夏天，鲁公与齐侯在夹谷会盟。我们的主公自夹谷而归。一名齐国大臣来归还了郓邑、谨邑和龟阴邑三处的土地"。③ 仅此而已。与史书中的那八篇文献不同，此处并未提及舞者、孔子，或者其他的细枝末节。然而，根据传说，我们不难获知：齐景公十分宠幸舞者，而且他也统治着莱人。孔子必定参加了这场会盟。因为，倘若没有他从中周旋，鲁国又如何能取得外交胜利？弱小的鲁国竟能在这场外交会盟（亦即仪礼之争）中击败强齐，唯一合理的解

---

① 为方便读者参看比较，译者已将这些史料中关于夹谷之会的文字列于文末的附录中。——译注

② 此处或为作者笔误。——译注

③ 原文为"十年春王三月，及齐平。夏，公会齐侯于夹谷。公至自夹谷。晋赵鞅帅师围卫。齐人来归郓、谨、龟阴田"。参阅杨伯峻编著，2018，《春秋左传注》，北京：中华书局，第1377页。——译注

释，便是齐景公犯了某些错误，而鲁国抓住了这个把柄。那会是什么错误呢？众所周知，春秋时期的外交仍须遵守礼数，而姜齐一定曾阳奉阴违，试图诉诸干戈。当两君在高坛之上揖让献酬时，众臣及随侍都在下方注目仰望。又是谁会在此刻动武呢？要知道除了舞者之外，外人根本无法擅入会场。谁会首先注意到他们并识破其阴谋呢？只有当时侍立于高坛左近的智者孔子。他将如何利用这一失礼的破绽呢？那便是迫使齐景公惩办这些舞人，不仅要将其尽数诛杀，还应裂其手足。这种方法不仅保住了始作俑者（齐景公）的尊严，也维护了自己国君（鲁定公）的威望。面对自豪、宽仁的鲁定公，颜面扫地的齐景公又当如之奈何？除了归还部分邑地，他别无选择。

根据葛兰言的说法，这便是中国历史的书写方式。在高度道德化的叙事中，严肃的年代纪事表和仪式传统都经由这种方法造作串联在一起。而历史学家的任务，便是通过应用社会学的分析手段，去发现那些影响中国历史学者的传统模式与主导思想。至于这些事件是否为真，以及发生在何时何地，葛兰言往往兴味索然。

虽然内中史料纤悉必具，《中国的文明》阅读起来却并不困难。不过，若要理解它则绝非易事。葛兰言的兴趣在于探索问题，而非广泛涉猎，尽管人们总是希望一本关于文明的书如百科全书般面面俱到。葛兰言谨慎地勾勒出其任务的界限，"我此前已致力于察明中国的社会系统，并指出它与众不同的特征——在政治生活领域，在礼仪与习俗上，在思想上，以及在思想史、行为史领域……最后，我设法在行为系统自然而然的存在、运动中揭示其属性及准则"。① 但是，葛兰言后来不得不把关于中国思想的内容单独成册，因为它和其他议题很难协调。因此，《中国的文明》的内容仅涉及"公共与私人生活"。在这个范畴内，全书又分为了政治史和中国社会两部分。

这一区分似乎并不令人满意，因为它并未在公与私之间划分出一

① Marcel Granet, *La Civilisation Chinoise*, 1928［1929］, p. 3.

条明确的界限，且有时同一个话题会被重复讨论。《中国的文明》的开头主要涉及葛兰言所说的"传统历史"（traditional history），那是一个简短的代表性时期：历经五帝时期、夏商周三代、盟主与霸主的时代（春秋战国时期），以及帝国的建立与巩固。其后在分析中国古代每一个时期的决定因素时，葛兰言都遵循着相同的顺序。

尽管葛兰言首先讨论了无编年史料记载的时代（ages without history），并提到了辅助科学①的微末贡献，但只有将目光投向封建时期，他才能获得足够可靠的文献，从而建构起个人的理论。他阐释了诸侯国如何经由兼并蛮夷和征伐小封建地主诸侯，以形成较大的地方单位，进而为未来的帝国统一铺平道路。帝国的建立与巩固则通常被归于秦始皇、汉武帝两人的伟业。

在《中国的文明》的第二部分，超越编年史限制的葛兰言详细描述了农民的生活、城邑的建立、母系向父系家族制度（family system）的转变，以及分散的农村权力向个别贵族集中的过程。葛兰言强调了平等的农民组织与等级森严的贵族组织之间的区别，并揭示出王权与使人印象深刻的戏剧性仪式的捆缚过程。

许多曾在《古代中国的节庆与歌谣》和《古代中国的舞蹈与传说》中出现的案例，在《中国的文明》中都被整合进一个宏大而系统的综合性框架。从《诗经》《礼记》与《左传》中，葛兰言巧妙地钩沉文本，重构成一部令人叹为观止的著作。但这些赞誉并未能消除人们的困惑：为什么有一些最令人信服的画面——如农民的生活，它们似乎本身就是自存的实体，与任何特定的时代、地区，甚至是中国生活中的其他部分并无多少联系？这便是对使用年代不明的文献和忽视考古发掘提供的文化资料的惩罚。葛兰言并不愿意参照考古研究，他认为那些资料并不能证实文本。

---

①　此处的"辅助科学"指史前考古学、古文字学以及比较人种学等学科。参阅葛兰言，2012，《中国文明》，杨英译，北京：中国人民大学出版社，第62—72页。——译注

　　葛氏最青睐的文献是《左传》和《诗经》。他经常从中摘引材料，以充实自己对农民生活以及封建制度的描述。但葛兰言一般不太引用《汉书》与《后汉书》。而相较于他笔下春秋部分的鲜活绚烂，书中描述汉代中华帝国的文字则多少显得有些黯然失色。

　　我们很难断定，《中国的文明》究竟在多大程度上是早期中国文化的真实写照。葛兰言的部分重构可能准确，但还有一些其他的事实无法用他的方法解读。这些事实的释读只能借助考古学与语言学研究，而它们亦可用以检验葛兰言理论的普遍性。葛兰言坦言，他从中国古籍中所了解的仅仅是信仰与态度，而非物质事实。因此，他无法确定这些事实是否都与整体有关，或者只是特殊的个例。由于无法再继续增加文本的数量，所以我们必须等待考古发掘的新突破。一旦掌握了更多的资料，我们就能知道葛兰言理论的普遍性在多大程度上是成立的。在此，我们可以满怀信心地说，诸如农民的生活节奏、劳动的性别分工及后果、五帝时期以及夏商周三代的匀称历史（symmetrical history）、[①] 母系向父系继嗣的过渡、君王与其宰臣各自的地位、王朝创立者的"德"与法力（mana）……欲知这些论述是否被全盘接受，或者已经过了调整，读者可参阅葛兰言关于中国古代知识的最新力作。

　　在他有趣的《中国的思想》这一长篇大论中，葛兰言证明，他已经仔细考虑了要处理的问题。因此，葛兰言既没有列出一份枯燥的哲学家名单，也没有摆出各个学派的大致谱系，而是提出了他对古代中国思想的综合性观点。他认为，中国的思想家存在高度的思想一致性，而他的兴趣主要集中在那些似乎是整个社会的共同思想的观点上。在该书的结尾处，葛兰言才言及他所说的"宗派"（sects）与

----

　　① 此处为英文直译。关于这一概念的解读，可参阅葛兰言，2012，《中国文明》，杨英译，北京：中国人民大学出版社，第18、50、58页。Symmetrical 一词含有"匀称""和谐""循环"等意蕴，在中国语境中，夏商周三代的历史亦可形容为"淳熙"。此外，顾颉刚曾将以往观念中的古史称为"黄金世界"，参阅顾颉刚，2010，《顾颉刚全集·顾颉刚古史论文集·卷一》，北京：中华书局，第203页。——校注

"学派"（schools）。

　　葛兰言首先试图分析中国思想的表达工具——语言，包括书面语和口语。他指出，对中国人而言，语言只是象征或行动的手段之一。[1] 能否清晰地阐明思想并不重要，重要的是对行动的建议。[2] 语言可以呈现在声音或图形符号中，二者与其他物质符号相差无几，且汉语总是凭借其具体特征表现这种原初的亲密关系。

　　在《中国的思想》中，有关"主导思想"（*idées directrices*），即关于时空、阴阳和数的观念的内容占据了很大的篇幅。这些思想与源自西方的类似理念全然不同。它们是具体而非抽象的，被普遍用于分类，而非计数与测量。在中国人的世界观（*Weltanschauung*）中，一切都是社会化且同心的。时间不是均质的连续体，而是被划为具体分明的季节。每个季节都对应着不同的自然现象。空间也并非一个中性的、包罗万象的范畴，中国人将其分为南、北、东、西、中五个部分。每个方位有其特殊的物理与道德限定。时间与空间密切对应。地有五方，因而时有五季。空间有中心，年度亦有基准。这是因为，时空的观念是直接由天子的仪典演变而来。天子终年居住在明堂。[3] 明堂中方外圆，[4] 有"九堂十二室"。[5] 每个月，天子都更换不同方位的居室。与春季三个月相对应的三间居室均朝向东方，以此类推。天子的宫殿位于其都城的中央，那里也是世界的中心。天子，是上天的代言人，他高居宇宙秩序的顶端。时空与人，都被纳入等级体系之中。

---

　　[1]　Granet, *La Pensée Chinoise*, 1934, p. 31.

　　[2]　同上书，p. 82。

　　[3]　《吕氏春秋》中，从《孟春纪第一》到《季冬纪第十二》详细记载了天子每月在衣食住行等方面应遵守的规定，当然也包括在明堂内居所的变化。参阅陆玖译注，2011，《吕氏春秋》，北京：中华书局，第1—365页。——译注

　　[4]　《吕氏春秋校释》中指出："高注：青阳者，明堂也，中方外圆，通达四出，各有左右房谓之个。"参阅陈奇猷校释，1984，《吕氏春秋校释》，上海：学林出版社，第7页。——译注

　　[5]　根据《河南志·周城古迹》记载，明堂"高三丈，东西九筵，南北七筵，堂崇一筵。九堂十二室"。参阅徐松辑，高敏点校，1994，《河南志》，北京：中华书局，第37页。——译注

万事万物都必须根据自身的等级行动，并遵从这一普遍秩序。

群体之分、类别的观念，以及每个类别中不同部分之间的相关性都是明确而绝对的。与季节密切相关的不只有方位，还有颜色、声音、元素、身体部位、道德品质，甚至是数（月令）。天子是宇宙的缩影，且与宏观的宇宙脉脉相通。这种对应思想极为重要，它取代了因果观念；事物是相互关联的，而非因果相续。

由于时间被视为具体季节的序列，它传达了每个季节发生，或应该发生的一切事情的准则。时间是由天子通过他在明堂中的十二个位置上居室的相续变化加以确定的，天子的行事制令象征着季节的周期性节律。该节律以两个时期为特色，分别表现为：暖期与冷期，男人在田间劳作的时间和女人在家中劳作的时间。由此，我们可以获知两个大的范畴：阴与阳，女与男。宇宙的总秩序也被称为"道"。《周易·系辞》有言："一阴一阳之谓道。"① 这意味着双重的节律形成了世间的秩序。

我们曾提到，数也与这五个部分息息相关，它们都有各自所属的位置。② 这些数不仅可用于运算，还有其象征性价值，并且可以用于限定和分类。数可以被视为总体中部分的象征符号，彼此之间可以建立非算数的相等关系。因此，就像其他符号一样，人们往往利用数来操纵事物，而非测算度量。

葛兰言认为，中国人的思想是以行动和实践成果为导向，而非以观察和抽象思辨为导向，它具有非科学性与非哲学性的特征。葛兰言相信，古代中国并无哲学，因为哲学总是与数学和语法分析紧密联系。古代中国的思想是一种实践取向（practical aims）③ 的综合智慧。例如，他们会致力于探求如何获取神秘力量，或者是某种灵丹妙药。

---

① 参阅黄寿祺、张善文译注，2007，《周易译注》，上海：上海古籍出版社，第381页。——译注

② 河图洛书中的"数"或可佐证这一观点。参阅李瑞卿，2022，《自然之数与儒家价值秩序及其诗学意义》，《国际儒学（中英文）》第1期，第86—99页。——译注

③ 同上书，p. 4。

如果试举一例，我们或许可以把亚里士多德与孔子相类比。这也表明：在中国，为什么科学家只被视为工匠，而道德家却始终是思想的引领者。

根据葛兰言的观点，在中国，人们将一切都归结于文明——包括道德平衡（moral equilibrium）、健康，乃至天性。[①] 中国人无法想象人能脱离社会而独立存在，也不会将社会从自然中分离开来。他们从未幻想过去构筑一个凌驾于俗世之上的纯粹精神殿堂，也不想拥有与肉体有别的灵魂。自然只有一个领域。文明印刻下的特有秩序源于传统，它支配着全部的生活。社会由人和物组成，等级制度规定了他们各自的地位、权利、责任与礼制。在这里，不存在客观或精神上的必要性。人们奉如圭臬的并不是法律。因为中国人认为，法律无权管辖这些事象，他们只会按部就班、约定俗成地遵循或模仿既往的仪轨。[②] 倘若掌握这些诀窍，人们就能获得智慧和力量。在这种情况下，礼仪似乎成为最重要且最具建设性的技艺。善用成规，便可以解决所有的难题。礼仪的力量建立在社会组织之上。

葛兰言认为，学派奠基者的自由创新已经所剩无几，因为他们的总体世界观是一致的。[③] 无论哪个学派，其理论都只是用以解释传统习俗——此乃大势所趋。学派之间的鸿沟并不在于教义之别，而在于因矜名嫉能而极力垄断的教学方式。他们的目的非常相似，即赋予行家（adepts）凌驾于自然与社会之上的全部权力。

当中国的封建王权日益衰败，帝国逐渐兴起之际，独立学派一时间风靡云涌，中国思想进入了百家争鸣的辉煌时期。在这个分裂的时代，当新政权为维持稳定而寻求新生力量的支持时，学派和宗派便应运而生，并各自携带着治国的独门妙方。在此，葛兰言对各个学派的特点进行了简单的介绍。虽然他大体上还是遵循传统的分类，但他将

---

① 同上书，p. 415。
② 同上书，p. 590。
③ 同上书，p. 416。

这些学派按照主题划分为了四组。第一组致力于寻觅治国之策，包括政客、辩论家、逻辑学家和法学家。第二组则尽心谋求公益，包括以孔子为代表的人文主义者和以墨子为首的社会责任派。第三组更为向往求仙问道，道家是其中的典型代表，他们终日醉心于延年益寿和神秘主义。最后一组则是儒家的正统，包括孟子的"仁政"、荀子的"礼治"，以及董仲舒的"德治"。

因为标准不是十分明晰，这种分类方法可能存在问题。假如将孔子与墨子归为一类，那么根据汉代的传统，我们很难将孔子与儒家正统区别开来，也难以对墨子和他那些醉心辩论的门生加以区分。尽管这一分类并不尽如人意，但葛兰言对各个群体的描述依然颇具价值。他指出，这些具有正式倾向的学派的成就不足为道，他们并不重视法律与逻辑，而此二者恰恰是西方思想中极为重要的部分。

葛兰言在结论中指出，当前远东地区的任何民族——无论如何自负还是谦逊，都不能否认中国文明的伟大建树。这一文明垂范百世，且从未被西方科技的成就所征服，因为，不管技术或政治的优势在过去何等重要，中国文明能在远东独领风骚，其成功绝不仅基于此。远东各族从中国习得并希望保持的，是某种生活的和谐与智慧。[①]

本文对葛兰言著作的评述并不完整。我们还应顺带提及他 1922年出版的《中国人的宗教》（*La Religion des Chinois*）和一些 1922 年之前的专题论文。其中，最重要的便是 1920 年的《中国古代之媵制》。

《中国人的宗教》仅涉及中国古代的宗教，主要是农民的信仰与祖先崇拜。这部著作一经问世便好评如潮。此书并无引文，但我们可以从他已出版的其他著作中找到那些材料的出处。《诗经》《礼记》《仪礼》和《左传》似乎是该书主要的文献来源。

《中国古代之媵制》是一部极为详尽的专论。这篇文章主要探讨

---

① 同上书，p. 584。

了在一组兄弟与一组姊妹之间群体婚姻的演变和存续，这一现象大致出现在封建时期，是王公贵族娶多个同胞姊妹的特权演变的结果。在《礼记》中，有关丧礼的部分仪式亦能反映出它存在的痕迹，如"叔嫂不相为服"①。葛兰言引用中国的非汉族土著和澳洲部落生活的部分实例，以佐证自己的观点。

总而言之，我们应如何对葛兰言的著述做出定论？他对早期中国文明做出了一种新的解释。比起西方译作与后期儒家传统中那些枯燥、粗略的描述，葛兰言向我们更为写意地呈现出一个更复杂、更可叹的中国文明图景。他聚焦于儒家古籍与官方传统以外的事象，从而将中国的神话从历史的歪曲中解放出来。他致力于用科学研究中通行的术语解释古代中国，而非仅凭机械翻译的片言只字。此外，他特别强调要关注制度，而不是囿于个别的事实。在整个汉学领域内，以上所有观点都是颇为新颖独特的。它们极具启发性，且富有成效。

此外，我们也不应忘记，尽管葛兰言曾说过，许多问题只有通过考古研究才能得到证明。但他自己在工作中反而很少关注考古发掘的科学资料。同时，他始终批评中国语文学的正统方法，因而他也就忽视了使语文学更为可信的语言学方法。

值得注意的是，虽然他善用社会学的方法，葛兰言却对当前条件下中国的研究表现得相当淡漠。他主要基于文本分析佐证理论，偶尔也会参考少量来自田野、实验室的，当前中国学者的科研成果。然而，其广博的民族学知识助力他理解中国的资料。

尽管仍存在上述保留意见，葛兰言的著作仍因其大胆的想象力、开阔的视野和丰富的文集专著而颇具价值。他的独特功绩在于，从已有的问题中明察秋毫，从而在中国古代这一研究领域内开辟出新的方法论路径。而在葛氏之前，这些问题已在卷帙浩繁的旧时学问中沉埋

---

① 《礼记·奔丧》曾对叔嫂之间的服丧有所规定："无服而为位者，唯嫂叔及妇人降而无服者麻。"《礼记·檀弓上》则对此予以解释："嫂叔之无服也，盖推而远之也。"参阅胡平生、张萌译注，2017，《礼记》，北京：中华书局，第1103、148页。——译注

千年。最后，我们必须谨记，盲目效仿葛兰言绝非易事——或许也并不可取。因为，葛兰言不仅是一位学者，更是一位思想家、艺术家。倘若一个资质平平的学生想要依葫芦画瓢，可能只会导致失败。

附录：《古代中国的舞蹈与传说》参阅的"夹谷之会"的八则史料

1.《春秋左传·定公》[①]

十年春，及齐平。

夏，公会齐侯于祝其，实夹谷。孔丘相，犁弥言于齐侯曰："孔丘知礼而无勇，若使莱人以兵劫鲁侯，必得志焉。"齐侯从之。孔丘以公退，曰："士兵之！两君合好，而裔夷之俘以兵乱之，非齐君所以命诸侯也。裔不谋夏，夷不乱华，俘不干盟，兵不偪好——于神为不祥，于德为愆义，于人为失礼，君必不然。"齐侯闻之，遽辟之。

将盟，齐人加于载书曰："齐师出竟而不以甲车三百乘从我者，有如此盟！"孔丘使兹无还揖对，曰："而不反我汶阳之田，吾以共命者，亦如之！"齐侯将享公。孔丘谓梁丘据曰："齐、鲁之故，吾子何不闻焉？事既成矣，而又享之，是勤执事也。且牺、象不出门，嘉乐不野合。飨而既具，是弃礼也；若其不具，用秕稗也。用秕稗，君辱；弃礼，名恶。子盍图之！夫享，所以昭德也。不昭，不如其已也。"乃不果享。

齐人来归郓、讙、龟阴之田。

2.《春秋公羊传·定公》[②]

十年春王三月，及齐平。夏，公会齐侯于颊谷。公至自颊谷。晋赵鞅帅师围卫。齐人来归运、讙、龟阴田。

齐人曷为来归运、讙、龟阴田？孔子行乎季孙，三月不违，齐人为是来归之。

---

① 杨伯峻编著，2018，《春秋左传注》，北京：中华书局，第1378—1380页。
② 王维堤、唐书文译注，2016，《春秋公羊传译注》，上海：上海古籍出版社，第532—533页。

3.《春秋穀梁传·定公》①

［经］十年，春，王三月，及齐平。夏，公会齐侯于颊谷。公至自颊谷。

［传］离会不致，危之也。危之则以地致，何也？为危之也。其危奈何？曰：颊谷之会，孔子相焉。两君就坛，两相相揖。齐人鼓噪而起，欲以执鲁君。孔子历阶而上，不尽一等，而视归乎齐侯，曰："两君合好，夷狄之民何为来为？"命司马止之。齐侯逡巡而谢曰："寡人之过也。"退而属其二三大夫曰："夫人率其君与之行古人之道，二三子独率我而入夷狄之俗，何为？"罢会。齐人使优施舞于鲁君之幕下，孔子曰："笑君者罪当死。"使司马行法焉，手足异门而出。齐人来归郓、讙、龟阴之田者，盖为此也。因是以见，虽有文事，必有武备，孔子于颊谷之会见之矣。

［经］晋赵鞅帅师围卫。齐人来归郓、讙、龟阴之田。

4.《孔子家语·相鲁》②

定公与齐侯会于夹谷，孔子摄相事，曰："臣闻有文事者必有武备，有武事者必有文备。古者诸侯出疆，必具官以从，请具左右司马。"定公从之。

至会所，为坛位，土阶三等。以遇礼相见，揖让而登。献酢既毕，齐使莱人以兵鼓噪，劫定公。孔子历阶而进，以公退，曰："士，以兵之。吾两君为好，裔夷之俘敢以兵乱！非齐君所以命诸侯也！裔不谋夏，夷不乱华，俘不干盟，兵不逼好。于神为不祥，于德为愆义，于人为失礼，君必不然。"齐侯心怍，麾而避之。

有顷，齐奏宫中之乐，俳优侏儒戏于前。孔子趋进，历阶而上，不尽一等，曰："匹夫荧侮诸侯者，罪应诛。请右司马速刑焉！"于是斩侏儒，手足异处。齐侯惧，有惭色。

---

① 承载，2004，《春秋穀梁传译注》，上海：上海古籍出版社，第715—718页。
② 黄敦兵导读、注译，2019，《孔子家语》，长沙：岳麓书社，第5—7页。

　　将盟，齐人加载书曰："齐师出境，而不以兵车三百乘从我者，有如此盟。"孔子使兹无还对曰："而不返我汶阳之田，吾以供命者，亦如之。"

　　齐侯将设享礼，孔子谓梁丘据曰："齐鲁之故，吾子何不闻焉？事既成矣，而又享之，是勤执事。且牺象不出门，嘉乐不野合。享而既具，是弃礼；若其不具，是用秕稗也。用秕稗，君辱；弃礼，名恶。子盍图之？夫享，所以昭德也；不昭，不如其已。"乃不果享。

　　齐侯归，责其群臣曰："鲁以君子道辅其君，而子独以夷狄道教寡人，使得罪。"于是乃归所侵鲁之四邑及汶阳之田。

　　5.《新语·辩惑》[①]

　　鲁定公之时，与齐侯会于夹谷，孔子行相事。两君升坛，两相处下而相欲揖，君臣之礼，济济备焉。齐人鼓噪而起，欲执鲁公。孔子历阶而上，不尽一等而立，谓齐侯曰："两君合好，以礼相率，以乐相化。臣闻嘉乐不野合，牺象之荐不下堂。夷、狄之民何求为？"命司马请止之。定公曰："诺。"齐侯逡巡而避席曰："寡人之过。"退而自责大夫。罢会。齐人使优旃儛于鲁公之幕下，傲戏，欲候鲁君之隙，以执定公。孔子叹曰："君辱臣当死。"使司马行法斩焉，首足异河而出。于是齐人惧然而恐，君臣易操，不安其故行，乃归鲁四邑之侵地，终无乘鲁之心。

　　6.《史记·齐太公世家》[②]

　　四十八年，与鲁定公好会夹谷。犁鉏曰："孔丘知礼而怯，请令莱人为乐，因执鲁君，可得志。"景公害孔丘相鲁，惧其霸，故从犁鉏之计。方会，进莱乐，孔子历阶上，使有司执莱人斩之，以礼让景公。景公惭，乃归鲁侵地以谢，而罢去。

---

　　① 孔子，《四部丛刊初编·第三二〇册·新语》，景上海涵芬楼藏明弘治刊本，第33—34页。

　　② 司马迁，2013，《史记（点校本二十四史修订本）》，北京：中华书局，第5册，第1811—1812页。

7.《史记·鲁周公世家》①

十年，定公与齐景公会于夹谷，孔子行相事。齐欲袭鲁君，孔子以礼历阶，诛齐淫乐，齐侯惧，乃止，归鲁侵地而谢过。

8.《史记·孔子世家》②

定公十年春，及齐平。夏，齐大夫黎鉏言于景公曰："鲁用孔丘，其势危齐。"乃使使告鲁为好会，会于夹谷。鲁定公且以乘车好往。孔子摄相事，曰："臣闻有文事者必有武备，有武事者必有文备。古者诸侯出疆，必具官以从。请具左右司马。"定公曰："诺。"具左右司马。会齐侯夹谷，为坛位，土阶三等，以会遇之礼相见，揖让而登。献酬之礼毕，齐有司趋而进曰："请奏四方之乐。"景公曰："诺。"于是旍旄羽袚矛戟剑拨鼓噪而至。孔子趋而进，历阶而登，不尽一等，举袂而言曰："吾两君为好会，夷狄之乐何为于此！请命有司！"有司却之，不去，则左右视晏子与景公。景公心怍，麾而去之。有顷，齐有司趋而进曰："请奏宫中之乐。"景公曰："诺。"优倡侏儒为戏而前。孔子趋而进，历阶而登，不尽一等，曰："匹夫而营惑诸侯者罪当诛！请命有司！"有司加法焉，手足异处。景公惧而动，知义不若，归而大恐，告其群臣曰："鲁以君子之道辅其君，而子独以夷狄之道教寡人，使得罪于鲁君，为之奈何？"有司进对曰："君子有过则谢以质，小人有过则谢以文。君若悼之，则谢以质。"于是齐侯乃归所侵鲁之郓、汶阳、龟阴之田以谢过。

（译/校者单位：中国人民大学社会与人口学院）

---

① 司马迁，2013，《史记（点校本二十四史修订本）》，北京：中华书局，第5册，第1857页。

② 司马迁，2013，《史记（点校本二十四史修订本）》，北京：中华书局，第6册，第2308—2310页。

葛兰言的中国文明研究对法国
人类学理论的影响*

宗树人

谢孟谦（Martin M. H. Tse）　译

范紫微　孙嘉玥　校

摘　要　本文探讨中国此一重要文明，为何在主流社会学理论和人类学理论的建构当中，处于边缘位置，甚至几乎无人问津。笔者于此梳理一段为世人所忽略的学术史，当中显示法国社会学家兼汉学家马塞尔·葛兰言如何与各种重要的社会学理论、人类学理论展开交流、互动，并探讨葛兰言的见解与这些理论的关联之处（尤以涂尔干、莫斯、列维－斯特劳斯为例）。笔者希望能够恢复葛兰言理论的地位，并且透过葛兰言的研究，重置中国文明于人类学和社会学的经典理论谱系。本文将论述葛兰言的研究如何得到他在法国社会学派的导师和合作者的启发，如何为各种理论争辩所影响，而他的著述又如何直接或间接地影响后来的理论发展。葛兰言与各种理论的关系正是为人所忽略的，而它们之间的关系有什么重要的意义？这些问题能够推进各学科的研究，能够促进各学科的对话，也能够为中国宇宙观之研究、宗教与社会之研究、社会学理论建构和人类学理论建构搭建学术

---

* 原文发表于 *Review of Religion and Chinese Society*（2019 年第 6 期，第 160—187页），题为 "Cosmology, Gender, Structure, and Rhythm: Marcel Granet and Chinese Religion in the History of Social Theory"。

交流的重要桥梁。

关键词 马塞尔·葛兰言；涂尔干；马塞尔·莫斯；列维－斯特劳斯；中国

中国的研究材料在社会科学的理论模型建构中，一直处于边缘地位，笔者一直对此感到困惑。主流社会学理论至今仍然主要产生于西方的社会现实，而在人类学领域，近来最为活跃的理论争辩仍然围绕亚马逊、新几内亚、美拉尼西亚等部落群体的材料。与此同时，在中国研究领域之中，"西方理论不适用"的论调仍然颇为普遍。

菲利普·德斯科拉是人类学最近"本体转向"潮流中的关键人物，其著作《超越自然与文化》（*Beyond Nature and Culture*）中借鉴了中国宇宙观，并以此来建构其四个基本本体类别的其中之一（Descola，2005）。这可能是继韦伯和列维－斯特劳斯之后，中国材料首次被突出地运用在社会科学理论创建中。德斯科拉的中国材料全部出自马塞尔·葛兰言的作品。事实上，半个世纪之前，列维－斯特劳斯也曾借鉴葛兰言的著作。更早以前，马塞尔·莫斯也参照了葛兰言。

葛兰言既是社会学家——他是涂尔干的得意门生——也是法国汉学传统首屈一指的学者。任何试图探讨社会学、人类学理论及中国宗教与社会之间相互关系的研究，都必须参考葛兰言的重要贡献。他搭建了社会学、人类学和汉学之间的桥梁。本文将会简述葛兰言作品与社会理论史中的关键人物（例如涂尔干、莫斯、列维－斯特劳斯）之间，那些为人所忽略的互动和关联。笔者试图展示葛兰言关于中国的真知灼见，如何影响经典社会学的争辩。然而，他的许多理论尚未得到充分挖掘，其中的研究意义几乎无人问津，有待进一步探讨。

一、葛兰言的学术影响

葛兰言 1904 年至 1907 年间在法国巴黎高等师范学院师从涂尔干，他是涂尔干最亲密的弟子之一。这个学术圈子还包括人类学家、梵文学家马塞尔·莫斯，历史学家马克·布洛赫（Marc Bloch，年鉴学派创始人），希腊文化研究家谢和耐（Louis Gernet），还有以集体记忆概念而闻名于世的社会学家莫里斯·哈布瓦赫。后来葛兰言跟从法兰西公学院（Collège de France）著名汉学家沙畹学习汉语，葛兰言在沙畹的指导下，于 1911—1913 年期间被法国公共教育部派往中国。回国后，葛兰言接替他的老师沙畹，成为法国巴黎高等研究实践学院"远东宗教"讲席教授，他还在国立东方语言学院任教，并协助组建法国高等汉学研究所，还当过法国社会学研究会主席（Freedman，1975）。

葛兰言的研究方法可称为"文本社会学"，他用古代文本资料来研究社会学的问题，他的研究是汉学传统与社会学/人类学传统相互融合的典范。作为涂尔干及莫斯的学生和紧密合作者，葛兰言对理论的诠释和发展，也受到这两位学者的深远影响。他的研究比列维－斯特劳斯早数十年，并在很大程度上启发了后者关于亲属关系、社会交换、知识论和神话的理论。葛兰言的学生乔治·杜梅齐尔（Georges Dumézil）提出的印欧古代文明三元思想结构模式，也受到其对文本研究采用"考古学"方法所启发（Dumézil，1940）。这一方法还影响了杜梅齐尔的学生米歇尔·福柯（Michel Foucault）关于西方文明史知识转型方面的材料整理（Foucault，1969）。更为近期的影响，见于列维－斯特劳斯的学生德斯科拉的本体论类别理论（Descola，2005）。另一方面，葛兰言与莫斯的相互影响也被世人完全遗忘。莫斯著有数篇关于"自我的范畴"（category of the self）（Mauss，1938）、"身体技术"（techniques of the body）（Mauss，1936）的重要文章，这些理论深受葛兰言的启发，也间接地影响了福柯的"自我技术"（technol-ogies of the self）概念，① 以及布尔迪厄（Pierre Bourdieu）的惯习（habitus）（Bourdieu，1979）和区隔（distinction）（Bourdieu，1980）理论。对于葛兰言作品及其影响的研究，显示出 20 世纪上半叶和后来的法国社会学、人类学和汉学之间有着深刻的相互影响，然而此互动关系被世人所遗忘。本文将简要追溯这些学术领域彼此影响的历史，并且提出，通过葛兰言，中国材料可以被重新纳入主流社会学理论的讨论之中，包括宗教人类学、宗教社会学，还有其他相关学术领域。

葛兰言的价值被埋没的原因在于他研究古籍的人类学方法不被汉学界主流所接受，然而，他的大部分著作具有浓重的"汉学"风格，令并非专长于古代中国研究的学者很难读懂。② 中国古代考古学和历史学的进步，也令葛兰言研究历史问题的大前提被人废弃。

另一方面，他的著作《中国思维》③ 是至今为止最好且最全面的关于中国传统宇宙论的论述（Granet，1934），广为法国知识分子和人类学家阅读。虽然这部著作没有被译成英文或中文，但对英美从事中国哲学研究的学者产生了深远的影响，在李约瑟（Needham，1956）、郝大维和安乐哲（Hall & Ames，1995）等学者的著作中都有详细的讨论。但该书亦令葛兰言被一些评论者归入东方学的脉络之中，仿佛他预设了某种整体性的"中国灵魂"，而这种思维与西方人的灵魂截然不同（Puett，2002：8—10）。这种看似东方主义、本质主义的误解令葛兰言的著作受当代人类学与社会学后殖民主义与后结构主义思潮的怀疑。然而，正如哈佛大学普鸣（Michael Puett）教授——或许是近年来认真研读葛兰言的唯一一位英语国家学者——所指出的，对葛兰言著作的仔细阅读恰恰揭示了相反的事实："葛兰言作品的价值在于它指向了一种方法，（他的研究）不再聚焦于不同文化之间的基本差

---

① 参见福柯的两部著作：Foucault，1976，1984。
② 参见以下两篇论文：李孝迁，2010；王铭铭，2010。
③ 也译作《中国的思想》。

异，而更能发现这些文化潜在的内部冲突"（Puett，2001：20）。

本文的目的不在于讨论葛兰言对古代中国实证性研究的正确性以及他对经典文本阐释的准确性，也不在于探讨他的作品是否能够概括中国传统思想的主要特征。我们今天也发现涂尔干和韦伯在构建他们各自宗教社会学理论体系的过程中，都使用了不少错误或者过时的资料。然而这并不影响他们理论的适当性，这些理论仍在不断地启发大量新理论、见解、论题、应用。同样，笔者也建议重读葛兰言：不是把他当作汉学家，而是视他为引发众多人类学和社会学理论的启发源头。

本文旨在恢复葛兰言的重要性，重建中国在经典人类学和社会学理论谱系中的位置。本文会展现葛兰言的著作如何体现他的导师和同事在当时法国社会学派中的许多理论争辩，并且展现葛兰言如何反过来直接或间接地影响了后来的理论发展。本文还会进一步追问后世理论家所忽视的理论关联和意涵，这些提问将为主流人类学理论与中国宇宙观和宗教之间搭建进一步交流的桥梁。

二、《原始分类》与《宗教生活的基本形式》中的中国

葛兰言加入涂尔干学派的时候，涂尔干和莫斯刚刚共同发表了《分类的几种原始形式：集体表现之研究》（即《原始分类》）（Durkheim & Mauss，1903），书中提及的中国宇宙观尤为突出，这本书是后来涂尔干发表的《宗教生活的基本形式》（简称《宗教生活》）的前奏（Durkheim，1912）。正是在《原始分类》中，涂尔干和莫斯开创了一个重要的观点：分类的根源是社会的，而非先天的、抽象的逻辑分类。社会分类的本质，最初是情感的：安全和危险，友善和敌对，有利和有害。"决定事物分类方式的差异性和相似性在更大程度上是情感的，而不是理智的"（Durkheim，1912：50）。只有通

过较长的历史进程，社会情感才会被抽象的逻辑和理性所取代。

　　在论证部分，涂尔干和莫斯考察了三个地区的宇宙观和分类体系的民族学资料：澳洲、美洲（祖尼人和苏人）、中国。论证中国一章，作者通过风水师的占星罗盘体现的元素——使用高延（J. J. M. de Groot）研究中国民间宗教的民族学著作《中国的宗教体系》——概括了中国宇宙观的基本构成要素，包括阴阳、五行、四方、八卦、天干地支等。宇宙观与人体的关联都一一被描述："……万物在时间、空间中虽然是驳杂的，但在时空中又可以交叉地关联、对立、排列、组合而形成一个体系。所有这些无穷无尽演变中的元素共同划分了自然界事物的种类，划分了气的运行方向，并规定了人的行为，从而形成了这样一种既精妙又幼稚，既粗浅又深奥的哲学。这是一个高度典型的例子，集体的思想以一种深思熟虑和博学广奥的方式应用那些显然十分原始的主题"（De Groot，2017：43）。虽然澳洲和美洲部落的例子证实了他们的宇宙观是仪式组织、社会结构和情感的产物，但是作者接下来并未进一步论证中国的分类体系如何源自社会分类，或如何源自社会情感。

　　《原始分类》中对中国的突出论述颇令人费解，因为当中并没有任何论证支撑作者的观点。或许正是由于这个原因，中国例子在涂尔干后来写成的《宗教生活的基本形式》中被删除了。《原始分类》中的初步观点在《宗教生活》一书中得以更完善的表达，《宗教生活》的论证主要依据澳洲中部部落的例子。《宗教生活》强调空间、时间、力量的基本分类并非普遍抽象的，而是基于时空体系之中，人在行为中的具体情感而形成的差别化经验；集体仪式是个体时空意识被纳入单一集体经验的机制，这一集体经验随着节日轮转而确定时间，以神圣场所为中心而区分空间，按照仪式角色的分工而区别群落，按照不同群体的兴衰来分别正或邪的力量。在意识和知识产生的"社会中心论"（sociocentric）（Durkheim & Mauss，1903）的背景下，正是"仪式"将所有类别聚集在神圣的时空中心，这才是整体观念的起源，也是超验情感的起源。

三、葛兰言《古代中国的节庆与歌谣》
一书中的涂尔干观点

　　《宗教生活的基本形式》一书仅依赖澳洲土著的氏族图腾例子作为其民族志证据。但是，在涂尔干撰写《宗教生活》的同时，葛兰言正在写他关于中国社会"基本形式"的博士论文，他运用涂尔干的理论框架，对古代中国宗教、宇宙观和政治进行社会学的阐释。葛兰言在1919年发表《古代中国的节庆与歌谣》（以下简称《节庆与歌谣》）一书（Granet，1919），而根据其同事汉学家马伯乐的回顾，葛兰言的研究工作在几年前已经完成，第一次世界大战推迟了这本书的发表时间（Maspero，1919）。《节庆与歌谣》发展了葛兰言在他的第一篇论文《古代中国的婚姻传统》中简述过的观点，该论文成于1912年，也就是在《宗教生活》发表的同一年，发表于汉学期刊《通报》（*T'oung Pao*）（Granet，1939）。

　　葛兰言在《节庆与歌谣》中研究《诗经》的内容，借此重建中国宗教原本的形态。葛兰言打破了儒家将诗歌解读为思想教化的隐喻、为统治者服务的传统，他尝试重建诗歌创作时的社会状况。基于对诗歌内容、结构、风格的分析，葛兰言得出以下结论：诗歌是在季节性的农民节庆过程中创作的。节庆中几对男女即兴对唱、调情玩笑，类似于中国西南地区一些少数民族的风俗。

　　《节庆与歌谣》与莫斯1905年发表的论文《论爱斯基摩社会的季节变更：社会形态学研究》①持有相同的观点（Mauss，1905）。莫斯在论文中也强调季节性的节庆如何放大了冬夏两季交替的集中季和分散季的差异，这个现象对宗教和社会凝聚力具有深刻的作用。这个概

---

　　①　也译作《爱斯基摩社会之季候的变化：社会形态学之研究》。

念也是《宗教生活》的论点基础（Mauss，1905），虽然葛兰言在《节庆与歌谣》中并未注释涂尔干的著作，但是在结论部分出现的一段话，可以说是对《宗教生活》观点的总结，他只不过是把《宗教生活》的"澳洲土著"替换成"中国农民"：社会生活贫乏且居住分散的当地人，在季节性节庆时聚在一起。狂欢仪式中的集体欢腾制造了一种对于集体意识和仪式灵验的信仰，他们视为源自某种超验的宇宙神力：

> 这些节日确实标志了社会生活中的一个独特时间：在仪式突然达到最高潮的时刻，在共同参与仪式的人们心中，会激发出一种对仪式灵验的不可抗拒的强大信念。地方小群落的成员通过集体参与，更新了统领他们的大社群，人人都震惊于刹那间涌现的活力充沛的融洽与和睦感；痴狂的人们把他们集体行为的力量想象为无穷无尽的，超越人的范畴，上达整个宇宙；每个人还会觉得寰宇的永恒与和平只是社会稳定团结的结果，而后者的达成也是他本人参与的结果。自此以后，这一激发人们强烈内心震颤的、闪耀着庄严光辉的、大获成功的且又极其灵验的特殊活动，便与日常生活大大不同了：它似乎具有某种崇高和特殊的属性，某种宗教属性。这些古代节庆习俗以及社群充满希望的简单姿态，俱是神圣的习俗；它们构成了宗教信仰的元素（Granet，1919：239—240）。

接着，葛兰言讨论男人和女人的两级社会分类，依此形成的劳动分工又产生了不同的时空分布：下田劳动的男人在夏天更为活跃，家里忙于纺织的女人在冬天更为活跃。季节性的节庆，标志了男人女人各自主导的时期的交替，并把两个性别的年轻人聚到一起，他们热情地竞歌竞舞，或者带对方到田野里幽会，而《诗经》里就有暗示男女幽会的歌谣。狂欢的能量通过形式化的歌舞礼俗和外族之间通婚的规约加以疏导。狂喜的欢愉产生了一种超验力量的体验，而这种力量同时也通过异族通婚的"社会盟约"（social pact）加强了社会结构的统一。这里预示了列维－斯特劳斯关于社会形成于异族群体间的新娘交换理论（我们将在下文探讨）。此外，葛兰言还预示了维克多·特纳（Victor Turner）关于仪式结构与反结构的理论（Turner，1969）。葛兰言指出，节庆所唤醒的情感与能量可能具有破坏性，这对社群而言是一个"可怕的时刻"，因为它"向社群的新成员（即年轻男女）强加一种爱的感觉，而这种感觉是强制性的，且符合社会组织的结构"（Granet，1919：243）。

　　围绕着节日的时间和地点（已具神圣性），所有社会成员参与的这一高度集中的活动，使得仪式的范围延展至社会生活和社会组织。此处葛兰言提供了涂尔干和莫斯的《原始分类》中所缺乏的论证——这些节庆是中国宇宙分类体系的社会源头：参与者认为仪式的灵验力可以上至寰宇，包括人的世界和非人的世界。因此，"在各个时代，统摄中国思想界的世界运行原则的源头，都可以在古代的社会结构中被发现。更准确来讲，这些源头都存在于古代节庆习俗之中的社会结构"（Granet，1919：244）。

　　阴阳正是根据男女各类的对立交替描述整个宇宙理解，这一交替模拟了男女在劳动中的传统分工关系。男女分工是时间的，也是空间的，某些时间、空间与女性关联，而另一些时间、空间则与男性关联，阴阳的划分也可以成为区分空间、时间的原则，它们组合的图式也是描述时空分裂、结合、更替、排列的原则。因此葛兰言于此提出了涂尔干式的论点：中国思想的基本分类就是由季节性仪式构成的中国古代社会秩序的产物和表达。

　　在《节庆与歌谣》一书的最后几页，葛兰言试图解释城市社会的出现及其政治结构如何导致宗教系统的改变。领主的宫殿代替沿河流山川而建的神圣场所，成为新的神圣中心，并从中产生了统治权。但是原来农民节庆形成的神圣场所依然被保留着，封建领主和帝王定期前往那里祭祀山川河流的神灵，建立与神圣源头的联系。最初产生于农民节庆的神圣力量，后来便转移到了统治者的自身、家族和宫殿。与此同时，在这新的政治等级制度中，女性失去了她们在原始节庆中享有的相对平等的地位。公共仪式中，她们不再扮演重要的角色。而且随着女性被归类为不洁的，对男性主导的统治阶级的权威构成威胁，节庆中的男女桃色习俗也消失了。祭祀变成了知识体系中一个专门的分支；专业人士将阴阳宇宙观系统，化为知识体系，成为不同功能仪式的思想基础（Granet，1919：249—257）。

虽然葛兰言力图完全在涂尔干的理论框架下展开自己的分析，但他的研究已然丰富并且加深原有的理论，也超越了最初涂尔干的范式。《宗教生活的基本形式》只聚焦于澳洲土著，此例子缺乏国家集权，其社会结构显得相对"扁平"，而葛兰言所研究的中国材料却提出了一个更大的问题，即地方社会和中央政权之间的纵向互动关系。

《节庆与歌谣》依据的是小范围的地方社会，而葛兰言接下来的一部著作《古代中国的舞蹈与传说》（Granet，1926），则主要讨论政权的兴起。书中，他展开了关于地方社会和中央政权之间紧张关系的分析，也一并分析了仪式、神圣权力和分类体系。葛兰言的两部著作都旨在建立仪式与分类体系之间的关联。原始农民社会与城市封建政治都是截然不同的社会组织模式，两者各有不同的规模和分类体系。前者产生的是阴与阳的平均二分，而后者产生的是天与地的等级二分，统治权就是位于天地二者之间的调节中心。然而这两种分法之间的关键联系，在于统治者必须通过到赴地方社会的神圣之地膜拜，才能建立他自己的神圣权威。阴阳成为一对有等级高低之分的分类概念：阳者，关乎天、君权父权、男尊、居于上位、外向、公开；阴者，关乎地、臣服者、女卑、居于下位、内向、隐秘。

葛兰言的研究为地方与中央权力之间的复杂礼仪和神圣关系，打开了新的考察方法，这些方法可用以考察仪式如何建立统治系统，并征服各地族群、缔结各地族群的联盟。

四、《古代中国的舞蹈与传说》中的莫斯范式

在《古代中国的舞蹈与传说》（以下简称《舞蹈与传说》）一书中，葛兰言运用了他所称为的"考古学"方法，通过研究古籍资料理解统治者的魅力，此魅力或如葛兰言所说，"赋予领袖者权力的威望"（Granet，1926：49）。葛兰言所研究的古籍主要是《左传》等战国时代（前475—前221）的资料，这段时期的古籍见证了统一国家建立之前，各诸侯国兴起和争霸的历史阶段。葛兰言并不企图利用经典的哲学和文献学方法，鉴定古籍文本的原创作者和系谱，研究文本中事件的真实性及其之间的时间关系，而是用"考古"的方法去发现文本中不断重复的主题和思维模式，从中观察不同的社会结构。

与涂尔干范式的《节庆与歌谣》相比，《舞蹈与传说》中的主题复杂得多。战国时代的记述含有大量的仪式、典礼、祭祀的内容，但是这些并非关于地方社会以集体欢腾仪式崇拜他们自己的神力。相反，当中表现的是贵族领主、霸主在纵横捭阖中如何操纵仪式、象征符号和修辞，以达到他们在动荡时代提高威望、巩固权力的目的。《舞蹈与传说》开辟了新的领域，而且明显地受到莫斯的礼物理论的启发。这一理论当时尚未发表（Mauss，1925），但莫斯在巴黎高等研究实践学院的讲座中详细介绍过，葛兰言认真聆听了这一讲座。葛兰言从某些交换（例如夸富宴）具有的对立和竞争的属性获得启示，提出了一个通过赠礼和仪式建立政治权威的理论。葛兰言阐释中国社会之中"让"的概念，按照古代文献的记载，"让"是高尚品格的中心元素——因为富裕，所以让，而让的目的又是为了得到。"让"是一种互换赠礼交换体制下的品性和能力，通过礼尚往来使领主的威望和权力得到提高。智慧地运用"让"，可使其人处于财富流通的节点，

并创造价值：经手的礼物，无论是被赠予的，还是被分配出去的，都因为与他的威望相联系，故此其价值获得增长。"在与他的关系中，价值的等级被建立起来，价值也被创造出来"（Granet，1926：91—92）。

正是基于这个理论，葛兰言分析了如何举行谈判、联盟、胜利或者投降的仪式，以操控供品的生产和流动、价值和意义。因此，贤能的贵族能够通过巧妙的仪式手段建立并扩大他的权力，包括前往地方圣所参拜神灵，联通并掌控那些《节庆与歌谣》中描述的季节节庆的地方神圣力量。

建立首领的统治权（例如王朝新建），需要树立新的仪式秩序。礼仪体系组织世界的基础是以统治者为中心的中宫四方空间体系，数字命理和时空分类由此而产生。新的仪式秩序还意味着废除旧王朝的仪式秩序，原来的组成部分必须被纳入新的体系，或者被拆散，或者被打入中宫四方空间体系的边缘。此处，葛兰言关注到文本中提及的通灵舞蹈，引导了新秩序的神圣力量，同时也破坏、驱逐并牵制了旧秩序的力量。《舞蹈与传说》中，葛兰言展示了中国宇宙观的基础分类——正是源自仪式化的政治博弈。

五、古代中国的婚姻分类与结构主义人类学

《舞蹈与传说》复杂化了涂尔干理论甚至儒家思想对仪式的普遍看法：礼仪是社会团结一致的基础。葛兰言在古代文献中发现的却是礼仪工具化的使用，礼仪成为政治博弈的策略和计谋。我们应该如何解释礼仪既是社会和谐有序的理想准则，又是博弈斗争中的手段？这一问题贯穿着葛兰言最为难懂，也是最为重要的著作——《中国古代社会的婚姻类型》（以下简称《婚姻类型》），此书发表于 1939 年（Granet，1939）。

《婚姻类型》关注古代中国的亲属关系体系，葛兰言通过古籍典故，重建古代中国亲属关系的几个模式，书中也比较了中国材料与其他例子，诸如澳大利亚阿兰达人、缅甸的克钦人等，这些例子也被运用到亲属人类学的深奥辩论中。正如古迪诺（Yves Goudineau）所指出的，这世上恐怕只有一个人仔细阅读并细致研究了这部书，那人就是年轻时的列维-斯特劳斯（Goudineau，2004：167）。十年后，他发表了那部影响深远的《亲属关系的基本结构》（简称《亲属关系》），并由此掀起了改变整个人类学和人文科学的结构主义革命（Lévi-Strauss，1949）。

列维-斯特劳斯在《亲属关系》一书中用了几个章节细致地评论《婚姻类型》。他赞扬这部著作"给亲属关系理论带来了决定性的贡献"，比其他相关研究包含"更全面、更重要的理论真理"。但是他也严厉批评葛兰言的模型是"缺乏客观基础""过分复杂""晦涩"的（Lévi-Strauss，1949：358—359）。直到四十年后他才承认："《婚姻类型》唤起了我对亲属关系的兴趣……我所有对亲属关系的思考都是来自它"（Lévi-Strauss & Eribon，1988；转引自Héran，1998）。在他生命的最后一年，他又感叹："我认为，葛兰言是最杰出的！"（Goudineau，2004：182）正如社会学家艾兰（François Héran）在他对列维-斯特劳斯评论葛兰言的细致回顾中指出的：《婚姻类型》是"结构主义人类学的第一部杰作"（Héran，1998：169）。

仔细比较两部著作，可以发现列维-斯特劳斯研究亲属关系的几乎整个理论都已经包含在葛兰言的《婚姻类型》中。从此理论的关键处谈起，近亲通婚的禁忌并非源自对亲密血缘关系的天生排斥。古迪诺将葛兰言与列维-斯特劳斯亲属关系理论的核心要素概括为如下几点："第一，建立在交换原则基础上的外族通婚理论；第二，两个基本婚姻交换机制的分类及其变体——前后交叉移位和延迟（chassé-croisé and deferred），后来被称为受限交换和开放交换（restricted and generalized exchange）；第三，对开放交换（延迟的）关联的"流动性"（circulation）的讨论，开启了历史动态中新社会融合模式，具有新的时间和游戏意识（Goudineau，2004：165）。

列维-斯特劳斯广泛选取了各类族群的材料，他得出的普遍性理论可以完全依赖共时的、系统的逻辑，并将亲属关系从其他社会机制中剔除。而葛兰言则试图重建亲属系统的整个历史发展脉络，并考察亲属系统与广泛社会政治进程的关系。尤其是他试图描述出两类交换系统之间的过渡形式，一类是小范围农民社会婚姻交换而重建的"直接互惠"（direct reciprocity），另一类是城市封建政治中，新娘在开放的氏族之间流动的"间接互惠"（indirect reciprocity）或者"延迟的回报"（deferred return）。这种历时的研究方法被列维-斯特劳斯以方法论的标准批评，而偏重推测的历史重构又被汉学家质疑其缺乏实证证据。

即使受到两方面的诟病，《婚姻类型》一书提出了一个有关性别结构的重大问题。这一结构在地方社会与大型政体之间的关系和张力之中起到什么关键作用？在维持社会和谐的仪式和参与角力斗争的仪式之间，这结构又起到了什么作用？列维-斯特劳斯认为男人之间交换新娘是人类亲属关系结构中的根本属性，葛兰言却假设这种关系的逻辑结构中，男人可成为流动配偶："性别之间的竞争转化为女性的次等地位"（Granet，1939：250）。女性的次等地位并不是一个假定的前提，而是需要解释的异常现象。葛兰言在集权的城市政体的形成中试图寻找答案。同时，他也关注到女性作为男性的对手，在内室、庭院，甚至在市场中的权力——女性负责在市场买卖——即一切流通与女性有关（Granet，1939：183）。这一分析暗示了一整套关于宇宙观、性别、权力之间关系的问题，这些都成为稍后几十年女性主义人类学所关注的重要问题。[1]

因此，葛兰言不仅关注形式结构潜在的逻辑，他也同样在意这些

---

[1] 参考以下女性主义研究成果：Ortner，1974；Sanday，1981；Strathern，1990。

结构在社会如何实践，也关注平衡的互惠伦理与累积声望法则之间的关系。一如《舞蹈与传说》所描述的政治仪式，亲属规则和婚姻礼仪也都是可以被操控的游戏。在向封建政体过渡中，"人要学会偿还、担保和等待，而不是立刻互换。一点信任、一点算计、一点手腕都是凝聚系统所需要的"（Granet，1939：249）。妻子被看成"贷款"和"债务"，联姻也是"风险"和"收益"并存的"投资"，它们都是多"轮"游戏，有着不同的惯例、规定和策略（Héran，1998：15）。它们还是对敌国实施复仇的手段。这一套游戏规则下博弈的词汇预示了布尔迪厄的场域理论以及社会和象征资本积累的理论，这些理论描述的正是葛兰言所称的"声望资本"（prestige capital）（Granet，1952）。

六、"中国思维"和"野性思维"

涂尔干研究的澳洲图腾主义中的分类体系和集体象征，都是嵌入当地习语和文化实践中的，而中国的宇宙观则是一个系统化的知识体系，这个知识体系形成于战国（前475—前221）和汉朝（前206—前220）时期。这正是葛兰言最负盛名的作品《中国思维》的主题（Granet，1934）。葛兰言在书中通过古籍研究，考察仪式和文本中重复出现的主题和图案，概述了中华文明中的"集体表象"。葛兰言的方法预示了后来福柯重建某段历史时期的认识论（episteme）所运用的方法（Foucault，1966）。

《中国思维》中讨论的分类主题和图形是西方学者常常提到的"系统对应性的宇宙观"（cosmology of systematic correspondences）或者"关联性的宇宙观"（correlative cosmology）。这种宇宙观不是建立在逻辑规则之下，也不是建立在具有一致性原则的抽象概念之下，而是基于思维的图像或者象征符号。阴阳、五行、五方、天干地支等符号都是从仪式和神话提炼得来，这些图像或象征通过相似推理、类比推理，经过相互的对应而联系起来，构成一个完整的模型，这个模型统摄礼仪、身体、国家、宇宙的规则和方法。葛兰言改进了他在《舞蹈与传说》的见解，认为中国宇宙观代表了中国人根本的恒常思维方式，而中国传统宇宙观中"一"的概念与中国之统一是密不可分的：

> 中国人的分类概念之根本是由社会组织结构的原则所决定：他们代表了中国思想系统化的根基，故此研究中国思想系统离不开研究中国的社会形态。但是这些核心的概念，并非在某一历史时期全都同时变得明晰：某些概念的特点可以帮助我们确定这些概念形成的年代。如果说阴阳总是成对的出现，而且总是共同建立和掌控世界秩序，那是因为它们的概念产生的那段历史时期，其循环原则足以管理互补性族群之间的社会活动。道的概念可以追溯到不那么久远的古代；也许因为当社会变得更复杂后，众人更敬重有威信的首领，这些首领便合理地成为唯一一位建立社会秩序的人：只有那时才开始出现了个人的、集中的、赋予万物生命的权力（Granet，1934：27）。

《中国思维》一书，可以说是葛兰言将涂尔干和莫斯在《原始分类》一书中的中国部分，扩展为一部完整论述的著作。葛兰言在备注中承认这本书从《原始分类》中得到了启示，并评价该书是"汉学研究历史上的里程碑"（Granet，1934：29）。

作为一部分类思想研究的著作，《中国思维》当然逃不过列维-斯特劳斯的关注。列维-斯特劳斯在《图腾主义》[①] 一书中试图推翻"图腾主义"理论，他认为在某一社会之中，不同族群具有不同的所谓"图腾"符号，而各个族群的图腾继而组成了一整套图腾符号，这

① 也译作《图腾制度》。

一整套图腾符号是一个序列。图腾符号的重要之处，不在于某一个符号所呈现的形状、属性、内容，而是在于此一符号与其他符号所体现的关系。在某一整体序列之中，不同符号之间的结构关系，实则体现各个族群之间的结构关系。列维-斯特劳斯认为，此一现象在各地人类文化之中普遍存在，然而他在《图腾主义》中仅仅提及中国一次。但关于中国的这一句话，我们可以看作是列维-斯特劳斯对葛兰言的《中国思维》一书的总结。下面这段话出现在他论及普遍的结构性原则的精彩结尾：

> 我们所说的图腾主义不过是一套特定的表达方式，这种方式是以动物和植物的命名系统而表达……而当中至为明显的特点，在于图腾之间的各种关系、对立，例如北美洲和南美洲的部落，他们的系统包含各种对立关系，例如天/地、战争/和平、上游/下游、红/白。然则呈现这种对立关系的例子，其至为普遍之模式（the most general model），或至为系统化之应用（the most systematic application），我们似乎能够在中国找到。中国的对立关系见于阴/阳、男/女、昼/夜、冬/夏，诸如此类，而统合这种二元对立，可以得出一种具有秩序的整体（道），例如夫妻之和合、朝夕成一日、寒暑成一年（Lévi-Strauss，1962）。

考虑到以上引文，列维-斯特劳斯指出中国的分类体系是这个思维方式中"至为普遍之模式""至为系统化之应用"，本来我们期待列维-斯特劳斯对葛兰言的中国案例做更细致的解读，然而他并没有做深入的讨论。虽然列维-斯特劳斯在《图腾主义》的续集《野性思维》（*The Savage Mind*）中使用了很多例子，例如北美洲的那伐鹤人（Navajo）和合皮人（Hopi）、北澳大利亚的孟金人（Murngin），这些例子呈现的分类体系与中国的宇宙观极为相似，然而列维-斯特劳斯没有在书中提及葛兰言在《中国思维》所研究的内容。

　　为什么列维－斯特劳斯从他的分析中删去了中国这个"最普遍的模式"？毕竟，葛兰言已经从诸多方向预示了《野性思维》一书的结构学理论（Lévi-Strauss，1966）。在讨论中国人的分类系统时，他经常强调这系统的词汇本身并没有实质的内容，当我们把这系统置于一个特定处境之中，当中的关系才会具有意义：《易经》就是一个范例，当中的六十四卦卦象线形符号本身没有单独的意义，而卦象之间的关系才有意义。正如列维－斯特劳斯后来讨论普韦布洛人神话时所指出的："不是元素本身，而是元素之间的关系才是有规律的"（Lévi-Strauss，1966：53）。

　　或许中国的例子削弱了列维－斯特劳斯试图建立的"欧洲的"和"野性的"二元思维的整齐性，他赋予自己作为人类学家的调节特权，使二者在智力和道德上都处于相等的水平。或许中国人宇宙观中的"野性"思维在两千多年中，已经被精炼、提纯、系统化，并且发展成一个高度复杂的结构主义理论体系，普遍认为中国文化属于"文明"而不是"野性"。或许，列维－斯特劳斯是把中国案例作为特殊例子留给汉学家研究。汉学界巴不得把中国留给自己，把中国当成自留地。同样，汉学家就把野性群体留给人类学家。

　　但是列维－斯特劳斯对葛兰言的《中国思维》态度过于疑虑，这是不是反而暗示了中国宇宙观并没有本质上的特殊性？中国宇宙观与部落社会宇宙观是否没有结构性的区别？两者之间的差别，是不是只在于精致度、阐述的精巧度和应用上的差别？几乎所有中国文化和宗教的学术研究焦点，都是比较中国与"西方"的差异（或者有时也比较古希腊的差异），借此突出中国的独特性。[①] 但若正如列维－斯特劳斯所暗示的，中国宇宙观是一个"普遍的模式"，那么这是否意味着，中国思维逻辑的比较对象应包括普韦布洛人、合皮人、孟金人等族群，它们与古希腊或者现代西方具有同样的意义？在解读中国文化

----

　　① 参见 Puett，2002。

时，到底是什么原因使得上述的联系显得如此不协调？这些见解将会
侵犯到哪些认识论界限和学科领域？如此推论会有什么样的理论
意涵？

　　说直接一点，列维－斯特劳斯对《中国思维》的回避有可能源于
这样一个事实：虽然此书为文化结构主义分析提供了极好的材料，但
是葛兰言的论点将增加列维－斯特劳斯研究计划的复杂性，即列维－
斯特劳斯力图通过揭示人类思想的先天认知结构，建立一个不同于涂
尔干的社会建构主义的理论。神话故事是未经历史与政治介导的精神
结构，研究神话为理论提供更为直接的证据。他使用了美洲印第安人
和澳洲土著部落这些更"原始"的例子，而葛兰言的中国例子则提供
了文本和历史材料。葛兰言以这些材料理解社会历史和礼仪体系的变
化，并从中重建其宇宙结构不断演变的格局。虽然列维－斯特劳斯确
实重视历史的重要性，也重视历史与人类学的关键互补性（Lévi-
Strauss，1958），但是他的作品极少涉及有读写能力的和历史久远的文
明，故此列维－斯特劳斯回避了葛兰言作品给他提供的挑战：在文化
形式的多样表达中，人类思想的先天认知结构与社会历史建构有什么
关系？

　　其余的困难在于"葛兰言结构主义"与列维－斯特劳斯的比较，
两者是大相径庭的。葛兰言描述的文化结构和宇宙观是具体化的、仪
式化的和有节奏的。这些文化结构和宇宙观呈现于舞蹈、性别张力、
身体的时间和季节中的循环运动，以及封君封臣的仪式在统治领域之
中的对应和交际。列维－斯特劳斯考察了神话故事，他把其中的象征
符号归纳为结构化的二元对立，这是笛卡尔式的理性主义思维模式下
"逻辑的矛盾"（logical contradictions）。然而，葛兰言考察的是有差别
的行动者群组，群组之间的互动表现在仪式之中。发挥作用的二元
体——年轻男子和年轻女子，君主和封臣，日和夜，夏和冬——并非
"逻辑的矛盾"，而是"对比的搭配"（contrasting pairs）。这些对立关
系的"矛盾解决"（resolution）并非是通过神话外衣下的推论游戏，

而是通过仪式和音乐的方式，做出有节奏的回答、轮流、共鸣、关联、互相转化以及"属性互换"（Granet，1934：123、274、299）。此处的二元搭配不是反映在物质世界的抽象原则中，而是从生活中的对比组合提取出象征符号：阴－阳并不表示男性和女性"原则"的结合，而是婚姻关系和男女在时空中的分工（Granet，1934：123—124），这是真实经验被抽象化的象征。"道"是调节中心，把统治者在仪式中的作用抽象化而得来的。宇宙的整体是依照仪式的样式而组织的（Granet，1934：274—278）。葛兰言引用《礼记·乐记》中的一段话："乐者为同，礼者为异。同则相亲，异则相敬。"

　　《中国思维》自始至终都在强调中国宇宙观的节奏和音乐属性，而且其论点深入微小之处，小至人体。在道家的养生法之中，葛兰言分析了按照呼吸节奏和时间循环来调整人的身体节奏的重要性："想要提高生命力，或仅仅为了保存生命力，任何人都必须采取符合宇宙生命节奏的养生之道"（Granet，1934：417）。葛兰言强调通过呼吸和养生实践达到身体内部的协调，也使仪式参与者的身体之间以及人与自然循环之间的节奏得到协调。这种具象的、经验的、生态的视角，纠正了涂尔干的观点，而涂尔干认为社会层面是超越的独立领域，此社会层面将其分类符号复制在"白板"的身体和自然世界上（Palmer，2014）。葛兰言也纠正了列维－斯特劳斯过分理性的结构主义方法。而且，如果中国宇宙观是世界范围内所有社会之中"最普遍的范例"，那么中国材料所呈现的这种具象的、时空的、仪式的和节奏性的全景，比起列维－斯特劳斯更喜欢的抽象的、笛卡尔式的二元模型，可以提供更丰富、更有成效的角度，来阐释那些在诸多文化的宇宙观、神话和仪式中的对比类型。

　　这种可能性在《生食与熟食》——列维－斯特劳斯的不朽名著《神话学》（*Mythologiques*）的第一卷——的绪言已有暗示，他提出：音乐与神话一样，两者是"位于逻辑思想和美学感受"（logical thought and esthetic perception）之间的。换言之，这是在抽象逻辑与具象经验之间的中间道路。音乐与神话都是按照两种"律动"而运作，即在"生理"（visceral）和"文化"（cultural）这两种方式上运作：一方面，基于脑电波和器官节律的心理－生理的时间性运作；另一方面，随着不同文化而变化的叙述语言和音阶。通过音乐和神话的节奏，"（人类的）生理律动本应是稳定的，却在音乐的节奏之中得以加速、提前，甚至超越"（Lévi-Strauss，1964）。列维－斯特劳斯此处想要阐明的是，音乐如何同时成为两种节奏的紧张点和共鸣点：一种是自然的、具象的节律，另一种是表达抽象符号的逻辑体系的潜在节奏。列维－斯特劳斯研究神话结构学的灵感，来自他青少年时期对瓦格纳音乐的迷恋，但是他在脚注中补充道，"在承认这一父子般的继承的同时，如果忽略其他人的恩惠会让我们陷入忘恩负义的内疚：首先要感谢的就是马塞尔·葛兰言的作品，他的著述闪耀着灿烂的智慧光辉"（Lévi-Strauss，1964：23）。

再回到葛兰言对中国宇宙观的音乐维度的分析，他研究的根本对象并非音乐或者神话本身，而是仪式——结合了音乐和神话的仪式，而且事实上这是两者的表演矩阵（performative matrix）。比起单独的音符或书面的神话，仪式能够更全面地展现生态的、生物的、文化的和社会的节奏之间的相互作用。葛兰言关注仪式的重要性，并认为仪式是文化节奏模式的来源，此观点在列维－斯特劳斯的唯智主义和偏重文学的神话研究之外，提出了另一种选择。

结论：人类学中的中国

以葛兰言为代表的中国宗教社会学的涂尔干范式，对于英美社会学家而言是完全陌生的。葛兰言的遗产，主要在法国道教研究学派（Schipper，1986）和英国人类学中国宗教研究学派（Freedman，1975）中深受尊崇，但是即使在这些研究领域之中，也鲜有学者真正研读他的作品。在中国，他的学生杨堃是中国社会学和民族学学科的创始人之一（Yang，1939）；然而经过半个世纪，他的贡献也被大大地遗忘了（李孝迁，2010）。最近，在人类学家王铭铭的推动下，葛兰言对中华文明的历史社会学和人类学提供的真知灼见，才被再度称赞。①

的确，葛兰言今天仍是中国宗教、社会、文明研究的重要灵感源头。但只有当我们把葛兰言看作是纯粹意义上的社会学家和人类学家，他的汉学研究的价值才能被充分有效地发现。本文中展开了葛兰言与三代社会学理论——分别以涂尔干、莫斯、列维－斯特劳斯为代表——的对话，分析了葛兰言如何纠正他的导师对人类社会从本体上独立于身体和环境这一观点，也分析了葛兰言在莫斯之后如何推动节律、身体以及竞争交换理论的形成。借用一位评论家的话，葛兰言"简直是法国结构主义的主要源头"（Héran，1998：4），他的著作足以修正列维－斯特劳斯过于认知化（cognitive）和非历史的（ahistorical）论调。葛兰言的作品也是莫斯关于自我建构和身体技术理论的重要灵感来源。基于这些主题，若再参考布尔迪厄、福柯等学者的著述，我们有机会修正后结构主义、西方后马克思主义理论中对于异化、压迫等现象的过分强调。而在本文开头处提到，葛兰言已经深刻影响了德斯科拉的最新研究。若更细致地重读葛兰言，或许能帮助我们厘清德斯科拉所提出的不同本体论，是如何在复杂的历史与政治发展中诞生的。

葛兰言的著作吸取、结合，并且深刻影响了许多具有深远影响力的现代社会理论，与之产生共鸣，同时也纠正了这些理论的偏差。葛兰言对古代文献做出细致的社会学阐释，他对诸多问题提出了深刻的见解：包括性别、互惠、节律，以及人与环境的关系、社会和谐理想与现实冲突之间的关系、国家权力与地方社会之间的关系。总而言

---

① 参考以下文章：王铭铭，2010；Wang，2014；Xu & Ji，2018。

之，葛兰言及其作品可以与一共五代的社会学理论家发生关联，他们的故事可以从 20 世纪初一直讲到今天，跨越一个多世纪。在汉学研究领域以外，葛兰言在社会学和人类学中的伟大地位理应获得充分的承认。

从这一角度来看，关于中国与社会理论之间的关系问题，葛兰言到底教导了我们什么？我认为这并不是要建立一个"关于中国的中国理论"，或者建立一个"关于中国的人类学理论"——虽然葛兰言的研究可以这样被解读，但是这样解读便要冒着此研究方法当中隐含的精英主义的风险。我们应该把中国资料视为一个主要且非常有启迪意义的源头，并将之应用到人类社会的理论建构当中。这些见解可以通过与世界任何一个地区作比较，并将之应用、检验、加以完善。社会学和人类学的理论，正是建基于德国清教徒、亚马逊部落猎人、英国劳工或者萨摩亚少年等的研究，才可以逐步发展起来。葛兰言表明，中国不应该在这样的研究中处于边缘位置。他的研究也显示出，在上述介绍的法国学术传统中，中国材料早已进入社会理论各种脉络的DNA 中，这是有待激发的。

葛兰言曾写道："以其范围、时间长度、人数来看，中华文明是人类最强大的创造之一；没有其他（文明）比它具有更丰富的人类经验……人类只有了解各种成为人的方式，才能了解他自己。为此，他必须离开家去寻找自己"（Granet，1952）。据说，葛兰言曾对学生谈道："我并不在乎中国，我感兴趣的是人类"（Freedman，1975：29）。可惜的是，由于葛兰言本人在学术写作中甚少与非汉学的学者和理论家，或者与"对人类感兴趣"的学者交流，他的影响力被大大削弱和遮蔽了。在《中国思维》的一条备注里，葛兰言却强调自己不知道什么叫社会学理论，只知道探究事实，并否定自己是用社会学理论在解释中国的现实，反之亦然（Granet，1934：485）。这种腼腆是否能被研究中国文化、社会和宗教的新生代学者所克服呢？

参考文献

Bourdieu, Pierre 1979, *La Distinction*. Paris: Les Éditions de minuit. （中文版：布尔迪厄，皮埃尔，2015，《区分：判断力的社会批判》，刘晖译，北京：商务印书馆。）

Bourdieu, Pierre 1980, *Le Sens pratique*. Paris: Les Éditions de minuit. （中文版：布迪厄，皮埃尔，2012，《实践感》，蒋梓骅译，南京：译林出版社。）

De Groot, J.J.M. 2017, *The Religious System of China*. Leiden: Brill.

Descola, Philippe 2005, *Par-delà nature et culture*. Paris: Gallimard. （英文版：2013, *Beyond Nature and Culture*. Chicago: University of Chicago Press。）

Dumézil, Georges 1940, *Mitra-Varuna: Essai sur deux représentations indoeuropéennes de la souveraineté*. Paris: Presses Universitaires de France. （英文版：1988, *Mitra-Varuna: An Essay on Two Indo-European Representations of Sovereignty*. New York: Zone Books。）

Durkheim, Émile & Marcel Mauss 1903, "De Quelques Formes Primitives de Classification." *L'Année Sociologique* (*1901 – 1902*). （中文版：涂尔干，爱弥尔、马塞尔·莫斯，2012，《原始分类》，汲喆译，北京：商务印书馆。）

Durkheim, Émile 1912, *Les Formes élémentaires de la vie religieuse*. Paris: Presses Universitaires de France. （中文版：涂尔干，爱弥尔，2006，《宗教生活的基本形式》，渠东、汲喆译，上海：上海人民出版社。）

Foucault, Michel 1966, *Les Mots et les choses: Une archéologie des sciences humaines*. Paris: Gallimard. （中文版：福柯，米歇尔，2016，《词与物：人文科学的考古学》，莫伟民译，上海：上海三联书店。）

Foucault, Michel 1969, *L'Archéologie du savoir*. Paris: Gallimard. （中文版：福柯，米歇尔，2007，《知识考古学》，谢强、马月译，北京：生活·读书·新知三联书店。）

Foucault, Michel 1976, *Histoire de la sexualité: La Volonté de savoir*. Paris: Gallimard. （中文版：福柯，米歇尔，2016，《性经验史. 第1卷，认知的意

志》，佘碧平译，上海：上海人民出版社。)

Foucault, Michel 1984, *Histoire de la sexualité: Le Souci de soi*. Paris: Gallimard.
（中文版：福柯，米歇尔，2016，《性经验史. 第3卷，关注自我》，佘碧平译，上海：上海人民出版社。)

Freedman, Maurice 1975, "Marcel Granet, 1884—1940, Sociologist." In Marcel Granet, *The Religion of the Chinese People*. New York: Harper Torchbooks.

Goudineau, Yves 2004, "Lévi-Strauss, la Chine de Granet, l'Ombre de Durkheim: Retour aux sources de l'Analyse structurale de la parenté." In Michel Izard(éd.) , *Claude Lévi-Strauss*. Paris: Éditions de l'Herne.

Granet, Marcel 1919, *Fêtes et Chansons Anciennes de la Chine*, Paris: Ernest Leroux.
（中文版：葛兰言，2005，《古代中国的节庆与歌谣》，赵丙祥、张宏明译，桂林：广西师范大学出版社；2022，《中国古代的节庆与歌谣（新译本）》，赵丙祥译，北京：商务印书馆。)

Granet, Marcel 1926, *Danses et Légendes de la Chine Ancienne*. Paris: Félix Alcan.

Granet, Marcel 1934, *La Pensée Chinoise*. Paris: La Renaissance du Livre.

Granet, Marcel 1939, *Catégories matrimoniales et relations de proximité dans la Chine ancienne*. Paris: Félix Alcan.

Granet, Marcel 1952, *La Féodalité chinoise*. Oslo: H. Aschehoug.

Hall, David L. & Roger T. Ames 1995, *Anticipating China: Thinking through the Narratives of Chinese and Western Culture*. Albany: SUNY Press.

Héran, François 1998, "De Granet à Lévi-Strauss" *Social Anthropology* 6(1) .

Lévi-Strauss, Claude & Didier Eribon 1988, *De près et de loin*. Paris: Odile Jacob.
（英文版：1991, *Conversations with Claude Lévi-Strauss*. Chicago: University of Chicago Press。)

Lévi-Strauss, Claude 1949, *Les Structures élémentaires de la parenté*. Paris: Presses Universitaires de France. （英文版：1969, *The Elementary Structures of Kinship*. Boston: Beacon Press。)

Lévi-Strauss, Claude 1958, *Anthropologie structurale*. Paris: Plon. （中文版：列维－斯特劳斯，克劳德，1989，《结构人类学——巫术·宗教·艺术·神话》，

陆晓禾、黄锡光等译，北京：文化艺术出版社。）

Lévi-Strauss, Claude 1962, *Le Totémisme aujourd' hui*. Paris: Presses Universitaires de France. （中文版：列维－斯特劳斯，2012，《图腾制度》，渠敬东译，北京：商务印书馆。）

Lévi-Strauss, Claude 1964, *Le Cru et le cuit*. Paris: Plon. （中文版：列维－斯特劳斯，克洛德，2007，《神话学：生食和熟食》，周昌忠译，北京：中国人民大学出版社。）

Lévi-Strauss, Claude 1966, *The Savage Mind*. London: Weidenfeld & Nicolson. （法文版：1962, *La Pensée sauvage*. Paris: Plon。中文版：列维－斯特劳斯，克洛德，2006， 《野性的思维》，李幼蒸译，北京：中国人民大学出版社。）

Maspero, Henri 1919, "Granet: Fêtes et Chansons Anciennes de la Chine." *Bulletin de l'École Française d'Extrême-Orient* 19.

Mauss, Marcel 1905, "Essai sur les variations saisonnières des sociétés Eskimo." *L'Année Sociologique* (*1904—1905*). （中文版：莫斯，马塞尔，2008，《社会形态学：试论爱斯基摩社会的四季变化》，《人类学与社会学五讲》，林宗锦译，桂林：广西师范大学出版社。）

Mauss, Marcel 1925, "Essai sur le Don: Forme et raison de l'échange dans les sociétés archaïques." *L'Année Sociologique* (*1923—1924*). （中文版：莫斯，马塞尔，2005，《礼物：古式社会中交换的形式与理由》，汲喆译，上海：上海人民出版社。）

Mauss, Marcel 1936, "Les techniques du corps." *Journal de psychologie* 23(3-4). （中文版：莫斯，马塞尔，2008，《身体技术》，《人类学与社会学五讲》，林宗锦译，桂林：广西师范大学出版社。）

Mauss, Marcel 1938, "Une catégorie de l'esprit humain: La Notion de personne, celle de 'moi'." *The Journal of the Royal Anthropological Institute of Great Britain and Ireland* 68. （中文版：莫斯，马塞尔，2008，《人文思想的一个范畴：人的观念、"自我"的观念》，《人类学与社会学五讲》，林宗锦译，桂林：广西师范大学出版社。）

Needham, Joseph 1956, *Science and Civilization in China（II）: History of Scientific Thought*. Cambridge: Cambridge University Press.

Ortner, Sherry 1974, "Is Female to Male as Nature is to Culture?" In M.Z. Rosaldo and L. Lamphere（ed.）, *Woman, Culture, and Society*. Stanford, CA: Stanford University Press.

Palmer, David A. 2014, "Transnational Sacralizations: When Daoist Monks Meet Global Spiritual Tourists." *Ethnos* 79.

Puett, Michael 2001, *The Ambivalence of Creation: Debates Concerning Innovation and Artifice in Early China*. Stanford, CA: Stanford University Press.

Puett, Michael 2002, *To Become a God: Cosmology, Sacrifice, and Self-Divinization in Early China*. Cambridge, MA: Harvard University Asia Center.

Sanday, Peggy 1981, *Female Power and Male Dominance: On the Origins of Sexual Inequality*. Cambridge: Cambridge University Press.

Schipper, Kristofer 1986, "Comment on crée un lieu-saint local." *Etudes chinoises* 5（2）.

Strathern, Marilyn 1990, *The Gender of the Gift: Problems with Women and Problems with Society in Melanesia*. Cambridge, UK: Cambridge University Press.

Turner, Victor 1969, *The Ritual Process: Structure and Anti-Structure*. New York: Aldine Publishing Company.（中文版：特纳，维克多，2006，《仪式过程：结构与反结构》，黄剑波、柳博赟译，北京：中国人民大学出版社。）

Wang, Mingming 2014, *The West as the Other: A Genealogy of Chinese Occidentalism*. Hong Kong: The Chinese University Press of Hong Kong Press.

Xu, Lufeng & Zhe Ji 2018, "Pour une réévaluation de l'Histoire et de la civilisation: Les sources Françaises de l'Anthropologie chinoise." *cArgo: Revue internationale d'anthropologie culturelle et sociale* 7.

Yang, Kun 1939, "An Introduction to Granet's Sinology." *The Yenching Journal of Social Studies* 1(2).（中文版：杨堃，1943，《葛兰言研究导论（下篇）》，《社会科学季刊》）第 1 期。）

李孝迁，2010，《葛兰言在民国学界的反响》，《华东师范大学学报（哲学社会科学版）》第 4 期。

王铭铭，2010，《葛兰言（Marcel Granet）何故少有追随者?》，《民族学刊》第
　　1 期。

（作/译/校者单位：香港大学人文研究所与社会学系）

试论葛兰言中国研究的比较方法[*]

黄子逸　张亚辉

摘　要　作为中华文明的源头，中国先秦史具有根源性的重要地位，但其材料缺乏导致的判断困难，一直困扰历史学、考古学、人类学等学科。葛兰言的先秦中国研究中包含大量民族学的比较方法，他将中国的乡村社会与日耳曼人的村落共同体进行对比，寻找其社会节奏之间的相似性；以图腾社会的总体呈献（total presentation）类比平民家族之间的圣地仪式，以北美印第安人的夸富宴类比王宫中兄弟之间的竞争，探究封建王权的形成；在古代阿拉伯人的部落婚姻和封建贵族的婚姻之间进行类比，以婚姻联盟的角度诠释中国和华夏。葛兰言的研究虽然存在材料上的冒险，但这种尝试对弥补先秦史材料做出巨大贡献。本文试图论述葛兰言的比较策略，并澄清此方法论的重要意义。

关键词　人类学方法；政治发生学；社会节奏；夸富宴；契约与联盟

葛兰言是法国年鉴学派的第三代领导人，著名的人类学家、社会学家和汉学家。他的大多数著述围绕着古代中国文明，以不同于其同时代及过往汉学家、历史学的方法对《诗经》《左传》《春秋》等古籍经典进行解读。由于治学方法的特殊性，葛兰言得出的观点与既成

---

* 本文原载于《西北民族研究》2022 年第 1 期，略有改动。

的论述有所抵牾，因而葛兰言的学术曾引起巨大争议，也曾一度沉寂。当今人类学以及汉人研究已经具备大量新发掘的考古资料，对古典经籍的注解也已更加细密，在田野调查方面也涌现出数量众多的民族志，但是考古发掘出的材料以及中国先秦留存下的史料仍旧难以完整复原中华文明源头的社会政治形态。笔者认为重新回到葛兰言的理论和观点，尤其是继续借助其比较方法，可能对于理解中国先秦文明具有格外重要的意义。

葛兰言研究中国文明的时代，是西方借助人类学理解古典学的高峰和尾声；借助中国的案例，法国年鉴学派对于古典政治发生和文明诞生的理论产生更周严的思考。从西方人类学诞生至 20 世纪 20 年代，学科的一个主要学术旨趣即为理解西方自身的古典。当时的人类学家将原始社会同古希腊、古罗马加以对比，通过研究"原始"社会的"高级"宗教和复杂政治，以此理解西方自身古典文明的发生机制。法国社会学年鉴学派以进化论的眼光将原始社会分为三类，"首先，是从澳洲发现的纯粹图腾体系；其次，尽管图腾制度依然存在，却始终处于进化和变化之中，比如说转变成自然崇拜，在这里氏族也转变成了兄弟会；最后，是部落宗教"（涂尔干，2006：90）。在此意义上，莫斯的《礼物：古式社会中交换的形式与理由》（以下简称《礼物》）可以理解为社会形态进化的研究：图腾制度仍旧存在的社会如何朝向自然崇拜和部落宗教的发展，氏族社会如何朝向兄弟会以及更大规模的部落联盟政治形态演进。在莫斯的论述中，氏族社会以总体呈献和互惠为原则，通过"礼物"的方式，头人之间形成"头人联盟"，夸富宴是其中重要的结点（张亚辉，2017）。然而，莫斯没能进一步论述社会类型从头人联盟到王权政治、王国之间的进化连接，这具体表现在《礼物》中对古式社会和古典社会的分析是通过一个结论而非连贯性论证予以衔接的。通过分析《中国文明》① 系列论述可以

———————————

① 也译作《中国的文明》。

发现，葛兰言试图借助中国的材料，不仅寻找从"图腾社会"到"夸
富宴"的理论图景，并且论证神圣王权和复杂古典文明经过"夸富
宴"而诞生的猜想。本文试图浅析葛兰言的中国文明研究方法，阐释
其具体的比较和论述策略。葛兰言将北美印第安人、古代阿拉伯人和
日耳曼人的社会形态与中国先秦文明的各个不同时期和分层进行比
较，从婚姻联盟、声望竞争和社会节奏等维度剖析中国的古典学和先
秦材料。实际上，这是借鉴西方人类学处理其古典学材料的方式，对
中国文明的一次处理。因此，他将先秦中国呈现为贵族和平民二分的
社会；从平民社会周期性的圣地仪式中分析贵族的崛起，以及贵族的
婚姻联盟如何构成"华夏"。

一、前人对葛兰言的误解及澄清的尝试

　　葛兰言的论著大多诞生于1919—1929年，这些作品自问世以来一
直毁誉参半。葛兰言曾于1911年和1918年两次到访中国，之后的十
年是其治学的高峰时期。自1919年《古代中国的节庆与歌谣》出版
至1929年《中国文明》问世，葛兰言陆续发表《古代中国的媵妾制
度》①《古中国的跳舞与神秘故事》② 等著述。他的作品一经出版就引
起中国学界的关注，只是这些关注中充满了质疑的声音。其中极具代
表性的是地质学家丁文江，他认为葛兰言的研究从立论开始就存在错
误，即是否应该将《国风》当作青年男女农民之间的互相唱和就存在
很大的异议。其次，丁文江指出葛兰言的史料掌握不甚清晰，在训诂
方面错漏频出。另外，丁文江质疑葛兰言所描述的先秦中国状态，认
为其中充满难以证实的假设。此后虽然葛兰言的学生杨堃、李璜、王
静如等为其辩护，但是依循葛兰言方法的后来者甚少。伯希和、马伯

---

　　① 也译作《中国古代之媵制》。
　　② 也译作《古代中国的舞蹈与传说》。

乐等汉学家与葛兰言师出同门，都是法国著名汉学家沙畹的学生，但是葛兰言从那时起就没有在中国得到与他们相同的赞誉；直至 20 世纪 70 年代莫里斯·弗里德曼（2013）前往中国东南做研究再次强调葛兰言对于中国社会科学的意义时，这位年鉴学派第三代领袖在中国学界已沉寂了数十年。多篇回顾葛兰言思想的著作都从其生平、所处时代背景以及他的社会学方法等方面入手，探讨为何他的著作引来如此多的纠纷：桑兵（1999）、李孝迁（2010）、顾钧（2021）等从民国时期思想交锋的角度对相关文献钩稽爬梳，呈现出那一时期海外汉学与本土思想家对于中国历史重新理解之间的差别以及观念之间的碰撞；还原出当时除丁文江的批评以外，李安宅、许烺光、江绍原、郭沫若、郑师许等人围绕着葛兰言思想的论述。王铭铭（2010）分析了葛兰言在汉学、社会学均少有追随者的时代原因，如英美研究日占上风、葛兰言鲜少与中国学术界来往并且其性格中的倨傲一面都使得他不受当时国内学者的重视。赵丙祥（2008）和吴银玲（2011）则借助杨堃对葛兰言的回顾，梳理葛兰言的生平，探讨其研究方法，继续为葛兰言的学术发声。对于葛兰言所论述的"圣地"的分析（吴银玲，2012；尹鑫海，2016），人类学和汉学界都有过追溯法国年鉴学派分析方法的研究。不同的学者对《诗经》有不同的观点，将其加以比较的研究也相对较多（卢梦雅，2018），但是真正进入文本从关键性材料分析的文章却相对较少。许卢峰（2018，2019）的研究主要试图找到葛兰言的研究与周礼之间的关联，并尝试回到西方汉学和社会学的脉络予以解读。围绕着葛兰言从婚姻向政治发展的论述脉络，中国封建等级的政治发生问题（张原、刘永芳，2018）以及中国封建制度逐个发展阶段中政治和父子关系之间的联系（罗仕韶，2019），目前正得到相对充分的探讨。笔者也曾以婚姻联盟作为视角比较古代中国与古代阿拉伯，政治婚姻形态导致的文明形态差异（黄子逸、张亚辉，2018）。

事实上，20 世纪二三十年代是葛兰言治学的高峰时期，同时也是中国学者重新理解中国先秦历史的关键时期。葛兰言的研究径路迥异于其汉学同门，其研究目的也与当时中国学者的时代目标差异巨大，这些原因导致他受到大量的攻击。葛兰言虽然也在一定程度上依循汉学的路径，但是他早已超越当时传统汉学、考据学对问题的分析。那个时期的中国正面临巨大的民族危机，西学的传入让中国部分思想者尝试借鉴德国的民族主义径路。德意志浪漫主义思潮通过对自身语言、民歌等日耳曼民俗的重新理解以及发扬，成功塑造出一个强有力的德国民族（威尔森，2008）。如同在德国浪漫主义运动的推动之下，缪勒通过比较语言学理解印欧史诗与神话，当时国内以傅斯年和顾颉刚为代表的学者在综合新旧考据办法的情况下重新梳理中国先秦的史料，对葛兰言的批评主要集中在训诂与考据方法方面。

　　事实上，在缪勒的比较神话学方法失败之后，以年鉴学派为代表的人类学和民族学在处理古典文明早期材料时，更注重的并非训诂学和释经学的解释，而是从广泛的比较研究当中首先确定早期文明社会共通的总体特征，并认定一些关键因素一定适用于所有社会，只是具体呈现方式各有不同，其中社会节奏、贵族声望竞争、权力集中化及国家生成是最重要的三个方面。莫斯相信西方现代社会的法律、道德与经济等制度脱胎于与之类似的古代希腊、罗马、印度以及原始古式社会（莫斯，2019：111），"但不论是莫斯还是其他想在这两种社会之间建立起实质联系的人，都没有办法提供不论是史学的还是民族志的实际证据。这两种社会之间任何可以相互说明的可能，都来自于人类学和民族学的比较研究方法给予的合法性"（张亚辉，2020：174—175）。从原始社会和古式社会中寻找关键性因素与古典文明的神话史实之间形成关联，其重要性已经不亚于从古典文明这种被韦伯称为"西洋上古"的历史材料中反复钩沉。根据这些广泛比较研究的成果，对古典文献的再解读不再囿于语文学，而是强调语文学与社会学的结合。如果说前者更强调在能指及其意义变迁的历史中寻求解释，后者则更多注重在能指和所指关系的广泛比较中重构早期文本的社会学意涵。这并不是说葛兰言的所有冒险都是成功的，但至少单凭语言学、语言学方法对葛兰言提出挑战，亦有不合理之处。实际上，重新引入语文学之前，首先应考察其比较方法的合理性和对中国研究的启发，在本文看来这是更直接地深入葛兰言民族学思想的关键所在。

从李璜的回忆中可以看出葛兰言这种带有强烈的莫斯主义民族学色彩的比较方法。李璜在法国求学时常与葛兰言闲谈散步，他们都热衷于讲传说和神秘故事，"我们所谭的大半是古中国的神秘故事和古希腊神话的比较：我谭一个古中国的神秘故事，克拉勒（即葛兰言）先生或麦斯讬同学必定举一个古希腊神话来附会其说"（李璜，1933：2）。葛兰言十分关注中国古史中的夸富宴，将其与"中国封建王朝的起源"联系在一起。他研究的起点是"家族组织而又兼政治组织的图腾社会"（李璜，1933：21）。图腾社会中，权力并不掌握在任何人手中，而是要经过夸富宴的阶段，"但是这个首领制忽然产生出来，政权由非个人的到了个人的，这样大的一个政治社会的变迁，我们不可不毕知其环境一步一步所给与他的可能性。这里，据近今社会学家考察，有四种现象是应该为我们所注意的：（一）从游牧的图腾部落变成农业的地方部落的时候，同时所有权的转移便渐渐成为相续权，因此权力便易随着男系化与地方化，而集中于一家以至一人。（二）在这种权力尚未集中而待集中于一家一人的时候，不免发生竞争，于是新生一种奇特的契约行为，来解决这个竞争的纠纷：这就是'波尔打吃'（Poltatch）之所由发生。（就是我们在前面略述过的争霸权的幼稚方法……）（三）从这个争霸的方式，而首领渐渐分出阶级，于是封建的形势渐成。（四）在真正成为封建政治以前，由'波尔打吃'的结果，各部落中便发生一种特殊阶级，社会学家称之为'秘密神社'（Confrerie），这种秘密集合渐次扩大，握着政权，成为贵族政治，以渐次的变成封建的王朝"（李璜，1933：22—23）。葛兰言十分注重法国社会学年鉴学派通过民族志材料所梳理出的原始社会的社会形态学进化方式。他将中国的材料置入这一框架之中，以对比的视角分析中国的"图腾社会""夸富宴""秘密会社"以及封建王权的兴起。近年来对葛兰言的辩护和讨论已经越来越重视葛兰言的治学方法，但大多没有注意其民族志材料的比较层面。结合杨堃和李璜所提到的葛兰言的材料，尤其是民族志材料，本文试图结合前人为葛兰言辩护的思路，回到葛兰言所使用的神话、史料、古籍、民族志材料，论述葛兰言的比较视野，以期更清晰地展现葛兰言的民族学比较方法。

二、中国古代的节庆与日耳曼人社会节奏

葛兰言（2005）以《诗经》作为主要的文本研究中国古代的婚姻习俗，试图构建先秦中国的社会节奏框架。通过《诗经》中的情歌，葛兰言还原了先秦平民的婚姻方式和年度周期性"圣地仪式"。在葛兰言看来，《国风》中可以归纳出中国古代的春季和秋季两次重要的仪式，这种仪式的道德主义解释都是中国古典学者的涂抹。在葛兰言的构想中，先秦中国的社会状态是由节庆时间和世俗时间两个部分构成的。在世俗时间当中，各个家族封闭性地生活在自己的房子周围，此段时间中社会生活的主要内容是男耕女织，各个家族互相之间并不来往。然而，待到以春季和秋季节庆为首的神圣时间，互不来往的家族则要打破封闭性，前往高山或河流等被称为"圣地"的区域举行仪式。春季仪式主要以青年男女的订婚仪式作为主题，来自不同家族的男女青年会汇聚到圣地，采花以互赠、临河唱歌、涉水跳舞、游戏竞赛，最后订下婚约。秋季仪式则是成婚之前的一场家族性团结，为了庆祝丰收，也为了家族之间团结的关系。不同的家族再次来到圣地，他们相约共同参加飨宴，分享食物酒肉，也做好完成婚约的准备。

葛兰言从《诗经》的歌谣中提炼出早期中国的社会节奏，这种方法承接法国社会学年鉴学派的传统。从涂尔干、莫斯等众多研究中，

我们可以发现他们对社会节奏的关注，其中最为汉语学界熟知的是涂尔干对神圣和世俗的二分。涂尔干特别关注澳大利亚阿兰达人的"因提丘玛"仪式，其目的在于将澳洲的社会分为神圣时间和世俗时间两个部分。"我们已知的任何宗教，也就是说任何社会，都把时间划分成两个不同的部分，这两种生活依据各自民族和文明的规则相互交替"（涂尔干，2011：422）。在莫斯对爱斯基摩人的论述中，他也主要分析这一人群的季节和社会形态之间的关系。爱斯基摩人把一年分成夏季和冬季两个季节：人们在夏季分散居住在各自的小屋中，每家每户划着自家的渔船捕猎，过着小家户的经济生活；人们在冬季则共同住在冰屋——大房子中，共同分享财产并在一起过集体性和仪式性的生活。

关注社会节奏是法国社会学年鉴学派的传统，这与此学派所处的日耳曼社会有密切的联系。在中世纪末期，天主教大教会崩溃，由封建武士贵族所主导的政治形态也在思想变革、社会革命中受到冲击而瓦解。那时，日耳曼社会出现一个亟待解决的问题：在走出神学对思想的束缚、大教会对国家的支撑逐渐瓦解的阶段之后，英法等国家如何摆脱严重的个体主义危机。这一时期的法国社会学年鉴学派主张思考"重塑公民宗教"，日耳曼人的公有制精神和共同体状态成为研究的重心。日耳曼人的底层社会长期以共同体的方式对司法裁判、耕作放牧予以规范和限制，而共同体就是以年度周期的方式运转。公有制精神并不由大教会主导，而是由平民的共同体形态决定。日耳曼人的家宅附近总会留有一片耕地，他们将自己的家宅以及附近的一片耕地称为"耕作公社"，而除此之外的大片沼泽、森林等荒地被称为"公共公社"，为整个共同体所共同（梅因，2016：53）。共同体的耕地在每个年度周期都会被重新收归公有，然后再次分配。法国社会学年鉴学派，尤其是莫斯，试图从日耳曼民俗中探寻并找回被其称为"礼物精神"的法权状态。这种社会周期性的改变是世界各个地区常见的社会组织方式，其实质是社会中两种不同的宗教状态、产权状态、习俗法律等发挥作用的结果，或可称为"法的二重性"（刘明月，2021：92—103）。社会节奏在不同社会的表现形式各有不同，其重要性也各不一样，即使在印欧人内部也展现为古罗马的时间辩证法、古印度的瓦尔纳制度等不同的面向（赵珽健，2020）。

时序和历法是所有社会运转重要的依据，葛兰言从社会节奏的角度找到中国和世界的可比性。自中国传说中的三代圣王始，历法对于社会就具有主导性的意义。《尚书·尧典》中尧命羲和四子分赴东、南、西、北四方，各司春、夏、秋、冬四时。尧划定四时、四方、四岳的功绩并非仅是对自然和环境形成了认知，其奠定的时间和空间是宇宙观层面的范畴，是指导社会运转的集体意识。日耳曼人的社会节奏对于西方学者来说显而易见，可以从弗雷泽的《金枝》、歌德的《浮士德》中看到。弗雷泽通过欧洲民俗的整体梳理，总结出日耳曼人"把一年划分为春夏秋冬四季之前，曾经是根据陆地生活条件把一年分为夏至、冬至两大季节的"（弗雷泽，2006：591）。在仲夏前后发生的篝火节中，青年男女要跳过篝火，人们认为青年人在火上跳过可以实现粮食丰产，相信跳过火堆的人来年就会结婚（弗雷泽，2006：584—586）；在万圣节、中东篝火节，人们相信"整个欧洲都似乎是古时亡人魂魄一年一度回老家探视的时刻。亡魂回得家来烤烤火，暖和暖和身子，在厨房或客厅里享受亲人为他们准备的美好饭菜，使他们得到安慰"（弗雷泽，2006：592）。这种欧洲农村的节日状态在歌德的巨著中也反复出现，如浮士德与魔鬼靡菲斯特见面的复活节场景（歌德，1959：41—58）。在16世纪初，这种社会节奏依旧被日耳曼的习惯法所保持，直到宗教改革将其视为异教之前仍旧是一幅"金色的往昔图"（林赛，1992：86）。这种欧洲农村的社会节奏被葛兰言借鉴用于先秦中国农村的研究——他把青年男女的春季仪式作为先秦汉人社会的核心问题，在此基础上进行理论推演。

葛兰言并非是要表明中国社会的特殊性，而是试图澄清人类社会的共通性。葛兰言没有发现早期中国在公私产权上的社会结构，但仍旧可以从婚姻的角度去构想早期中国社会的政治和联盟。他试图将中国春季和秋季的仪式抽象成可与日耳曼人对比的社会节奏，并以此为起点，将秋季仪式、王宫宴饮中所展现的声望竞争、封建荣耀与北美洲的夸富宴仪式作对比，从这一角度去探讨中国封建社会的形成。

三、中国的山川圣地仪式和图腾社会的总体呈献

在描述中国平民的婚姻时，葛兰言（2012：168、191）明确将其与规范婚姻社会的狭义交换形式相比较。图腾社会的相互性普遍见之于澳洲和美洲，斯宾塞和吉伦、涂尔干、摩尔根（L. H. Morgan）、博厄斯等古典时代的人类学家对于图腾制度的研究都十分深入。葛兰言将图腾看作思考社会的起点，这样的方法建立在社会形态比较的基础之上，在葛兰言所处的时代十分普遍。这种"将图腾看作思考社会的起点"的方法建立在社会形态比较的基础之上，将中国纳入比较的范围内也是社会学年鉴学派惯常的做法。《原始分类》中即产生了对中国阴阳、五行等观念的思考；在涂尔干和莫斯（2000）的尝试之中，他们就将中国与印第安祖尼人之间的分类观念进行对比。葛兰言将中国平民状态设想为由两个社会单位共同构建而成，就如同北美洲图腾社会中两个不同氏族之间必须形成外婚制。古代中国的图腾制度极为模糊，但是氏族制度高度发达，因此葛兰言便更加注重圣地与外婚制及社会节奏的关联性。

两个家族之间的互相交换关系就像在圣地相会时的站位，他们分立于河的两侧或者山的两边，而这样的站位就成为阴阳观念最初的原型。在春秋季的仪式，两个家族会站在圣地中不同的方位相互对歌，互相之间会将自己完全呈献给另外一方。葛兰言（Granet, 1920）推测，最初的婚姻形式应该是双方家族交换所有的青年男性，这种整体

男女之间的交换类似于夏威夷的"普那路亚婚"。中国先秦的平民社会是一个由周期性打破自身封闭状态，形成对外联姻从而形成联盟的状态。中国平民的婚姻是一种结盟行为，婚姻从来不是简单指向繁衍的生育行为，更重要的是通过婚姻能够实现对于血缘群体封闭性的突破。

中国古代的秋季仪式会生发出等级关系和声望贵族的概念。根据中国古典经籍的还原，他指出秋季仪式是以两个家族重聚于圣地从而实现社会团结为目标的活动。如同上文所述，葛兰言以日耳曼的社会节奏进行类比，以"八蜡"为原型的秋季仪式被其类比为日耳曼人的仲冬。秋季仪式被认为标志着一年的终结，在生产周期结束后，社会要进行"全面性的报恩节"。所谓"全面报恩"，一方面指的是向天地、祖先、五祀、神农、禽兽、水土、草木进行的全面性祭祀；另一方面是指一个地域内那些在狩猎和收获方面积累财富的家族之间形成的对称性交换。向万物的报恩以放肆狂欢、大吃大喝的形式将一年中所获得的财富交还给天地中所有的施与者，让他们像人类的各个家族进入封闭性一样，休养生息，蓄积力量。一个区域内各个家族之间的报恩则存在着对声望的追求，他们拿着武器和旗帜跳舞，相互比拼射箭的精准与饮酒的豪迈程度，"竞争给了他们展示各自能力的机会；他们根据各自的地位排列座次，根据自己的财力多寡来施舍。施舍是地位的尺度；谁若只为私利蓄财，谁就会失去威信"（葛兰言，2005：158—159）。

葛兰言将中国农村的秋季仪式与西北美洲海岸生活的冬日宴饮进行对比，发现其中都包含对于物产施与者的报恩，只是两者所形成的声望有所差异。莫斯将西伯利亚东北部和阿拉斯加爱斯基摩人冬季财富消耗称为"送给人的礼物与送给诸神的礼物"（莫斯，2014：190）。在西北美洲海岸的印第安社会中，冬季宴会伴随着向自然的报恩和礼物馈赠。在冬日宴饮中，"人们一下子就把整个群体一年中杀掉的所有海洋动物的膀胱都扔到海里。它们被认为拥有的动物灵魂会重新化身为母海豹与母海象"（莫斯，2014：474）。这是一种献祭式的破坏，其目的是更新与诸神、自然、亡灵的契约。礼物馈赠不仅仅影响到自然，莫斯更关注礼物馈赠当中的声望层面。在夸扣特尔、钦西安、特林吉特和奇尔卡特等印第安社会，冬季生活处在接连不断的欢腾状态之中，伴随着财富的交换和挥霍，夸富宴反复举行。冬日宴饮是氏族首领之间建立或者维持联盟的重要场合，氏族首领将属于自己图腾的珍贵物品奉献给对方以表示两个图腾群体之间的联盟关系。其次，夸富宴中双方不仅要完成契约，更重要的是还要互相之间过量给予。一方不仅要将食物、膏油、铜器、贵重的毛毯等好不容易累积起来的物品赠送给对方，还要打碎铜器、烧毁毛毯，并将这些东西丢到海里以示炫耀。通过这样的方式建立起的联盟就会存在等级差异。

虽然中国的秋季仪式与西北海岸的冬日宴饮都具有通过相互给予订立社会盟约的意涵，但是前者属于非竞争性的互相呈献，而后者则是竞技性的夸富宴。在葛兰言的预设中，参加秋季仪式的各个家族打破自己的封闭性，将一年的收获施舍给别的家族；在相互给予中，社会团结得以完成。这些更具施与能力的家族竞争的是依据声望而获得的座次，而并非互相之间等级的压制。根据礼物的原则，收礼者必须还礼，而偿付不起的人就会陷入还债的压力之中。在西北海岸印第安人中，社会等级尚未建立又恰恰处于正在试图建立政治的阶段，因此他们在冬季以夸富宴的方式进行礼物交换。

在中国古代的秋季仪式中，最初通过对称性的宴饮和总体呈献浮现出的是两个家族轮流主导的局面。两个在秋季宴饮中结为联盟的家族会形成更高的声望，他们互为给妻者与娶妻者，轮流占据圣地，形成地望。他们二者分别承载基于地和天、阴和阳的道德，形成"昭穆制度"的雏形。平民社会的秋季仪式虽然看上去类似夸富宴，但其实质却不具有形成等级的权力，在史料中八蜡节里所呈现的由声望竞争形成的等级是封建贵族系统发达之后的社会形态。

四、封建王权的形成与北美夸富宴

先秦中国平民的秋季仪式中，两个结盟的家族之间会在圣地形成姻亲关系，他们之间的关系被表述为昭穆制度。中国的材料中多有将"舅"和"岳父"，"姑"和"岳母"等同的惯例，如《礼记·檀弓下》中"妇人不饰，不敢见舅姑"。葛兰言以此推测曾经存在一个时期，两个家族之间交换女性，以至于一个男子的妻子实则是母亲兄弟之女。两个家族将一年所累积的财富在这个仪式中呈献给对方，这带来的结果是在互相馈赠的过程中形成轮流主导的状态。昭穆制度一方面表现两个家族之间周期性对称的主导作用，同时奠定二者所结合成的盟约的高等级地位。《周礼·春官》载，"辨庙祧之昭穆"；《礼记·祭统》载，"夫祭有昭穆，昭穆者，所以别父子、远近、长幼、亲疏之序而无乱也"。当今普遍的观点认为昭穆制度是周礼中重要的宗庙制度之一，其对宗庙、墓葬、神主牌位等次序的安排，也指一个家族中的不同辈分。在宗庙中以"昭居左，穆居右"的方式安排受祭者的位置，这实则是原初时期两个互为婚姻家族祭祀形态的演变。葛兰言认为昭穆制度将不同代的长辈分为两组，其原因在于早期中国家族如同图腾社会以母系作为继嗣单位。这种制度使得联盟被分为两个祭祀的部分，一名男性不能直接祭祀自己的父亲，而只能借助自己的妻子才能合理祭祀。

中国古史和神话中的圣王传说以及禅让制度使这种以图腾外婚制展开的假设更加可信。《尚书》《史记》等经史著作记载了王位继承的"德行和禅让"，这在葛兰言看来蕴含了两个家族之间交替执政的痕迹。在三代圣王的传说中，王位继承人必然是一个有着伟大功绩的圣贤之人；当其盛名传入君主耳中，他就会举行盛大仪式"禅"，将王位禅予这位有德之人，而后者则会展现出"让"，对王位极为谦卑。

中国的道学家往往强调圣王不以王位传给亲子，而传给贤德之人，这一禅一让之间展现出两代王权的崇高品德。在葛兰言看来，先王的"慷慨"、继位者的"贤德"，这些道德层面的解释并非关键，应该重视的是亲属制度发生政治性演变从而形成的双主导世系，禅让是这种轮流主导政治之亲属制度的内在要求。

在平民的秋季仪式中，两个具有姻亲关系的结盟家族会在圣地形成总体呈献，两个家族在这个仪式中将一年所积累的财富呈献给对方。这一联盟向后发展，带来的结果是君主和宰辅之间既相互竞争，又相互合作。当承载天德的家族长去世后，他的外甥，也就是此前承地之德的家族长的儿子，成为主导者，双方轮流执政，其中表现出阴阳的变化。《尚书》中尧舜之间的禅让被涂抹上美德政治的样貌，而《竹书纪年》中则记载了"舜囚尧""启杀益""大甲杀伊尹"等政治纷争的凶相。从道德主义的角度来看，似乎这两种记录中间存在张力，竹书的记载将禅让制消解；但从两个家族轮流执政的角度看，舜放逐丹朱只是轮流制的普遍模式，即先代君主的儿子会在权力变更的过程中被放逐郊野，于郊外的圣地祭祀中献祭。周礼中的昭穆制度要求将神主牌以左昭右穆的方式排布，这就是这种姻亲竞争在制度中的遗存。

在这种支配关系尚未完全固定之前，姻亲的竞争每年都会上演，其结果是姻亲之间周期性地形成声望上的压制；而在支配关系固定下来之后，姻亲家族中的一方永久性地压倒另一方，从而独占对圣地的祭祀权力，同时也就成为贵族。被贵族所垄断的圣地仪式不再是男女两性的祭祀，后者只在中国的农村继续保留。与此相反，城居的贵族将自己家族的男性世袭与圣地的神圣性建立起关联，祭祀变为由男性所主导的仪式。在这种由男性家族所主导的仪式之后，家族的政治性逐渐超过其亲属制度的成分。葛兰言认为男性兄弟之间的舞蹈竞争最后会促使法权向氏族中的单一男性集中。

与平民的秋季仪式相对，王宫的冬季宴会实则是兄弟在竞争中逐渐积累权力的过程。在王室冬日的仪式中，兄弟之间会竞赛饮酒、射术和跳舞。在竞赛中取胜的人，不仅表明其在以上这些活动中能力超群，并且被认为掌握了某种与"天"和"阳性"相关的神秘价值。《史记·封禅书》："禹收九牧之金，铸九鼎。皆尝亨鬺上帝鬼神。遭圣则兴，鼎迁于夏商。周德衰，宋之社亡，鼎乃沦没，伏而不见。"根据古已有之的看法，大禹所造的九鼎被当作华夏王权的象征；在葛兰言看来，类似大禹铸鼎的能力表征着掌握火的技术，而火则与太阳相关；"禹步"是一种能够止息降雨和洪水的舞蹈，展演禹步的舞蹈控制洪水，因而也被认为具有影响"天"的政治巫术。纣王堆积食物、囤积美酒，营造的"酒池肉林"是王权最好的证明，丰足的食物是王的生命力，极高的酒量被认为是王的气度。后羿射日的神话是一个普遍的王权神话，试图去攫取天子的各个部落首领都要表现出对"天"的垄断，而这种垄断则以"射日"隐喻。《史记·殷本纪》："帝武乙无道，为偶人，谓之天神。……为革囊，盛血，卬而射之，命曰'射天'。武乙猎于河渭之间，暴雷，武乙震死"。将象征"天"的酒囊用弓箭射穿，象征王征服了"天"，对于王来说，这是加冕礼（葛兰言，2012：211）。这些王的仪式在民间也存在着对应，冬日的"长夜之饮"中投壶、射箭，也是以敲击壶罐发出雷鸣般的响声，以此引起象征"阳性"开始兴起，在冬春之间、阴阳之间的转换。王宫中的兄弟之争是同一逻辑的产物，只是兄弟之间争夺的是政治巫术，以及掌握神秘技术才能获得的声望和权力。这种兄弟相争的结果被固定之后，嫡子和其他兄弟之间的关系就不再由单纯的亲属关系所决定，而是变成宗教、等级和政治关系。

　　当封建政治建立之后，夸富宴的逻辑逐渐淡化，但仍旧可以在王权衰落的阶段被观察到。周公制礼确立之后，西周的国家政治以确定的典章制度运转。但当周公所制定的政治原则失去作用，各路诸侯又会依据夸富宴的逻辑展开声望竞争。在周人的观念中，他们能够击败殷商而成就周朝，原因在于"天命靡常，惟德是亲"。周人认为商人酗酒、纵欲、不恤民力等行为已经表现出其失"德"，不再符合天命，而自己要肩负起上天赋予的道德责任，履行天子的义务。周人以封建制度将姬姓、姜姓王室亲属分封于关键地点，又通过婚姻将其他的贵族纳入甥舅、姑侄等关系中——"封建亲戚，以藩屏周"。到春秋战国时期，周王权无法控制封建诸侯之国，后者则不断试图通过会盟僭越天下共主的身份。

春秋时期，封建诸王试图超越西周王权的办法依旧是在声望和道德的逻辑上实现前者对于后者的超越，而非实利主义政治的运转。《史记·齐太公世家》中记载，齐桓公在帮助燕国抵抗山戎侵略之后，燕国国君亲自陪同齐桓公跨境返回故土。桓公曰："非天子，诸侯相送不出境，吾不可以无礼于燕"；因而，他将燕国国君所跨过的土地划给燕国，以表示对于周礼的遵循。结合"北杏会盟""鄄地会盟""葵丘之盟"等盟约，葛兰言认为齐桓公表面遵循周所建立的华夏联盟，实际则以夸富宴的方式扩大自己的政治影响。"齐桓公将土地奉送便是为自己博得声望的交换品，这就是封建宗法时代的原则之一。看上去齐国似乎将自己的一小块土地给了燕国，事实上，齐国让燕国成了自己的附属采邑"（葛兰言，2012：237）。笔者认为葵丘之盟看上去是在订立更为合理的婚姻联盟，但即使如此也是对于周礼的僭越。晋国因违背华夏不与蛮夷通婚的原则而变得壮大，这首先是破坏盟约的表现；随后他试图染指宋国，更加暴露自己的野心。晋国国君试图在自己所建立的盟约之中，将自己树立为宗教上不可越过的核心，他试图让作为殷商王族后代的宋国国君也臣服于自己。据《左传·襄公十年》记载，在面对晋国的无礼之时，宋襄公主动要为晋国表演"桑林之舞"，这一本属于天子才有资格观赏的先秦圣仪。晋国国君在观看中途，意识到自己无力承受（"晋侯惧而退"）。在葛兰言看来，宋国也是在以夸富宴的方式抵抗晋国违背礼制的无礼行为。直到前638年，宋襄公与楚郑交战，他仍旧以竞争声望为优先考虑——让楚国顺利渡河排兵布阵之后，与之"公平交战"。然而当历史的经典注释者开始公然嘲讽遵守春秋大义的宋襄公，这实非宋襄公愚蠢，而是"马基雅维利式"政治取代了夸富宴的逻辑。

葛兰言在分析先秦中国从平民到贵族联盟发展时，其策略与莫斯在《礼物》中从萨摩亚人、毛利人到西北美洲印第安人的分析路径基本相似，但是葛兰言延伸了这种方法。莫斯在分析西北美洲海岸的夸富宴以及此处形成的"秘密会社"之后，对古式社会的形态给出初步结论（莫斯，2019：109），继而开始具体探讨罗马人、日耳曼人和印度人的交换和契约形式。莫斯没有再从"总体呈献体系的延伸"这一角度将印欧人串入进化论的脉络。然而葛兰言则以中国的史料首尾一贯地分析了中国的政治发生。葛兰言在分析中国封建贵族社会时，以莫斯分析"礼物"的逻辑，引入夸富宴的视角，比较中国和北美两种社会。在葛兰言的分析中，中国的封建制度在夸富宴的运行机制上演进，单一男性氏族取得对女性的优势，天子从兄弟关系当中突显出来。葛兰言从人类学经典的婚姻、家庭角度演绎中国封建社会的发展，这是对莫斯仅仅依靠社会类型学无法在原始社会和印欧的古式社会之间建立联系的超越。

五、阿拉伯人的兄弟关系和华夏婚姻联盟

葛兰言对于中国先秦史中妻姐妹婚（媵妾制）的讨论，一方面展现出他对莫斯的礼物联盟理论使用的纯熟，另一方面也可以表现出他对于从婚姻联盟到国家发生，这一民族学、人类学理论的探索。葛兰言将中国贵族的婚姻联盟与罗伯森·史密斯（Smith，1885）古代阿拉伯人的婚姻制度进行对比，从而形成对于中国文明与贵族婚姻联盟关系的比较。

通过春秋三传以及《史记》中史料的再分析，葛兰言（Granet，1920）将先秦中国逐渐形成的"华夏"设想为一个婚姻联盟。在葛兰

言的分析中，从山川圣地所形成的"圣地"被当地望族占据之后，该望族会试图将这种声望优势逐渐稳定化，并且垄断对于圣地的祭祀。在葛兰言看来，形成优势声望的家族会逐渐贵族化，垄断圣地仪式之后，又将圣地的神圣性赋予依圣地而建之城；建城之后圣地的神圣性就会被家族的家庙或社神所垄断。在这一过程中，贵族会不断抹去平民圣地崇拜的种种痕迹，并且通过书写将这自身重新改革的仪式和节庆记录下来。这一部分的史料在传统中国的学问家手中被大肆涂抹而面目全非，但是葛兰言试图通过贵族的婚姻去寻找探秘的线索。

在葛兰言看来，中国的案例不仅是礼物理论的注脚，而且是扩大理论解释力度的一种独特的文明形态。在贵族依据平民的山川圣地形成国家之后，这一山川圣地又成为贵族用以构建婚姻联盟的社会单位。各个依据山川作为圣地的国家之间会发生通婚，这种通婚方式起初也依据平民在圣地的阴阳交换原则，但是很快则形成一套封建制度。在婚姻联盟所形成的国家雏形中，王权是按照"昭穆制度"运行，王权会在形成联盟的两个家族之间轮流运行，这也符合殷商时期的圣王的解释方式。然而当一方永久性地压倒另一方之后，婚姻不再是两个家族之间的"总体呈献"，而变成国家之间建立维系联盟的"礼物"交换。由于男性在封建原则当中被确立起法权上的至高性，因此婚姻从群婚的状态转变为一夫多妻制的状态。一国会将自己多个女儿嫁给另一个国家的君主，因为国君的身份是确定的，嫁与他人只会逾越礼制和等级下沉，因此封建中国不再是群婚的状态。通过媵妾的方式，诸侯表现出自身对于联盟的维系，同时也试图以此保持联盟的稳固。在国家和国家之间不断的联姻关系中，"华夏"的概念得以出现，整个华夏因而被葛兰言假设为一个婚姻联盟。

葛兰言对中国的媵妾制的假设是在类比世界多范围的多偶婚之后提出，其尤为注重的对比对象是盛行一妻多夫制的古代阿拉伯人。古代阿拉伯社会中的权力以兄终弟及的方式继嗣；而在婚姻上，一个男人会收继其兄弟的妻子，形成实际上的一妻多夫制。史密斯假设阿拉伯地区最初也应是群婚制，他通过对原始人的图腾制度和圣地概念的类比解析阿拉伯的政治状态，一妻多夫制与早期阿拉伯地区部落联盟状态的形成有着密不可分的关系。他认为早期阿拉伯人的社会按照母系来运转，父系氏族为了确立自身，试图将孩子的关系与自身拉近，而在这个过程中他们采取的方式则为占据拥有法权的妇女从而获得子嗣及权力。由于兄弟之间的关系并没有实现进一步的分化，因而这种联盟的维系最终采取对具有法权的女人以兄终弟及的方式运转。

实际上，史密斯关于阿拉伯人和闪米特人的研究中接受了麦克伦南所认定的婚姻与政治诞生之间相互关联的判断。麦克伦南（McLennan，1970）首先区分上下层婚姻的差异，上层和下层的婚姻差异是政治从社会中分化的标志之一。其次，他仔细研究群婚制向一妻多夫制发展变化过程中蕴含的社会政治变化，并将其与国家建立的关系连接起来（毛雪彦、张亚辉，2015）。古代阿拉伯人的婚姻形态存在从群婚向部落共享妻子方向的发展，而葛兰言将中国的形态和古代阿拉伯的状况视作走出群婚制的两个发展方向。通过一夫多妻制婚姻发展和婚姻联盟的假设，葛兰言再次将中国拉入可比较的框架范围之内，中国的政治发生被还原为民族学问题。

余　论

人类文明诞生之初遗留的材料总是十分稀少，即使存在也往往是难以理解的神话和传说。对于任何文明的上古历史，考古学可以提供大量的材料，但是这对于完整还原政治发生的形态并不总是能起到决定性的作用，而这个时候社会科学往往需要一些假猜。这些假猜中最为著名和成功的尝试是法国和苏格兰启蒙运动中诞生的"自然法理论"。卢梭、霍布斯等人在"假设人类存在之应然状态"的基础之上，提出人的自然权利以及现代国家的奠基性理论。以自由、平等为核心的自然法运动不仅掀起了长达半个世纪的解放运动，改变了封建传统，开启了欧洲的现代化进程；伴随着全球化，这些思想成为当今几乎所有现代民族国家的制度基石。但是这种构想并不完美，例如其将现代国家的制度奠基于无历史的玄想所导致的一系列现代性的矛盾与弊病（国曦今，2019：173—174），以空想构建国家起源所造成的系列误解（Graeber & Wengrow，2021），当今世界许多问题的根源仍须回溯到自然权利系列理论本身所具有的矛盾之中。

德国浪漫主义思潮是对于自然法理论及其影响下的法国大革命的第一个反作用，在此思潮之下的社会科学比较方法日益完善和成熟。这一思潮的总体方向是通过对日耳曼语言、童话、民间故事以及史诗的重新理解和发扬成功地塑造出德国民族精神。缪勒是这一方向中杰出的探索者，他通过比较语言学理解印欧史诗与神话，试图重新寻找到"实然的"原始印欧共同体，而非"应然的"人类自然状态。缪勒希望从神话文本入手，在语言及其意义变迁的历史当中寻找新的解释，这一方法论并未完全成功。法国年鉴学派在吸取其经验教训后，开始注重在语文学、神话学和民族志经验之间进行复杂的比较，通过这种广泛比较发现人类社会有历史和经验基础而非玄想的普遍性关键因素。

法国社会学年鉴学派在莫斯主持的时期已经发生民族学转向，葛兰言的比较方法是莫斯方法的顺延。杨堃在对葛兰言方法论的回顾中已经指出，"葛兰言对于比较法之使用，虽说如此谨慎，但亦不能不用。不过在他看来，最精密的比较法，是在一种文化领域之内，将一种制度之发展的各阶段，拿来互相比较。这样的比较，或可称作历史比较法"（杨堃，1997：122）。葛兰言将中国古代划分为"原始时代""封建时代"和"帝国时代"，这种断代方式从所谓"原始"到"封建"的划分看似武断，似乎是其个人创举，然而实际是在莫斯的社会类型学意义上的推演。莫斯在《礼物》及《人文思想的一个范畴：人的观念、"自我"的观念》等文章中，都将可以囊括的民族学材料放置在一起进行比较。旁征博引并不是材料的罗列，而是人类学、民族学的学科方法。莫斯将波利尼西亚、美拉尼西亚、北美的民族志材料与古罗马、古印度和古代日耳曼人留下的历史文献进行比较，试图从物的交换、法权与国家的角度建立社会进化的序列，探索古代印欧人文明的起源。莫斯的尝试使得独特的西方古典文明与世界各民族，甚至整个人类文化之间建立可比较性成为可能。但是莫斯在古罗马的论述部分遇到不可克服的困难——古代罗马的城邦政治并不是由夸富宴所形成的国家，而是罗慕路斯通过抢婚而构建出的政治联盟。虽然在元老会的构成逻辑上，可以看到从北美到欧洲古典时代的某种理论上的连续类型，但罗马和希腊在最初的国家型构上过于依赖卡里斯玛型英雄的冲击力，古典学家和人类学家努力在前文明社会和文明社会之间建立的各种连续性叙事最终几乎都以失败告终。其中关键的原因在于，法国年鉴学派的逻辑为胞族间的关系而非英雄的出现才是理解国家政治的基础，因此中国早期文化中王权与昭穆制度的关系就成为最直接有效的材料。这一理论难题至今没有彻底解决，但葛兰言的探索无疑将问题向前推进了一大步。葛兰言此举固然创造性地帮助法国社会学年鉴学派的理论予以突破，但事实上从中国乡村的总体呈献向贵族的夸富宴的发展应该具有更为复杂的逻辑，张亚辉（2020）已通过古典学材料、民族志材料以及古代罗马法、日耳曼法的钩稽爬梳澄清交换的主体不应该以生产者为起点。

　　中国的史前史研究一直面临着一个根本性的困难，即几乎没有任何材料可以提示国家形成之前的部落社会组织状况，在这一点上，甚至考古学能够提供的有效支持也不多。中国的神话和诗学时代留存的材料遗失较多，从民国时代开始，中外学者都在努力通过只言片语重建王朝国家之前的政治制度，并依此对中国文明的基本特征予以解释。在这些人当中，葛兰言的比较研究策略无疑最为全面，他没有去寻求诸如图腾、氏族、部落等在中国无法确证的史前制度，而是将文献中可考的部分通过概念的延展直接与北美、日耳曼和阿拉伯的民族学材料进行比较，从而最大程度上重构从史前社会到王权社会的发展机制与脉络。中国的情况与欧洲古典社会不同，反而更加接近日耳曼社会，即政治体系的形成一开始就是封建制的，通过将地望、母系家族与社会节奏结合，葛兰言确定了昭穆制度与封建制度的社会学基础，这一解释直到今天仍很有启发性。在关于贵族婚姻制度的讨论上，葛兰言创造性地将麦克伦南的联姻理论用于解释中国的地望贵族如何联结成最初的华夏联盟，这为基于文化同质性的华夏研究提供了更为坚实的社会学基础。葛兰言所开创的将语文学与比较社会学相互结合的分析模式是 19 世纪欧洲古典学脉络在人类学中的自然延伸，他的系列作品也是第一次将这一方法用于印欧之外的古典文明研究，时至今日，在材料范围扩展有限的情况下，这一方法仍旧是我们认识中国文明早期状况的重要凭证。

葛兰言并未将中国当作一个注脚，反而将其视为一种独特的方法，作为整个世界民族对比中不可缺少的板块。"中国古代文明的稳定性是极高的，这一文明显示出某种超强的连续性。同样，从非常遥远的古代开始，中国国土（或者从某种程度上说，中国国土的一部分）上有可能就存在了某种同质的共同体，它生生不息地繁衍"（葛兰言，2012：146）。从原始社会到封建时代的分析，葛兰言并未完全遵循莫斯对夸富宴的分析，而是巧妙地将阴阳二元对立的观念贯穿其分析的始终，并且以阴阳理论深化礼物理论。从圣地中生发出的阴阳概念在夸富宴阶段之后进一步发展为天和地之间的关系，君主和封臣之间的关系。在君主垄断圣地仪式之后，这个望族同时将这种神圣性赋予其家族，在此过程中阴阳之间就此产生等级性。从中国阴阳观念中生发出的结构和象征关系的研究影响了杜梅齐尔对印欧神话的分析（张原，2019），以及藏学家石泰安（Rolf A. Stein）对藏族文明的研究。列维－斯特劳斯也从葛兰言的分析中受益良多，他在这种中国的阴阳观念与希腊以及普遍存在于图腾社会的结构二元性之间找到关联，生发出一系列结构主义人类学理论。

传统中国史学在运用考据学细致分析中国史料的过程中，在以史料为政治服务的过程中，逐渐为历史抹去和涂上新的颜色；葛兰言的中国研究并非更加完美，确实存在着错漏，但是社会科学不应该忘却葛兰言的功绩。葛兰言所采用的方法虽然存在诸多冒险，得出的观点也存在瑕疵，但这种方法确实为存在部落史缺乏、酋邦史模糊不清等问题的早期中国史建立了一个具有普同性的比较基础。通过不断加深的比较方法得出的猜想和不断出土的考古挖掘所得到的材料的综合，古老中华文明可以更好地延伸历史轴线，增强历史信度，展现中华文明起源和历史脉络，展示中华文明对世界文明的重大贡献。

参考文献

Graeber, David & David Wengrow 2021, *The Dawn of Everything: A New History of Humanity*. New York: Farrar, Straus & Giroux.

Granet, Marcel 1920, *Sororal Polygyny and the Sororate in Feudal China*. John Reinecke(trans.).

McLennan, John F. 1970, *Primitive Marriage: The Early Sociology of the Family*. Chicago: The University of Chicago.

Smith, W. Robertson 1885, *Kinship and Marriage in Early Arabia*. Cambridge: Cambridge University Press.

弗雷泽，J. G.，2006，《金枝》，徐育新、张泽石、汪培基译，北京：新世界出版社。

弗里德曼，莫里斯，2013，《论中国宗教的社会学研究》，金泽、李华伟编《宗教社会学》第 1 辑，北京：社会科学文献出版社。

歌德，1959，《浮士德》，郭沫若译，北京：人民文学出版社。

葛兰言，2005，《古代中国的节庆与歌谣》，赵丙祥、张宏明译，桂林：广西师范大学出版社。

葛兰言，2012，《中国文明》，杨英译，北京：中国人民大学出版社。

顾钧，2021，《为葛兰言辩护》，《读书》第 7 期。

国曦今，2019，《人类学的自然法基础——弗雷泽对自然状态的阐释》，《社会学研究》第 2 期。

黄子逸、张亚辉，2018，《联盟与多偶婚：作为政治范畴的媵妾制与巴力婚》，《民族学刊》第 4 期。

李璜译述，1933，《古中国的跳舞与神秘故事》，上海：上海中华书局。

李孝迁，2010，《葛兰言在民国学界的反响》，《华东师范大学学报（哲学社会科学版）》第 4 期。

林赛，托马斯·马丁，1992，《宗教改革史》，孔祥民等译，北京：商务印书馆。

刘明月，2021，《法的二重性：年鉴派的社会节奏研究》，《青海民族研究》第 2 期。

卢梦雅，2018，《〈诗经〉中的时间——葛兰言的节日与历法研究》，《民俗研究》第 4 期。

罗仕韶，2019，《葛兰言的古代中国政治与父子关系研究》，《玉溪师范学院学报》第 2 期。

毛雪彦、张亚辉，2015，《麦克仑南论一妻多夫制》，《民族学刊》第 4 期。

梅因，2016，《东西方乡村社会》，刘莉译，北京：知识产权出版社。

莫斯，马塞尔，2014，《社会学与人类学》，佘碧平译，上海：上海译文出版社。

莫斯，马塞尔，2019，《礼物：古式社会中交换的形式与理由》，汲喆译，北京：商务印书馆。

桑兵，1999，《国学与汉学——近代中外学界交往录》，杭州：浙江人民出版社。

塔西佗，1985，《阿古利可拉传 日耳曼尼亚志》，马雍、傅正元译，北京：商务印书馆。

涂尔干，爱弥尔，2006，《乱伦禁忌及其起源》，汲喆等译，上海：上海人民出版社。

涂尔干，爱弥尔，2011，《宗教生活的基本形式》，渠东、汲喆译，北京：商务印书馆。

涂尔干，爱弥尔、马塞尔·莫斯，2000，《原始分类》，汲喆译，上海：上海人民出版社。

王铭铭，2010，《葛兰言（Marcel Granet）何故少有追随者?》，《民族学刊》第
　　1 期。

威尔森，Willian A.，2008，《赫尔德：民俗学与浪漫民族主义》，冯文开译，
　　《民族文学研究》第 3 期。

吴银玲，2011，《杨堃笔下的葛兰言——读〈葛兰言研究导论〉》，《西北民族
　　研究》第 1 期。

吴银玲，2012，《葛兰言的"圣地"概念》，《西北民族研究》第 2 期

许卢峰，2018，《在"封建"与"家国"之间——葛兰言的周代媵妾制研究》，
　　《民族学刊》第 4 期。

许卢峰，2019，《周代婚礼中礼物的流动——法国汉学家葛兰言对中国婚俗的研
　　究》，《国际汉学》第 3 期。

杨堃，1997，《社会学与民俗学》，成都：四川民族出版社。

尹鑫海，2016，《葛兰言视野中的"圣地"与早期的中国宗教信仰》，《国际汉
　　学》第 2 期。

张亚辉，2017，《馈赠与联盟：莫斯的政治发生学研究》，《学术月刊》第 8 期。

张亚辉，2020，《道德之债：莫斯对印欧人礼物的研究》，《社会》第 3 期。

张原，2019，《从三重功能到二元联盟：杜梅齐尔印欧文明研究中的政治发生学
　　思考》，《社会》第 1 期。

张原、刘永芳，2018，《攘争与让予中的德行——葛兰言的中国封建等级制发生
　　学研究》，《西北民族研究》第 3 期。

赵丙祥，2008，《曾经沧海难为水——重读杨堃〈葛兰言研究导论〉》，《中国
　　农业大学学报（社会科学版）》第 3 期。

赵珽健，2020，《等级辩证法与国家理论——杜梅齐尔的政治人类学思想研
　　究》，《社会学研究》第 5 期。

（作者单位：中央民族大学少数民族研究中心、少数民族事业发
展协同创新中心）

昭穆制度争议与许烺光父子轴的发现

毛若涵

摘　要　亲属制度研究一直是人类学和社会学的重要研究课题之一。本文聚焦于许烺光的重要文献 "Concerning the Question of Matrimonial Categories and Kinship Relationship in Ancient China"。该文献中许烺光对葛兰言的婚级理论进行了深入研究和理论批判，通过重新诠释古代中国祖先崇拜中的昭穆制度，提出自己对于亲属制度研究的重要见解，其中呈现的对父子二元关系组的关注也成为许烺光后来的优位亲属轴（dominant kinship dyad）理论的基础。本文通过亲属关系称谓、昭穆制度和其他相关资料的讨论，对双方核心争议进行进一步分析，探析昭穆制度与亲属关系制度的内在联系，以及从中折射出的二位人类学家的问题意识。

关键词　葛兰言；许烺光；亲属制度；昭穆制度

许烺光是 20 世纪美籍华裔人类学家，曾担任第 62 届美国人类学学会主席。他致力于美国、中国、日本等多个大型文明社会的比较分析，在心理人类学领域具有独特贡献和重要地位。

许烺光的研究起步于婚姻、家庭与亲属制度，笔者在梳理其早期文献时发现一篇不能忽视的重要文献——1940 年发表在《天下月刊》上题为 "Concerning the Question of Matrimonial Categories and Kinship Relationship in Ancient China" 的文献，这是一篇对葛兰言著作

Catégories matrimoniales et relations de proximité dans la Chine ancienne 的评述文章。撰写本文时，许烺光正处于学术生涯一个重要的转折点，即刚刚通过了博士论文（*The Functioning of a North China Family*），回到云南大理喜洲华中大学任教。同时期内，他正在写作 *Under the Ancestors' Shadow*（《祖荫下》）——一部重要的中国亲属制度研究著作，聚焦于"乱伦禁忌""亲属称谓"等人类学问题。

这篇文献不仅在他的研究路径中占据着重要位置，为 *Under the Ancestors' Shadow* 的写作提供了丰富理论材料，成为优位亲属轴分析模式的研究起点；还对列维－斯特劳斯的结构人类学著作 *Les Structures élémentaires de la parenté*（《亲属关系的基本结构》）产生了巨大影响。这部亲属制度研究著作的诸多观点受葛兰言启发颇深，也参考了许烺光这篇重要文献。

葛兰言虽在法国学界有重要地位，但在英语世界和中国国内却反响平平，国内外对许烺光的这篇文章也缺乏关注。作为中国社会学史上最早且直接影响了西方核心理论的重要文献之一，它所具有的理论价值值得深入挖掘。因此，本研究将以精读分析该文献为起点，以文献法为主要研究方法，试图探究亲属制度研究问题，解读葛兰言、许烺光两位人类学家在此议题上的分歧点与核心差异。

国内对葛兰言缺乏关注，近年来较少有相关文献研究。王铭铭在《葛兰言（Marcel Granet）何故少有追随者?》（2010）一文中对葛兰言未受到应有重视的原因进行了分析。他认为，葛兰言未受到主流英美学界关注的原因，在于他所研究的"中国古代社会"与当时以原始社会为"他者"的人类学研究相差较大，宗树人认为他大部分作品过于技术性且"汉学太深"，以至于没有专攻中国的学者无法接触到它（Palmer，2019）。而在中国，葛兰言以文献为主要手段、以秦汉之前的社会为研究对象的方法，与社会学建立初期以社区研究与实地调查为方法，致力于现实主义的研究的路径并不一致，这导致了葛兰言遭受冷落。

在对国内研究做梳理的时候，笔者发现自葛兰言的作品问世至今，与其相关的研究都非常少。相对而言，最有影响力的可能是他的弟子杨堃先生所写的《葛兰言研究导论》。近年来有学者重读该文并写作论文（赵丙祥，2008；吴银玲，2011），介绍葛兰言的社会学方法。葛兰言不同于史学研究的地方在于，他擅长从广泛的历史中攫取社会事实，寻找其间的联系，但不太看重古籍的出版年代，他所关注的是一种所谓"社会学的年代"。然而，这部分文献多停留在杨堃文本的层面，对于葛兰言的理论深入研究和批判内容寥寥。

近年来部分学者开始了对于葛兰言婚姻制度的研究，但基本上只关注他《中国古代的节庆与歌谣》《古代中国的媵妾制度》这两篇博士论文，重点在于以"媵妾制""婚姻联盟"为重要因素，古代中国如何从平等同质的地域共同体发展到封建等级制国家的理论研究（黄子逸、张亚辉，2018；许卢峰，2018；张原、刘永芳，2018）。

罗仕韶（2019）以古代政治与父子关系为视角，探讨中国古代政治形态与父子关系的嬗变，"轮流执政、父系王权确立、分封宗法制度、帝国时期"四个政治阶段相对应的是"父子相对、父子继替、儿子作为封臣、亲属情感确立"的不同父子关系阶段。其重点仍然在于政治形态的演变过程，且主要以葛兰言的《中国文明》为参考资料。

由此可见，国内对葛兰言的研究较少，且几乎没有学者注意到许烺光的这篇文献。基于两位人类学家的重要地位以及该文献对结构人类学理论的重要贡献，本文将以文献法作为主要研究方法，探讨他们亲属制度研究的理论争议和核心差异。

一、古代中国婚级与亲属关系

（一）葛兰言的婚级理论

在文献"Concerning the Question of Matrimonial Categories and Kinship Relationship in Ancient China"中，许烺光首先对葛兰言著作的主要论点进行归纳与评议。他指出，葛兰言的这部著作主要聚焦于中国古代的婚级与亲属制度研究，作为他关于中国的宇宙观理论体系的重要环节，这部分研究对他理解中国古代社会具有关键性的意义。

葛兰言的研究重点在中国古代先秦时期，鉴于正式史料文献记载的缺乏，葛兰言"攀爬"大量古代文献，综合文献资料中的神话典故、亲属称谓、祖先崇拜中的昭穆制度与丧葬义务等社会事实，通过追溯先秦时期甚至更远古时代的婚姻制度与亲属关系，建构了不同的婚级模型，形成了对于古代中国婚级演变的假说。

葛兰言探讨的"婚级"是西方人类学史中的一个重要概念，也被称为婚级、级别、姻族（classes）等。早在1877年，摩尔根在《古代社会》就参考了大量澳大利亚部落的"婚级制"人类学材料，提出氏族由"婚级制"发展而来。澳洲的级别婚姻制度引起了许多社会学家和人类学家的关注，涂尔干的《乱伦禁忌及其起源》、拉德克里夫－布朗的《图腾的社会学理论》等人类学著作都以此为材料做过介绍和分析。葛兰言认为，中国古代的婚级"至少在数量上"类似于澳大利亚部落的婚级制体系，在成为自由的婚姻联盟之前，中国古代存在早期的四类别体系阶段和八类别体系的过渡期。

葛兰言最为直接的关注点，同时也是本文的核心争论点，在于中国古代祖先崇拜中的昭穆制度。昭穆制度是一种周代贵族在宗庙建制中所遵循的安排，祖父与孙子在祭祀祖先的牌位中位居同列，父亲与儿子位于同行，由世代推移依次放置。葛兰言将之简化为标准的图示（见图1），认为昭穆制度所具有的特征暗示着一种行使母系继嗣交表婚的八个婚级的社会体系，这种社会体系存在于两氏族间唯一的双向交换婚姻联盟与后来父系社会组织下自由的婚姻设置之间的某段过渡时期。

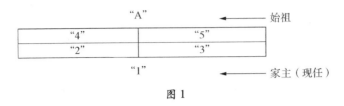

图 1

葛兰言推断中国古代两种婚姻的存在，一种是双边交表婚，另一种是母系交表婚（即男子只娶舅父之女，不会娶姑母之女），且前一种婚姻先于后一种产生并过渡到后者。根据昭穆制度和其他论据产生的假说是，古老中国的社会制度以两个异族群体互惠联盟为基础，根据平代、外婚的双重原则交换女子，形成唯一且稳定的双向交换婚姻联盟，与通婚原则对应的是四级婚姻制度。该系统中的所有交表亲都是双边的，婚姻制度建立在双侧交表婚基础上。借助于亲属称谓的证据，他所提出的过渡制度假说以"男子仅与母亲兄弟的女儿结婚"为通婚特征，兄弟和姐妹分别进入两个不同家族，原先的两个半族一分为二，从而形成八分体系。

（二）过渡趋势：地域共同体到父系等级制原则

葛兰言发现古代丧服义务存在两种不同模式，内部祖孙圈具有明确的等级制原则，而外部高祖父到玄孙的圈子中，大共同体原则更为显著。葛兰言得出"男系等级原则被强加在大共同体的古老原则之上"的结论（Hsu，1940：245），原有的大共同体以世代原则为主，后来的父系家庭则更加重视世系原则。

最为古老的地域共同体建立在对同一片土地的依恋和男女分居基础之上，实行两群体双向交换的"直接互惠"的婚姻制度，两个群体结成长期稳定的唯一婚姻联盟，其结果将会是"一种建立在连续世代和两性对立中的平衡制度"（Hsu，1940：247），以达到稳定的社会秩序与凝聚性。春秋战国时期发生了深刻的历史变革，媵妾制（诸侯同时娶同一家族的两代女子）彻底打破旧有的严格以平代为婚的平衡秩序，随着父权制权力的发展，男系社会组织占据主要地位，动摇了两个外婚部分隔代之间的基本平衡，古老的共同体团结被破坏。婚姻制度由两个婚姻联盟间严格的双向交换逐渐向完全自由选择的婚姻联盟转变。

用来佐证这种过渡变化的另一个证据是母亲给人名，父亲给人姓的古老传统。葛兰言称，平代义务和外婚制义务是维护婚姻联盟唯一性和不变性的重要规则，古代以周期性地循环使用四个名字，同时表示个人所属世代与家庭以确定婚姻。如今体制下的姓氏规则取代了婚姻联盟，原本的关系由世代、年龄和性别确定，而现在由内部亲属的隶属性形成。

亲属称谓在早期四类别制度（两合婚姻氏族制）的存在性论证中起到了作用。他将中国古代的亲属称谓分为单字称谓和双字称谓两类：双字称谓往往由两个单字称谓组成，表示非同代的亲属关系。而单字称谓，如"父""母""舅""姑"（对应于"儿""女""甥""姪"），则是基本关系。同一称谓同时表示两个连续世代的亲属关系和婚姻联盟关系，内外部亲属则通过不同称谓加以区分。葛兰言称，"舅"既指代母亲的兄弟，又指配偶的父亲，这一事实足以证明他所假定的特定婚姻制度——"内婚制的共同体分为两个外婚部分，为了区分两个连续的世代，每个部分又将自己分为两个子部分"（Hsu，1940：249）。

（三）特定过渡阶段的婚级

过渡时期的婚姻联盟不再限于两个群体的固定双向交换，由于姐妹和兄弟与外婚的不同子部分（每个外婚部分分成两个类别）结婚，产生双倍于原有形式的新体系。该体系中四个子部分之间产生单向妇女循环，即 A 向 B 提供妇女，B 向 C 提供，C 向 D 提供，D 向 A 提供，每个子部分结成两个婚姻联盟。以女子的流动为中介，每个世系有"婚"和"姻"两种姻亲家庭，"婚"指妻子的提供方，"姻"是接受方。亲属称谓同时在这里起作用，在四类别系统中的"舅"

"甥"称谓指两代的男性姻亲，而在单向的八分体系中则会区分两种不同的姻亲。"舅"不仅适用于母亲的兄弟、妻子的父亲，而且适用于妻子的兄弟（"婚"）。在这个体系中女子始终是螺旋或无限循环的，因此称呼关系也可以预先确定。譬如，自己儿子的妻子会由妻子的兄弟提供，因而妻子的兄弟也被提前视为儿媳的父亲，被称为"舅"。同样，"甥"除了指姐妹的儿子、女儿的丈夫，还可以用来指代姐妹的丈夫（"姻"），他们已被提前视为父亲的女婿。这种称谓方式暗合于一种新的体系，即将内婚制群体划分为两个外婚配偶部分，每个部分又细分为两个小部分，婚姻的双向联盟向单向联盟转变，但仍然受外婚制与平行世代的基本原则支配。

葛兰言的基本证据仍然是昭穆制度与丧葬义务。依照昭穆制度的祖庙设置，诸侯祖庙只供奉始祖和四代先祖，高祖父以上的祖先都将被移出单独的祖庙而变得毫无差别，连续几代人的对立、祖孙之间的区别似乎都暗示着一种"四进制"的模式，是双倍于原先分类的新体系。葛兰言认为，只有在"男子与母亲兄弟的女儿结婚；女子嫁给父亲姐妹的儿子"的特定交表婚制度下，"父子对立、祖孙区别、高祖父与玄孙的同一性"的特征才能被合理解释。共同体成员被分为八类，在不同姓氏、同代成员之间进行的婚姻保证系统的长期稳定运行。

（四）葛兰言的理论问题与许烺光的批判

以祖先崇拜的礼节规制、亲属称谓为主要依据，葛兰言提出了关于古代中国亲属关系与婚级的基本假设。许烺光在文献中几乎完全否认了葛兰言的理论观点，并以新的方式解读祖先崇拜中的昭穆制度。

许烺光质疑的首要问题是历史资料运用的疏漏。他指出葛兰言选择性地取用材料，常常只选取与自己观点相合的材料，而直接忽视与之相悖的观点或资料。例如，为证明"父子对立"，与其论点相悖的"父子关系亲密"的相关神话资料从未被提及，如舜的弟弟帮助父亲对付舜，以及禹、黄帝都将王位传给子孙的神话（Hsu，1940：253）。对于昭穆制度中首要一行放置祖先的解释，许烺光指出有两种说法：一种说法认为其始终放置周代最早两位统治者，另一种说法则认为是第六代和第七代祖先。后一种解释无法支撑葛兰言的假说，但没有被他纳入视野中。综合许烺光的批判来看，葛兰言只能从昭穆制度中得到父子异类、祖孙同类的基本观点，但他的"四进制"推测假说延伸性质过强，缺乏有力证据支撑。许烺光还指出，为了证明中国古代存在母系继嗣，葛兰言坚称母性观念与土地相联系，土地的重要性足以说明母亲地位的重要性，因此之前的社会是母系的；但他并没有考虑到与此同时，父亲被比拟为"天"。通过这一比较，许烺光强调父亲的地位高于母亲，实质上这是父权制的地位体现。

其次，是许烺光提出的共时性问题。他反复指出，葛兰言推理模式的一大纰漏是"每当发现两组事实之间的表面相似性时，就坚称两者之间存在相同的本质"（Hsu，1940：264），特别是忽视历史时空中的时间顺序差异，不加区分地使用论据和资料。例如，葛兰言不加解释地以现存现象推断古代状况，用现代口语中使用"孙子"而非书面用语的单字"孙"，试图证明祖孙作为双字称谓，并非属于基本关系；但他没有考虑到口语中"儿子"同样作为双字称谓使用。他用"辈份字"说明中国古代早期所谓的姓名循环，同样也是混淆了现代用法和古代事实。

针对"八分体系"的论证，许烺光指出，"舅"用以指代妻子的兄弟这一用法最早出现于《新唐书》，距离《尔雅》的时代非常遥远。"姑"指代丈夫的姐妹也是后来的用法，在《尔雅》中称丈夫的姐妹为"女公""女妹"。许烺光指出，"葛兰言广泛地从不同时间维度获取他的资料，去证明一个本该在更早的时间维度上发生的现象存在"（Hsu，1940：358）。昭穆制度的记录出现在宗法制的周代，大量资料可以证明周代的家庭组织结构以男性为中心，如果葛兰言企图说明的转型体系出现在此之前，就不能直接以此说明更早时期的社会组织。

最后，许烺光还提出先入为主、强加因果的批判。葛兰言以丧服分级的圈层划分（内部根据世代与世系明确划分，而外圈是一种不区分世代或世系的同一性）企图说明父系原则前存在共同体原则。许烺光指出这一推断是不可靠的，是带着结论看现象而导致的。

笔者认为，除了对部分史实材料运用的指正之外，许烺光的质疑本质上源于方法论和研究取向的差异。例如，他以称谓用语和社会制度完全对应为标准，但亲属称谓的言语体系与社会组织结构的变更间存在"文化堕距"，亲属称谓用语的转变可能存在一定的滞后性。比如商代以"兄""弟"指示所有同世代亲属（包括直系与旁系、血亲与姻亲、男性与女性）的习惯，战国时也有使用，"弥子之妻与子路之妻，兄弟也"（《孟子·万章》）仍在"姐妹"的意义上使用"兄弟"一词；唐代诗词"洞房昨夜停红烛，待晓堂前拜舅姑"中用"舅姑"指代配偶父母。正如冯汉骥先生所说，"亲属名词之变演，为时甚缓，非一朝一夕之可能就，常须经过数十年或数百年之间也"（冯汉骥，1941：121）。现存的文献记载也会因记撰者个人、社会体制变化等多种原因产生某些程度的偏差，但不能直接否认从残存文化现象或材料中寻找过去社会体制方法的可行性，只是对研究者而言，需要更仔细的辨认。

亲属称谓的研究已经成为亲属制度研究中的重要材料，对于中国古代亲属称谓的研究和考证，在许烺光一文完成之后也有颇多发展。殷商之际，亲属称谓只区分性别、长幼，而不论亲疏或直旁关系，对父亲的兄弟都称"父"，对兄弟的儿子都称"子"，"母"则包括父亲及其兄弟的配偶、母亲的姐妹。黄国辉（2014）关于商周亲属称谓的比较研究指出，"祖、妣、父、母、子"是商周社会最常见的亲属称谓，基本含义相对稳定。周代出现诸如"姨"这样更细化的区分直旁的称谓，适应于血缘和亲属身份更明确的家族组织。亲属称谓由类易洛魁称谓制向类苏丹称谓制过渡。笔者认为许烺光所批判的共时性问题并不严重，"舅"指"妻子的兄弟"这一用法最早的出处并非许烺光所说的《新唐书》，《战国策·楚策四》中"李园不治国，王之舅也"就是这一用法，《战国策》所记述的年代及成书时间都与《尔雅》相距不大。

虽然笔者反驳了许烺光的部分例证，但这并不代表葛兰言理论完全成立，目前仍难以证明葛兰言的四类基本关系与其他关系间有显著差异，另外，称谓也不存在严格的对称性。在我国最早的辞书《尔雅·释亲》中有"父之姊妹为姑""母之晜弟为舅""妇称夫之父曰舅，称夫之母曰姑""妻之父为外舅，妻之母为外姑"的用法，可以确定至少在此之前"姑"就有父亲的姐妹、配偶（丈夫或妻子）的母亲的双重用法。同理，"舅"可指母亲的兄弟、配偶（丈夫或妻子）的父亲。"姑""舅"均用于尊一辈的亲属，与己身平辈的"丈夫的姐妹""妻子的兄弟"含义相对较晚才出现。而"甥"在《尔雅》中就有指称两代人的用法，《尔雅·释亲》同篇又言"谓我舅者，吾谓之甥"，与《释名》的解释"舅谓姊妹之子曰甥"相合，属于隔代间的亲属称谓；根据"姑之子为甥，舅之子为甥，妻之兄弟为甥，姊妹之夫为甥"（《尔雅·释亲》），还同时用于平辈间的称呼。

葛兰言通过多重假设和逻辑推演，逐步构建起完整的理论框架，其婚姻与亲属制度来源于逻辑上的必要性推断，而非基于历史事实的历史演变形式还原。由于他习惯从结果推测某种制度或体系，使用的论据之间缺乏强联系，因此推断本身不具有唯一性和必然性，无法排除其他方式导致相似现象的可能性。列维－斯特劳斯也指出这是一种"将意识形态操纵（ideological manipulation）与历史发展（historical development）的混淆"（Lévi-Strauss，1969：324），限制交换和广义交换改变的并非交换事物的数量本质，而仅仅是交换的方式。同理，葛兰言的两种婚级体系的互惠形式，属于两种基本模式，可能共存于同时期的不同地区或社会阶层，而不一定是一个历史过程中的两个阶段。

二、昭穆制度与亲属关系

（一）祖先崇拜中的昭穆制度的不同解读

许烺光和葛兰言最集中的分歧体现在昭穆制度上，二人对昭穆制度具体运作的不同理解反映了他们对于亲属制度的核心关注点的差异。

在葛兰言的理论解释中，昭穆制度的独有特征能够证明存在婚级数目变化的过渡时期。"昭穆制度表明了旧有的两个群体之间通过联姻形成的平衡原则，以及隔代间的团结，而非父系家庭的独立性"（Hsu，1940：247），由此来看，他并不只是指文献记载中，主要作为祖庙礼制的西周昭穆制度，而是将之视为更早时期的残留现象，源于血统继承由母系向父系转换的阶段特征。虽然宗族以父系家长继承制度组织和运行，而血缘仍然以母系分宗，两个家族在双向"直接交换"女性形成婚姻联盟的基础上，形成祖孙同系而父子相异的情况。男子与他的父亲不处于同一世系，所以只有通过娶舅舅的女儿，才能在夫妻共同进行的祭祀仪式中获得祭祀父亲和曾祖父的资格。

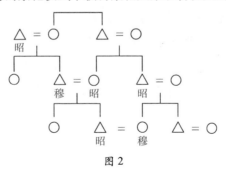

图 2

中国史对昭穆制度的研究，也存在过类似看法。吕思勉（2005：248—249）在《先秦史》中谈道："古有两姓世为昏姻者，如春秋时之齐、鲁是也。古虽禁同姓昏，而姑舅之子，相为昏姻者反盛，以此。社会学家言，又有所谓半部族昏者（Moieries），如以甲乙二姓，各再分为两部，甲为一、二，乙为三、四，一之昏也必于三，生子属第二部，其昏也必于四，生子属第一部，其昏也又必于三。如是，则祖孙为一家人，父子非一家人矣，古昭穆之分似由此。"李衡眉（1991：2）的《殷人昭穆制度试探》提出，"周人的昭穆制度当产生于由原始的两合氏族婚姻组织向地域性的两合氏族婚姻组织转变的过程中，其产生的直接原因是'男孩转入舅舅集团改变为转入父亲集团'而引起的"。

张光直（2002）在殷商历史研究中也提出过相似看法。他结合商代的日名制庙号，认为商代的统治阶层被区分为不同的祭仪群，同时也是政治单位和外婚单位。商王室可以分为两组：一组为甲、乙、戊、己；一组为丙、丁、壬，王位在两组之间交替传递。这一观点高度类似于葛兰言蛇形禅让制的假设——两大强劲政治势力的亲群交替执政（下文将继续阐述），但在葛兰言的演变框架内，这是父系王朝之前禅让制时期的政权交替模式。虽然部分学者提出了相关设想，但均缺乏足够明确的史料印证，张光直在提出乙丁制解释时，实际上也承认"已知的证据并不充分，且容易出现不同的解释"（张光直，2002：172），大多数猜想只能停留在争议性假说阶段。

许烺光从史实角度提出的质疑上文中已有提及，他同时提出，如果昭穆制度暗示着母系继嗣下的"父子对立"，它没有理由会在实行父系宗法制的周代维持如此之久。实际上，昭穆制度的具体运作会根据社会等级不同而有所调整，往往个人的地位身份越高，在祖先崇拜中能追溯到的祖先越远。祖先庙制的昭穆安排体现的是等级制原则在祭祀丧葬事务之中的作用，而非普遍性的"四进制"周期假说。

通过重新阐述昭穆制度，许烺光的亲属制度核心观点逐步清晰，即父子关系在中国古代整个亲属关系制度中的核心地位。许烺光指出，"父系社会的基石是这样一个事实：上一代人相对于下一代人必须处于权威地位。这种社会秩序的执行权落在男系父亲的肩膀上，他权力的直接对象是他的儿子"（Hsu，1940：361）。他提出将位于同行的一昭一穆视作一个单位，"昭"或"穆"不代表个人在亲属关系中所属类别，而仅仅表示父子之间的关系。为了证实这一设想，他进一步提出，由于"昭"意味着光线强、"穆"为光线弱，在同一行中，子应该居于"穆"位（同行中的右侧），父居于"昭"位（同行中的左侧），也符合左尊右卑的礼制。

　　按照许烺光的解释，个人的"昭""穆"不是固定的，一旦有新的祖先进入祖庙，先前所有被供奉的祖先都将按顺序挪动一个位置，使最新进入的祖先在"穆"位，同行的"昭"位是其父亲，从而始终保持着左昭右穆、左父右子的位置关系。许烺光将其视为昭穆制度所体现的父子关系格局。

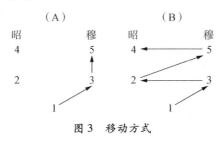

图 3　移动方式

　　笔者试图通过更多文献资料考证。首先，昭穆制度是一种适用于祭祀中庙位或神位的排列传统，引何休注言，"太祖东向，昭南向，穆北向，其余孙从王父，父曰昭，子曰穆"（《公羊传》）。家族宗庙的位次排列中，中间的太祖庙面向东面，左侧"昭"位祖庙面向南方，右侧"穆"位面向北方。如果"昭"和"穆"能被解释为光线的强弱（按照许烺光的说法），更可能是由于祖庙处于朝阳面或背光面。但笔者倾向于认为，"昭"和"穆"用于祖先崇拜的礼制之中，其含义更可能是表示后代子孙对祖先、长辈的敬仰之情，如"天子穆穆"（《礼记·曲礼》）、"于穆清庙"（《诗·周颂·清庙》）的用法，取"昭显穆敬"之意，"穆"表庄严、恭敬，"昭"表彰明、显著、美好。

另一方面，周代个人的"昭""穆"属性是固定，表示个人在宗族序列中的位置，不存在许烺光所说的为保持父子对应昭穆而每代调整的现象。周朝以后稷为始祖，自始祖之后，第一代为昭，第二代为穆，以此类推。《左传·僖公五年》曰："大伯、虞仲，大王之昭也。……虢仲、虢叔，王季之穆也……"指大伯、虞仲是大王的儿子，是昭辈；虢仲、虢叔是穆辈。《国语·晋语四》："康叔，文之昭也；唐叔，武之穆也。"指康叔是文王的下一辈，为"昭"；唐叔是武王的下一辈，称"穆"。可能由于资料缺乏，许烺光通过周昭公和周穆公的父子关系推测，试图说明父亲为"昭"，儿子为"穆"，然而谥号的昭、穆与昭穆制度所规定的次列无关，实际上周昭公在穆位，周穆王为昭位。许烺光以昭穆制度说明父子关系组的重要性并不具有足够的说服力，或者说，在昭穆制度中父子关系与其他关系相比不存在独特性地位。

（二）昭穆制度中亲属关系的进一步探析

由于直接可考的史料记载源于西周，殷商的研究大多需要甲骨文、金文的出土文献和其他实物、殷墟考古等资料，两位人类学家可用的材料非常有限。在之后的半个多世纪，中国的考古成就才逐步进入最快速的发展阶段，但迄今为止的史学研究，仍然缺乏足够翔实的资料来佐证他们的观点。同时，我们需要关注到，研究方法的分歧也是两位人类学家的亲属关系研究产生差异的重要原因。

许烺光在文章中并没有解释他对父权制之前的社会制度的看法，他所侧重论述的是宗法制社会下的父子权威关系，此前的亲属关系类型或此后的父子关系变化，都没有出现在该文献之中。由于我们无法采用许烺光"父子单位"的解读，如果我们不能厘清这层逻辑，仍然面临着祖孙同昭穆、父子相异的困惑。

首先，需要追溯中国古代宗法制度与昭穆制度的起点问题。考察商周之际的制度变迁，古今已有诸多学者提出过见解。王国维先生在

《殷商制度论》中指出，"周人制度之大异于商者：一曰立子立嫡之制，由是而生宗法及丧服之制，并由是而有封建子弟之制，君天子、臣诸侯之制。二曰庙数之制。三曰同姓不婚之制"；并强调，"商人无嫡庶之制，故不能有宗法"（王国维，2018：381、385），至西周时期始有宗法产生。根据这类看法，商周之别主要在于是否存在以嫡庶制为基础的宗法制，但也有学者指出商朝就有嫡庶之分的迹象。黄国辉（2014）指出商代祭祀、"家谱刻辞"上都会区分直旁系，相对更重视直系祖先，这似乎暗示商朝就有宗法的存在。宋朝理学家朱熹称，"夏商而上大概只是亲亲长长之意。到得周来则又添得许多贵贵底礼数。如'始封之君不臣诸父昆弟，封君之子不臣诸父而臣昆弟'。期之丧，天子诸侯绝，大夫降"（《朱子语类》）。宗法制并不一定是周朝所特有的，在此之前的社会组织和亲属关系演变中，就有类似的发展特征。

按照许烺光的说法，不能从周的父系社会组织制度中推测出商朝存在某一时期的婚级制度转变，如果昭穆制度是旧有母系继嗣遗留下的"父子对立"关系，那就不会在父系王朝延续如此之久。但据前文所述，商代亲属称谓已呈现一种脱胎于氏族组织时代，但未完全与宗族组织结构相适应的特征。

张富祥结合婚姻制度分析，"由日名制观察，商周宗法制度的主要区别其实不在于嫡庶制本身，而在于商人以内婚制与外婚制并行，并且王位继承严格控制在内婚范围之内；而周人则不曾实行系统的内婚制，故王位继承亦无内婚与外婚范畴的分别"（张富祥，2007：178）。商王室的王位传递在同为"子姓"的亲子中择取，日名制是内婚群体内区分母系血缘的象征。昭穆制度的某种迹象似乎暗示了血缘从以母系分宗到以父系分宗的转变，但商代的婚姻制度也与葛兰言精心设计的交换模型不相吻合，且没有任何其他可靠的文物或文献资料可以佐证婚级制的存在。葛兰言关于"四分体系"转变为"八分体系"的结论，始终缺乏有力的佐证（张富祥，2007）。

其次，昭穆制度与亲属关系结构是否存在直接的联系？许烺光否认了这一点，但并没有给出进一步的解释。虽然中国古代历史上很难找到婚级制度的其他迹象，但优先制的交表婚在当今部分地区的遗迹似乎提供了另一种建立亲属关系的可能手段。另一方面需要考虑到，以具体礼仪形式固化的制度尽管可能蕴含某种程度的社会习俗与文化特征，但仍然是经过规范化的政治性产物。"昭穆制度代表着一种已经受到等级制组织和宗教性仪式影响的制度"（Lévi-Strauss，1969：345），周代昭穆制度可能是随宗法制度要求而变更的结果，其又反向影响社会具体规则的运行。《礼记·祭统》有言，"夫祭有昭穆，昭穆者，所以别父子、远近、长幼、亲疏之序而无乱也"，表明昭穆制度不仅限于其自身在宗庙排列中的类别辨认，还被用于其他各类家族政治事务或礼仪场合中，辨明长幼、远近等更具体的亲属关系区别。

（三）昭穆制度与父子关系

许烺光和葛兰言的一大分歧，在于对中国古代母系继嗣是否存在的看法。葛兰言打破了一般亲属关系理论单边继嗣的概念，他的假设体制是在原始的母系二分法基础上叠加父系二分法而形成的婚级，按照"男子娶母亲兄弟的女儿；女子嫁给父亲姐妹的儿子"的固定单向循环婚姻规则，可以叠加形成八种不同类别。从父系部分来看相同的高祖父、曾祖父、祖父和父亲，从母系来看将各不相同。也就是说，以母系和父系二重性共同确定，父系一脉将规律性地在四代后出现完全相同的身份属性。

许烺光认为亲属关系中最重要的是"父子关系"，他必然无法认可葛兰言所提出的"母系继嗣"观念以及由此导致的"父子对立"现象。他认为中国古代占据主导地位的是父系原则和父权原则，男系原则不仅限于父子，还适用于父子一系的延续，保持家庭后代的和睦、堂兄弟间的团结，通过外婚制原则获得氏族间的助力，都是为了维系本男系一脉。

　　对葛兰言而言，周代祖庙排列的昭穆制度是一种仪式性的遗留，可以追溯到与上古轮流执政的政治状态相适应的亲属制度。以政治图景观之，则是一种与父系祖先传承观念相悖的模式——王和宰辅合作交替执政关系，王通过"禅让"把王位传给宰辅，新王再从旧王家族的低一辈成员中选择新的宰辅，从而形成两个家族稳定的隔代轮流执政。结合婚级与亲属制度，两个家族长期稳定地交换女性的形式，使得宰辅在亲属关系上是王的女婿，王位按照舅传甥的蛇形交替方式进行，父子中仅有一方会成为王位的继承者。在古代神话传说中，为了避免王位传递中出现差漏，尧放逐他的儿子丹朱，这似乎正是这种父子区隔对立状态的体现。《礼仪》中记载"孙可以为王父尸，子不可以为父尸"（《礼记·曲礼》），"尸必以孙"的仪式体现祖孙的亲近关系，可以解释祖孙同昭穆的类别区分。

　　许烺光称父子间的摩擦事例多主要是因为父子关系最为紧密、接触最频繁，因此摩擦的可能性和强度由此增大。他认为，在亲属关系中只有父子关系是最重要的一对关系，"除了父亲和长子受到的特别压力外，超出一定程度后，个人与亲属的联系单纯由于身体和社交距离的增加而更松散……即使在一个父系的组织中，个人对更远的亲戚也将承担更少的义务"（Hsu，1940：265）。他以此解释葛兰言推断的大共同体原则的残留。

　　实际上，两者的差异源于视角的不同，许烺光关注亲属关系的心理情感层面，葛兰言的"父子对立、祖孙亲密"论断则来自政治发生学，并非逻辑出发点，而是理论架构和结构体系的补充或佐证。父子对立的根源在于父亲属于其母系，儿子属于父亲的妻系，两者分属不同的母系，自然在政治上代表各自不同的世系。而由四分体系向八分体系转变的过程，也是父系权力逐步获取控制权，最终父系继嗣代替了母系继嗣的过程，这也将缓解这种对立。

　　葛兰言叙述整个演变过程时，不以公认的历史朝代标尺为分界，我们难以确定他想要证明的过渡期存在的历史时空。如果按照八分体系仅存在于母系向父系转变的一段特殊时期内，那么在父系原则广泛应用的过程中，二元执政模式走向一元，王位将由轮流执政变为单一父系家族长期执政。男系的父亲拥有了更大的支配权力，父系王朝确认、父子相继稳定传承，亲属关系则按照父系追祖溯宗。这与许烺光试图描述的"父子关系"相符，以宗法制影响下的延续性和权威性为主要特征。父系王权制确认了父死子继原则的合法性，父子关系开始由对立区隔走向亲密。葛兰言其他作品中有对宗法制时期父子间的权力关系的刻画，"父亲凌驾于儿子之上的权力……重新缔造了浑然不可分割的家族组织""在家族中，父亲对儿子的权力有点类似于军事权力，而且这种权力首先表现为对嫡长子的权力……儿子与其说是自己身体的主人，不如说是父亲的臣仆"（葛兰言，2012：354—355）。这种父权特征也导致了父子之间难以存在亲昵的情感关系，这主要受礼节和孝道的规制，直到封建制度和父权依附关系消失之后，血缘基础上的亲属关系才会成为父子关系的首要属性。

在这个角度上，两者并不矛盾，分歧在于所关注的时代不同，或者说，因为许烺光直接否认以周代礼制证明早期特征的论证方式的可行性，由同一社会事实出发的两人推导至不同的分析路径。

三、差异分析：亲属关系研究视角和问题意识

根据上述分析可见，两位人类学家在亲属关系研究的视角、方法上存在着明显差异，从中可知二人不同的问题意识。

葛兰言师从著名汉学家沙畹，运用语文学方法爬梳中国古代社会的经学文献。他是第一个系统研究中国先秦文献的社会学家，研究对象主要是他称为"封建时代"的西周、春秋时期。他将自然主义宇宙观、性别的阴阳调和、婚姻联盟与政治发生学都融合在对于中国封建时代的描绘与解释之中。除了甲骨文之外，现在发掘的大量出土文献

资料最早只能追溯到西周早期，距离夏朝还有一千多年，但葛兰言企图解释和构建更早期的人类社会。在亲属关系结构上，他根据古代神话、亲属称谓与祭祀制度折射出的行动中的亲属制度或意识上的亲属关系，勾画上古时期和封建时期所经历的婚姻交换体系的演变与分类框架的变化。

另一方面，葛兰言是社会学年鉴学派继涂尔干、莫斯之后的第三代传人，作为涂尔干的弟子，他在理论关注上承袭了涂尔干的社会整合理论；他与莫斯亦师亦友，可以从诸多作品中找到两人对于"交换"思想的相互影响。葛兰言入学时正值涂尔干和莫斯发表《原始分类》，这对他的研究思路和学术旨趣影响较大。他以此为框架研究中国社会的"基本形式"，通过揭示民间习俗与封建制度之间的差异、日常习俗与礼节规范的对比，探寻社会由简单到复杂过渡中，亲属关系结构与古代社会政治模式的共变过程。

葛兰言的关注点本质上是一种分类意识，即构建与神话体系相称且与政治演变相和谐的原始结构。他以传统类型学和形态学的角度理解亲属制度，认为根据性别、世代和血缘原则，所有个体在整个系统结构中占据着固定位置。葛兰言坚持认为，"在中国，个体之间的区分是次等的或根本不重要的，但个体所属类别的区分是一等重要的"（Hsu，1940：244）。他以总体性的眼光观察宗族内部结构的划分、不同阶段上婚姻制度的形式，认为个体可以被划分至特定的范畴，类别成为个体身份的象征和行动规范的准则，分类范畴概念比程度等级概念更为重要。列维-斯特劳斯从中受到启发，指出"中国的制度从数量概念发展到定性概念，从种类概念发展到程度概念"（Lévi-Strauss，1969：342）。

虽然找不到足够的证据支持葛兰言的理论，我们无法从客观存在的角度判断其合理性与真实性，但该设想的重要社会学价值毋庸置疑——对于结构人类学理论、中国古代亲属关系的研究都提供了灵感源泉。列维-斯特劳斯评价葛兰言"成功地提出了具有更大和更普遍意义的理论真理"（Lévi-Strauss，1969：312），利奇也认可"婚姻设置不是单方面的交易，而是交换的一部分"的概念价值（Leach，1951：35），葛兰言突出了从地方性共同体走向更大政体之际，婚级的关系结构在理想的仪式实践与集团竞争中的基本作用。

对于许烺光而言，如前文所说，该文创作于他研究早期和学术生涯关键期，为他的亲属制度研究提供了重要准备。此前，亲属制度研究领域主要以摩尔根、麦克伦南、拉德克里夫－布朗等人为主，而许烺光却将目光放在了葛兰言一篇并非主流的研究著作上，也正是在这部作品中，他意识到父子关系是中国家庭文化和亲属关系的关键问题，逐步转向了另一种亲属制度的研究视角。他在该文献中试图说明父子关系是中国家庭内部所有亲属关系中最为重要的部分，父对子具有绝对的权威，父子关系不仅限于二人关系，也体现在父系一脉的传承中，世系概念远远重要于世代或其他类别概念。一方面，父子之间存在权力不平等与摩擦，另一方面，延续父系一脉的要求又使得父子关系尤为亲密共荣。许烺光在文中反驳葛兰言的观点和论证，都旨在强调父子关系的独特张力，例如哀悼仪式中父子彼此之间属于第一等义务，只有在父亲去世或无行动能力时，这种关系才会延伸到祖孙关系中，由子代替其父对祖父行使最高级别的哀悼义务。在对昭穆制度的重新解释中，许烺光认为父永远属于昭（意为"明亮的光"）、子属于穆（"暗淡的光"）的观点，也在试图突出父子关系在亲属关系中的独特地位。他认为，除这对首要关系之外，个人与其他亲属大多限于松散的联系，只是根据物理和社交距离的增加而承担不同的义务。

不同于葛兰言结构化的亲属制度，许烺光的亲属关系研究主要抓住其核心关系，以小见大。他关注核心关系如何影响整体的亲属关系，研究人类心理构型如何形塑个体的行为态度，从而导致我们所看到的社会制度。其中，这对核心关系就是许烺光后期成熟的社会心理和谐学说理论体系中"轴"（dyad）概念的雏形。在他后来撰写的

Kinship and Culture（1971）中可以看到，许烺光认为在整个社会结构和亲属关系中，会有一对关系占据主要地位，这对关系就是优位亲属轴。中国的主导关系是"父子关系"，具有连续性（continuity）、包容性（inclusiveness）、权威性（authority）和非性性（asexuality）四个基本特征。亲属制度与社会文化通过优位亲属轴而联系起来，不同大型文明社会可能会以不同的优位亲属轴为主导。他关注人类心理构型如何影响个人行为，从而导致我们所看到的社会制度。本文中父子轴的发现在实质意义上奠定了其亲属制度研究的基础，以及心理人类学的转向，为他社会心理和谐学说的构建、比较研究的展开产生了深远影响。

结　论

许烺光对葛兰言的解读精密而系统，分上下两篇，是一部重头著作。但除了列维－斯特劳斯之外，很少有人类学家注意到这篇文章。近年来，国内探讨葛兰言的文章逐渐增多，但几乎没有人注意到，中国人类学先驱之一的许烺光先生，竟然如此深入地研究过葛兰言。因此，在这一方面，本文可以说填补了学术史研究的一个空白。

本文以亲属关系制度研究为主题，围绕昭穆制度和父子关系演变，厘清两位人类学家在史实资料应用、研究取向和问题意识上的差异或问题。中国古代昭穆制度在亲属制度研究中具有重要的价值，反映了社会组织结构变化、家庭与婚姻形式、父子关系的动态演变过程。

通过对两者理论和矛盾争议的梳理，笔者认为在亲属制度研究方面，葛兰言的结构主义路径并不存在时空分析混乱问题，反而展现了更强的启发性和研究价值。本文也体现了年轻时期许烺光的学术关怀。"父子轴"的提出，成为他后来学术生涯的一个重要基础。但在本文中，它只是一个雏形，建立在对葛兰言的否定基础上，还有些稚嫩。更重要的是，他对葛兰言的否定很大程度上出于他对法国社会学年鉴学派的不理解，更缺乏年鉴学派对世界其他地区亲属制度研究的背景知识，批判并非十分有力。

这个问题，一定程度上也存在于当今中国社会学、人类学界。我们往往满足于用中国材料批评国外学者对中国的"误读"，但却对他们所在团队的世界视野缺乏关怀。也就是说，我们的社会学和人类学需要更多地了解中国和西方之外的世界，在深入理解的基础上构建良好的理论对话方式，让中国不再仅是西方的一面镜子。

参考文献

Hsu, Francis L. K. (ed.) 1971, *Kinship and Culture*. Chicago: Aldine Publishing Company.

Hsu, Francis L.K. 1940, "Concerning the Question of Matrimonial Categories and Kinship Relationship in Ancient China." *T'ien Hsia Monthly* 11(3/4).

Leach, E. R. 1951, "The Structural Implications of Matrilateral Cross-Cousin Marriage." *The Journal of the Royal Anthropological Institute of Great Britain and Ireland* 81(1/2).

Lévi-Strauss, Claude 1969, *The Elementary Structures of Kinship*. Boston: Beacon Press.

Palmer, David A. 2019, "Cosmology, Gender, Structure, and Rhythm." *Review of Religion and Chinese Society* 6(2).

陈澔注，2016，《礼记》，金晓东校点，上海：上海古籍出版社。

冯汉骥，1941，《由中国亲属名词上所见之中国古代婚姻制》，《齐鲁学刊》第1期。

葛兰言，2012，《中国文明》，杨英译，北京：中国人民大学出版社。

黄国辉，2014，《商周亲属称谓的演变及其比较研究》，《中国史研究》第2期。

黄子逸、张亚辉，2018，《联盟与多偶婚：作为政治范畴的媵妾制与巴力婚》，《民族学刊》第 4 期。

李衡眉，1991，《殷人昭穆制度试探》，《历史教学》第 9 期。

罗仕韶，2019，《葛兰言的古代中国政治与父子关系研究》，《玉溪师范学院学报》第 2 期。

吕思勉，2005，《先秦史》，上海：上海古籍出版社。

王国维，2018，《观堂集林》，北京：朝华出版社。

王铭铭，2010，《葛兰言（Marcel Granet）何故少有追随者?》，《民族学刊》第 1 期。

吴银玲，2011，《杨堃笔下的葛兰言——读〈葛兰言研究导论〉》，《西北民族研究》第 1 期。

许卢峰，2018，《在"封建"与"家国"之间——葛兰言的周代媵妾制研究》，《民族学刊》第 4 期。

许卢峰，2019，《周代婚礼中礼物的流动——法国汉学家葛兰言对中国婚俗的研究》，《国际汉学》第 3 期。

张富祥，2007，《昭穆制新探》，《中国社会科学》第 2 期。

张光直，2002，《商文明》，张良仁、岳红彬、丁晓雷译，沈阳：辽宁教育出版社。

张原、刘永芳，2018，《攘争与让予中的德行——葛兰言的中国封建等级制发生学研究》，《西北民族研究》第 3 期。

赵丙祥，2008，《曾经沧海难为水——重读杨堃〈葛兰言研究导论〉》，《中国农业大学学报（社会科学版）》第 3 期。

（作者单位：复旦大学社会学系）

研究论文

"地方性"的消解与复原：
重读消失在历史中的姓王桥[*]
——清末民初同安县銮美社族亲槟城事迹的再解释

王琛发

摘　要　17世纪以来，闽南传统宗族乡社，曾经基于传统思维，借助祖辈日常来往居住海丝沿岸各地的优势，建构跨海一体的族亲社会范式。其中包括福建同安县的銮美社王姓宗族，也如同其他闽南乡社，是以跨境延伸本社的"地方性"，在槟榔屿建设属于本"社"的姓王桥码头，形成当地人熟悉的同一名称的社区范围；而銮美社整体性质的族亲社会其实是同时间生活在两处不同内容的地理范围的，其各自运作彼此的优势，在更大程度上维系乡社共同体，以有机会超越实质空间桎梏的社会发展兼文化传承。可是回顾历史，当这些跨境的民间共同体面向全球政经博弈，其毕竟只能以宗族力量抱团，以期在全球资本世界的港口前线，能维持一隅之地安居乐业。可是他们最终还是在20世纪失去自己建构的社会。这之后，民族国家兴起到全球化进程，会如何消解原本中华传统性质的跨海域群体，乃至重构其历史记忆，有待深入反思。

关键词　乡社；副炉；公司；地方性；历史和记忆；建构

---

　　* 本文为国家侨联项目"闽南文化与马来西亚闽南人群体内外两'乡'认同变迁研究"（19BZQK244）系列成果。

　　马来西亚槟榔屿市区港口沿线有"姓氏桥",其源于闽南宗族乡社历史以来的南海社会经济拓殖。他们在海丝沿线各处设立集体经营的木构码头,即闽人所谓的"单头桥"。观察槟榔屿至今尚存的几座各姓"姓氏桥",可知这类"姓氏桥"的原来形态,都是把一根根木桩钉牢在靠岸的海床,上边再铺设由木板拼接的平台,形成高出海面的木码头,以一头连接着岸边土地,另一头一路向海上延伸;而这些"桥"边上的柱子,上边会被打圈的缆绳套着,缆绳的另一端就拴本族各家各户停靠在"桥"边的舢舨或者舯舡。在槟榔屿各姓氏桥,各桥船民为着节省居住成本和谋生方便,也为了保障本桥周遭环境安全,往往会在木构码头上边设立乡社拥有的"公司屋",让单身船民聚居,有事则召集全体族亲在此公议。到 20 世纪初,一些姓氏桥船民,为图谋生便利和节省居住成本,也方便族亲相互呼应,便开始连接着本姓桥,在边上插桩架板,扩大木构码头面积,在上边建造居住房屋。于是便逐渐形成现在槟榔屿各姓氏桥独特的海上聚落景观。一直到 21 世纪开始以前,槟城这几处姓氏桥,也还是能坚持着过去闽南宗族乡社定下的传统,只限本社族亲在桥上谋生和共居。

　　在当地民众的印象中,闽南其中一些宗族村落在槟榔屿国际港口沿岸建设的本姓"桥",不只是分布在城市海岸前线不同地区的木构码头;他们是把"桥"在海上的所在,连同围绕这些码头的社会经济活动区域,即岸边出现店铺摊贩的范围,统称为"姓氏桥"地区。而"姓氏桥"作为海港最前线的主体景观,又是根据原来建桥乡社群体,分别唤作周、杨、李、陈、王、林、郭或"杂姓"桥等称谓。同样地,由于每座渡头的所在处,即凝聚乡社族亲之地,邻近亦会散居着不少族人,或有着相应的各行各业从业人员,所以当地华人指称某座渡头的名称时,往往会将范围更大的地理概念,转化作岸上亲友和商铺摊贩围绕着生活的社区的名称。"姓氏"有"桥","桥"以"姓氏"名之,又是联系着具体的地理范围的本族社区印象,也就说明这牵涉着特定群体以当地为集体谋生范围的开拓主权意识。

　　自从英国东印度公司在 1786 年占领槟榔屿，并且将岛屿原来的东北角港湾进一步建设改造后，槟城也就成为亚洲第一个自由贸易港口。但不能否认，此前，这处名字出现在《郑和航海图》的岛屿，邻近各处早就是船来船往。华人帆船更早前已长期穿行马六甲海峡北部，由槟榔屿海路北上，到达现在的缅甸仰光；由印度洋或缅甸海南下的船舰，进入马六甲海峡之初，也一定会途经槟榔屿。明朝隆庆进士朱孟震的《西南夷风土记》曾提到，闽广大船多有在仰光，运载铜铁与瓷器往来；到了 18 世纪中叶，这里不只是以棉花出口中国，也因造船木料易得，出现了华人木构码头，也有不少华人帆船在此停泊与维修（陈孺性，1984：5—6）。由此可见，槟榔屿对于船来船往中途补给的重要性。

　　而至迟到 19 世纪中叶，福建省同安县銮美社王姓族亲，便已如同其他周、林、杨、李、郭、陈、邱、谢等闽南乡族群体一样，为了集体谋生，各自在槟城当地建立木构码头，圈划出自身集体维护生活的势力范围，形成现在已经消失或者尚能流传的本姓"姓氏桥"码头。他们由是得以使用族亲集体经营码头社区，接引亲人陆续南下，由此体现原乡宗族跨海跨境的开枝散叶，将南洋生活与原乡经济连成一体。一旦各姓乡族后人，是以乡族本"社"为名，集体在槟榔屿占守着港口前线有利位置，搭建只限村社族亲共同使用的木构码头，再有族人以原乡社名义在"桥"边搭建住家，形成立足在海床上的干栏木屋群，居民以堂兄弟或叔伯相称，由此便足以在海上社区重构聚族而居场景，支撑大众面向商业社会海上贸易的同时，也彰显本"社"价值规范伸延在当地的海上运输事业，形成血缘、业缘、地缘共同体（王琛发，2020a：60）。

　　"姓氏桥"源于各地闽南传统乡社在南洋的集体经营，服务于现代国际商贸的资本运作，所以在 1969 年马来西亚政府取消槟榔屿自由港口以前，各国出入马六甲海峡北方的轮船或者帆船，乃至各国战舰，大凡停泊在槟榔屿，大都由各处"姓氏桥"船民承担驳运，载送人货。由此而言,这些闽南乡社先辈,常年应付外人外语,他们对海洋知识、西人经贸,乃至诸国时事,甚至各种上岸新产品、新知识,应是百年积累,而非一无所知。

过去的銮美社,现在属于厦门市集美区。但回归历史,銮美社在清代到民国期间原本是属于同安县的辖境,所以其先民既渡海到槟城谋生,又长期来往銮美村社家里,大众拥有共同祖先的血缘认知,倾向同安人认同意识,是无可厚非的。而"姓王桥"既然以"王"冠称其名,自可说明这里本是銮美社族亲合族在当地建立的桥头,是族人在当地共同拥有与经营的。"姓王桥"的缘起,当然也就是銮美社王姓宗族村落下南洋的历史。

无论如何,如果要从姓王桥任何一个船民的个人生活说开,同样一个人——作为闽南许多乡社族亲集体下南洋的具体例子——在銮美社生活是依赖沿海农渔业社会环境的,可是一旦到了槟城,他就不再相同于闽南祖辈的谋生出路,而是会和当地其他闽南群体一样,把渔村靠海生活的本领,演变成为他过新的生活以及从事新兴行业的知识资本,在这个城市港口重要地带从事海上运输或者转手贸易;但是,又不能否认,这同一个人固然是在槟城依托着近现代国际海贸谋生,可是一旦回到銮美社族亲在中国的家居住生活,他虽然仍带着槟榔屿港口生活的经验,却可能只能重操旧业;只是他的视野、认同、生活观念,无疑同构着两地生活经验与知识,从此传承子孙。而且,如此这般一生接受着海上多地区影响的生活经验,也会发生在这个人的族亲成员身上,其实这就是一种集体的社会经验,亦会构成个人所处群体共同的社会文化意识,潜移默化于宗族村落的日常生活。因此,以这每个具体人物的生活作为认识的中心,去认识每个人的生活世界,他们个人、家庭或者村子的生活经验,可说都是跨海跨境的,同时他们心目中族亲的共同社会,牵涉同安銮美社,也牵涉族人在槟城共同经营的姓王桥。换句话说,这个名称"銮美社"的宗族村落,其族亲社会是同时生活在两处被海洋分隔而又是人事与资源相互连接的生活场所；銮美社大众的共同生活经验，包括各家各户家庭成员分工安排，以及家家户户各自的经济收入与财产分配，都可能包括两地一切地理范围与需要的知识。

正因为"銮美社"是族亲组成的相对稳定的小社会，其内部各个家庭，互相又是血缘亲人，年年由父子、叔伯、兄弟，轮流来往于他们觉得属于"本社"生活范围的两处家园，所以我们或应考虑：在20世纪初国际政治变迁以前，也就是两地被迫长期隔绝与各自发展之前，同一个社会、同一个家庭、同一个人，是否可以从概念上硬被分裂为"原乡"与"南洋"的归属？把同一个人划分为分别属于"侨乡村民"或"南洋华人"两个范畴？接着，又是否可以将地理分野取代生活的整体性质，硬把"他"作为前者的身份抹杀，而把他归纳为后者，讨论一个想象中的"南洋华人"共同体，或其"本土化"？这是未来遇上许多类似的范例时，值得一再引发思考的问题。

銮美社族亲建起的这座木构码头，相比起现在所见的其他各姓氏桥，最大不同特点，是姓王桥在其功能消失以前，可能在所有"姓氏桥"中最能相当完整保持最初形态的。姓王桥一直到1970年代不能再支撑族亲海上事业时，也还是保持着原来纯粹的"单头桥"形态，主要只让舢舨与舯舡停泊以及上下人货；銮美社族亲除了在"桥"入口旁边的陆地上建了间"公司屋"，提供单身族亲集体居住，也作为处理共同码头作业程序的场所，也未如其他姓氏桥形成房屋成群的海上宗族聚落。而銮美社后人，是以"桥"上建有"公司屋"，加上"桥"对岸有许多族人相对集中地分散居住于周围地区，形成銮美社族亲聚族而居的态势。族亲围绕在"姓王桥"周边居住，将"桥"视为自身生活范围的重心地带，也视为銮美乡族社会在当地跨境扩展出生活范围的伸延。

现在的槟榔屿，作为组成马来西亚槟城州的主要岛屿，其港口市区沿岸各处的"姓氏桥"已经被列入联合国古迹区范围，其中姓陈桥早在1917年前后，就有族人在渡头旁以长木柱钉住海底泥地，建起五六间干栏式木屋，安置家庭成员（马淑慧，1988）；姓李桥拥有"家在桥上，桥在海上"的景观，则是二战以后城市迁移与发展的结果（李明燊，1988）。而所有姓氏桥后来进一步构成现在海上住宅区的模样，则是由于政府在 1950 年代至 1960 年代之间不断开发港口规模，有些姓氏桥的族亲考虑到陆地房屋价格昂贵，又想待在桥头方便工作，随时可以上下船，随之便有了在桥边建屋的打算。某些文字以为各姓氏桥是自古就在同一处地方，而且一开始就都是木屋林立海上的住宅区，并非真相。

一、闽南乡社的南洋聚族

自从英国殖民者在 1786 年占领槟城，本屿的东北一隅被开发为国际自由贸易港口，闽南各乡社族亲原本就在邻近海域谋生的，也开始陆续来到槟城，定居在祖辈自明清以来便已熟悉的这座海丝沿线中途岛屿，并且各自在海滨市区港口建立本村社的大小码头。这些码头都不是长期固定在同一处地点的。当槟城自由港口的基础设施，一再要应付日趋频密的国际贸易，港口海岸线也因此一再向海面扩张。这些闽南先民所建立的木构码头，包括姓王桥，也必须随之向前搬迁，移动去海岸的最前线，一再重新寻找建立新渡头的位置。

各处姓氏桥的历史，源于常民生活，本就缺乏文字记载；更因为"桥"不是建立在陆地上，早期根本不需要申请地契，因此难以追溯各处姓氏桥最早的先民是在哪一年主动聚集在槟城哪处地方，建立起他们宗族村社第一座"桥"的。而在历史上，同安鳌美社的王姓族亲——正如许多闽南宗族村落先民——都是以集体力量与名义，凭血缘乡亲同心协力，走到马六甲海峡北部，建立与经营集体拥有的码头。这些人在自己的家乡，可能是渔民，可能从事其他靠海的行业，也可能是依赖近海边咸淡水相交的沼泽地带养鸭谋生的（王琛发，

1988a)。可是他们一旦把自己家里的经济生活与乡社集体在槟榔屿拥有的码头相结合，便必须依赖国际自由海港维持本身整体家庭收入，乃至支持村社的集体收入。而他们身处的，是国际各路产品贸易的海岸前线，他们的身份也就从渔民、船夫转化为运输业者，使之更加符合槟城地方经济的人力资源需求，由此亦保障闽南村社依赖的内部经济来源，维持宗族村社继续运作的生命力。可是，另一方面他们作为乡社的成员，离不开家族的生活，反而更加显著地依赖分布各地的家庭成员分工，维持着家庭/家族完整的生存运作。于是姓王桥也如其他姓氏桥，在槟城更须依靠集体生活，以亲人结伴凝聚共同势力，维护共同赖以为生的木头码头。很多时候，要面向邻近海域以及印度洋，以舢舨或舯舡来往轮船、帆船与岸上之间，支撑货畅其流，还得依靠人多势众。正如上说，姓王桥社区于 20 世纪 70 年代走入历史之前，本族亲群体公用的姓王桥渡头，不在固定一处，而是曾经有过数次迁移，这很符合海港的发展逻辑，其间也避免不了群体之间竞争、协调，以致争夺码头地点的过程。这是当地闽南船民群体生活历史形态的写照，也是后来许多人不愿详谈的过去，构成记叙历史的障碍。

　　按槟榔屿銮美社先民的记忆，他们的先辈至迟于 19 世纪 70 年代，就已经在现在的维多利亚街（Victoria Street），即华人俗称的"海墘新路"前边，当时还是海岸线的地方，建立过一座渡头，具体地点是后来的大巴士总站。若翻阅 20 世纪以前的槟榔屿地图，再对照槟城博物馆展示的 1800 年前后各地图，銮美社先民记忆中的巴士总站——当年本是陆海相连的区域，到 20 世纪方才填土，铺设了街道，建设巴士总站，包括现在总站前边向海的海墘路，也是填土推前海岸线的结果。自 1980 年代，该处附近陆续出现许多建设工程，曾有承包商在地下掘到三吨重的轮船铁锚。可是，姓王桥直到消失在历史以前，并不像槟城其他周、林、李、陈、杨、郭等闽南乡社族亲所建之姓氏桥，他们之中有些家庭会在连接着渡头的旁边建造房子，形成高架在海上的木屋聚落，方便亲人常年来往闽南与槟城两地栖身。根据

20 世纪的后人记忆，他们的先辈只是在桥头建造了单身族人聚居的"公司屋"，其他成员都是散布居住在巴士总站邻近陆地地区，包括巴士总站后方海墘新路连接着内陆的一带（王琛发，1988a）。

因着海岸线推前而开拓的街道，华人如今称为"海墘新路"，而英殖民者的正式命名则是"维多利亚街"。闽南语称"在地货仓"为"土库"，维多利亚街后边的街道由于靠近港口，有许多货仓，故华人称为"土库街"，其英文正名却是"海滩街"（Beach Street）。据说，早期銮美社先民是从现在"海滩街"邻近陆地的沼泽地带就地取材，砍伐野生树木，拖到后来填土成为巴士总站的海堤边上，搭建木渡头。直到 1910 年代至 1920 年代，原来姓王桥的海陆交界处又被填土，变成陆地，桥的起点也就前推至连接着海墘路靠海一边的堤岸边上，就是现在槟城渡轮码头的所在地点（王琛发，1988a）。

自"姓王桥"出现在槟城海港前线，銮美社族亲在当地拥有的这处族亲集体公共设施，自始至终，也还是保持着其他姓氏桥初建时的做法，仅仅是在木桥前边建起一间"公司屋"，让那些未有家室的单身亲人聚居在一起，可以互相照应，日常吃大锅饭，也方便随时处理桥上谋生事宜。邻近其他同宗乡亲有事，或甚至其他友好地区联系，可以到公司屋找人。"公司屋"的存在也意味着本村宗亲的"公共"之"司"，在当地具体生存环境当中，具有实质的功能。一直到 1950 年代末，姓王桥为了州政府扩建码头设施，被迫离开原本位置，搬离现今渡轮码头港口的范围，又搬到渡轮码头旁边港务局办公楼的侧边，待到 1970 年代逐渐没落。在姓王桥没落以前，銮美社的"公司"，管理着"桥"的事务，长期保持了槟榔屿早期的姓氏桥的这些特征（王琛发，1988a）。如此，姓氏桥在某种意义上，可以被视为闽南宗族村落走向马六甲海峡以北的跨境延伸。

在姓王桥入口旁，族亲设立陆地上的"公司屋"，毕竟为着自治管理的需要而存在，是一种族亲互动机制的产物。空间只能容纳不到二十人，其真正的功能是銮美社族亲设立来照顾单身族亲寄居的场所，也是处理族亲在桥上"公务"的场所，照顾的是数量有限的单身者。"公司屋"并不适合那些已婚同胞带着妻子儿女同住。所以隔着一条马路的对面一带，便有许多族人散布居住，或是一家人租房子，或者是三五家人各自向大房东转租房间。同时，族人还在维多利亚街市政局巴士总站旁，租下一座两层高的古老大屋，作为当年"銮美社"族人的"公司"，笔者 1987 年到"公司"考察宗亲祭祖，印象最深刻的是大宅楼上的神龛供奉着超过百年的保生大帝神像，以及墙上挂着早期族中领袖合照，还有 1949 年之前的銮美社故里祖庙相片。

我们现在追溯槟城銮美社"公司"供奉过的保生大帝香火，还得注意当年香炉当中的香灰，与现在集美杏滨街道杏林南路马銮銮美宫民国前的老炉，是有同样渊源的，都承载着来自同一群体的成员来往两地祭祀的炉灰。当年，銮美社各家各户，多有父子兄弟常来常往同安与槟城两地；姓王桥船民正如其他闽南社群，不论在槟榔屿祭祖先或者拜祭保生大帝，都是将两地香炉视为一同祭祀同一神圣的同一香火。所以南洋这些村社的观念，如銮美社等，是信仰神圣可以一体同时，感应各地；而不似现在一般以为的"分香"，在概念上以为在不同地区，就是不同群体，各自立庙，各自用自家群体的香炉祭祀祖先或神灵。闽南村社的做法，是会在槟城等地设立"副炉"，让家人不论身在銮美还是在槟城等地，每逢节日和神诞，都可以和其他家人隔海同心，一起祭祀祖先和神灵（王琛发，2020b：7—8）。

当然，这些先民观念更不会如现在中国台湾地区一些人流行说的"分灵"，以为各庙同名神灵源于不同身份的先逝前人，各自拥有独立位格灵体，进入不同宫庙修行，成为各处宫庙保生大帝"分身"。明清闽南村社先民信俗观念，例如銮美社先民，是把具体日常生活建立在跨境一体的概念，同一个家庭、宗族、社会，父子兄弟，不论身处闽南或姓王桥，或者更多地区，都是跨海运作而不分裂的；他们观念中的祖先或者乡社神明，是统一的概念，不可能是分开独立的"分灵"。由此，那些强调不同宫庙可以分属不同"分香"而又是"分灵"的观念，可能甚至可以相互比较"我的"或"你的"，讨论同一名称神明在谁的宫殿更为灵验，潜移默化地强调各庙相对独立。可是闽南村社如銮美社，大众生活常态是父子兄弟相互支持，长期轮流来回各地协作，处理本家各处基业，他们不论在同安或者槟城，即使祭祀祖先或神明的时空不同，祖先和神明也依然是千万人同时能在不同地方感应的同一位，随处祈求随处应。先民表明祖先和神明，对子孙感应不分彼此，闽南与南洋两边无有差别，是通过"换灰"完成仪式性质的表达。"换灰"，是不管本身乡社成员跨海跨境于何处，不论形成多少各地社区，社区香炉里最早的香灰，都要来自乡社最老香炉；而分散各地的族人，也总要按时取出本处集体祭祀的"副炉"香灰，带回去掺和在銮美社老香炉的炉灰之中，确使各地香灰能在老香炉"一炉一体"；于是就能取出一把混合过的香灰，洒入当地的"副炉"，以示各地彼此人事关系也如香火，是长期合为一体又分布各处，不分彼此的跨境共同体。

就因为不是强调"分"的概念，槟城銮美社的"公司"内，神桌还刻着銮美社延续的保生大帝"慈济宫"庙号，香炉还是属于銮美社的香炉，而不是另立名堂（王琛发，1988a）。这当然更不是表示要分出两个"銮美社"。如此，在先民眼中，銮美社本"家"的神灵，甚至也和其他乡社供奉的神明一致，都是"理一分殊"或"月映万川"的概念，本来就并非说香火分到别处自立门户或者分家，而是指说着神灵身在"我家"可及的范围内，处处都在；所以我在每处之安身立命，将生活范围归于"家"内的生活经验，实乃天命神授。

当一个村子主要村民源自同一祖先，各家各户的"我家"观念又是建立在家族成员与产业分布于本村和跨海以外，流动在原乡与英属马来亚槟城、缅甸仰光，还有荷属印尼等地之间，其家庭成员在这些地区来来往往，各地房子往往是叔伯兄弟都曾有居住记忆，而不限于一个人拥有；甚至其槟城、缅甸或棉兰的"公司"亦定位在属于全体族亲而处理本村族亲在当地公共事务。因此，祠堂的香炉亦不可能定位为兄弟分家的"分炉"或者拥有当地"开基祖"，只能视为祖祠香火在地方上的"替身"，槟城出生的后裔也得回村入族谱，这种情形下更具体的当地闽南族亲认同的认识，应是"一个社会，多处土地"（王琛发，2020a：59）。同时表述着相同观念的最具体的表现，当然就在族谱。正如銮美社任何后人，即使是在南洋各地谋生有成、传宗接代的，也都不可能另造宗祠或族谱，子孙名字只能添写在銮美社的族谱，以表示彼此不论身在何处，依然以乡社连接一体。但这个跨境的銮美社内部社会，显然是跨越闽南自然村原来地理范围，以此为常态去确定彼此间的亲情和义务的；对孩子命名亦依照銮美社的世系辈分排列，以确定不论在何处都能确定的身份，享有去到当地"公司"的各种权利；同时，辈分序列也界定着每人跨海身处銮美社"内部"的子孙义务和社会规范。既然大家在槟城生了孩子都往同安报，在祠堂添名录，也就很少有人敢独立于銮美社之外，因为这意味着执意放弃集体提供的人事和资源。

根据銮美社历史上有过的如此情况，把本"社"视为一个位于特定地理区域的自然村，或者将本"社"视为一个特定的族亲群体，这两种视角可能会从不同概念带出不同的理解。自然村在地理分布上，是因应地方自然生态，以数十户到数百户人家以集中或分散形式，处在特定地理位置，而产生的人群聚集；由此长期形成的村社的存在形式，日常也会在限定性区块的范围内发生人际互动，尤其需要生产与交换经济活动；所以自然村会呈现为一种既是经济的，也是历史性的，更是具有仪式性质活动的单位，有它本身的名字，也有本身的历史（Feuchtwang，1998）。可是，若是把闽南"銮美社"等"社"，视为人群，从西方语境当中的 community 去认知，则 community 这个术语不论译作"社群"还是"共同体"，"社"无疑正如 community 学术上的规范性概念，是在描述一种不见得会受特定地理空间限制而又符合一众人所需的人际关系；这种人际关系的社群成员，会普遍把共同价值观念与目标视为个人理应服膺的价值观念与目标，由此而公认本身归属的社群在道德上属于善，因而更必须获得维系，以作为以共同价值、规范和目标形成的实体；这也意味着，社群本身就是有价值的，而且其价值的落实是很值得众人追求与实践的（Avineri & De-Shalit，1992）。这样一来，这个"社"就是一个可以追求，也可持续拓展落实范围的概念，一种生活实践，却不见得在主观上是可以接受地理空间规范的概念。

如上述銮美社的共同体认同，一直坚持到整个 20 世纪末期，依然有迹可循。即使在 1949 年以后，国际冷战风云激荡，中国与马来西亚长期互不建交，两地亲人无法正常往来，但是先人留下的相片，依然是大众确保亲情的依托。曾经一度，马来西亚 1966 年《屋租统制法令》的存在，限制着老房子的租金，不让涨价，这在客观上也保障过许多原来居民可以数代人继续在原地居留，形成共同的生活范围；所以在这项法令于 2000 年被废除之前，1990 年代的海墘地区，特别是在维多利亚街和邻近一带街道，有许多住家的门额上，还是挂着祖辈留下的"銮美"匾额。

二、族亲公司的组织生活

闽南不同族亲乡社，在槟城经营各姓氏桥，共同特征在于他们各自都在当地以漳泉宗族村社名义，以漳泉祖先的血缘与地缘相结合为基础，互相抱团保护共同谋生利益；这种抱团，又是重叠在本身以姓氏桥支撑的本土业缘和地缘结合，形成更强在地凝聚力。来自不同乡里的闽南人，在槟榔屿过日常生活，固然可处处不分彼此，常来常往。可是，一直到 20 世纪 90 年代，人们也习惯各姓氏桥强烈的内聚性质，这些码头那时依旧浓烈地延续着祖辈传统，牵涉码头范围的经济作业和居住，甚至不让非本"社"同姓参与。要进一步讨论各姓氏桥高度内聚的缘由，包括何以銮美社一定要维持姓王桥就是姓"王"

桥，也许得考虑这些码头的存在目标。各姓氏桥的活动，首先是为了保障其家庭到本族，也就是本"社"近亲关系范围的经济利益，方才需要集体经营码头，以保障本社、本家乃至"我"个人的收入。其次，姓氏桥作为集体的产业，也是维持集体收入的基础，以支持本"社"共同体的社会经济利益，使得"社"得以依赖维持众人生活福利，由此也维系"社"的存在意义。所以，这些源自闽南而在当地经营各自"姓氏桥"的群体，也多有不约而同，会在自身桥前供奉生前曾在漳泉许多村落行医的保生大帝，奉为各村集体崇拜的"祖佛"，并互相合作建设社会事业。他们如此互构的社会现象，呈现出当地的闽南文化景观，确实是构成当地闽南认同的基础（王琛发，2020a：56—61）。可是各姓氏桥之间，各乡社船民的更大需要，毕竟还是不能脱离本身照顾本"社"全体叔伯兄弟跨海跨境的需要。正如整个銮美社，他们的成员不论身处何处，都会自觉家人亲友需要最大化身在姓王桥的收入，去维持生活。所以，若回顾姓氏桥之间的关系，我们会发现各桥并非长期相安无事，而是发生过集体对集体的纠纷，乃至械斗，以及订立相互的海上规矩（李明欢，1988）。

借用文化研究论者科贝纳·默瑟（Kobena Mercer）对"identity"的定义：个人或者群体，其成员的身份都不是被寻找的结果，而是由建构得来的；人的身份也不是天生自然般地等着被人发现，而是透过政治对立、文化斗争建构出来的（Mercer，1992：424—449）。虽然默瑟的弱势族群论述源于他对美洲黑人的观察，可是我们对照其说法，考虑到各姓氏桥经营者本就是拥有历史、拥有组织也拥有资源的传统乡社群体，而这些群体在槟榔屿面对殖民统治的同时，也得面对其他同样拥有漳泉乡社势力的群体相互竞争，他的说法或能更贴近地对比出各桥船民在当地有过的历史体验。当某个乡社的群体成员，是长期频密来往两地为家，甚至一个家庭内部的生活方式也是跨海和跨境，他们是从来不会觉得自己是离散于被唤作"銮美社"或其他"社"的群体之外。在这些人的心中，槟城与漳泉村落都是属于他们共同社会的一部分，是他们依靠跨海而拥有的生活环境，他们家庭/社会的人事和资源，也是依靠分散在不同土地的契机，互构出生活需要的整体性，相互构成属于彼等同一利益共同体拥有的"本境"内容。而彼等从个人到群体，亦是通过认同共同在漳泉的开社祖先，将自身集体活动的所有范围，视为相互凝聚、共享、调配、补充、控制与增长资源之所在。当他们自祖辈以来长期行走与居留在同一片海域范围，一起过着生活，一旦他们遇上祖先在此处未曾遇到的西方"外来者"，而且又是强势的，他们就会更强调维护本姓氏桥拥有的乡社认同，如"銮美社"等，由此也推展着他们从属的历史、文化、地理认知。

銮美社族人要求"銮美"在各地落地生根和开枝散叶，为了协调姓王桥上共同谋生需要而设立銮美社船民集体公共机构的"公司"组织，亦可被视为"銮美社"在桥上拥有自己的"公共"之"司"，处理銮美社同仁在马六甲海峡北方共同生活的具体事务。从村落层次的信仰活动寻找传统社会，漳泉宗族村落的人事组织形态，是除了在村落之中设立祖先祠堂，还会拥有一间公庙，供奉和自己村子历史相关的神明；村人的相互整合，就表现在大众围绕着祖先与神明生活，共同叙述祖先与神明在社群当中有过各种灵验事迹，从而推动大众服膺于祖先和神明代表的价值观。全村也会逢年过节举行各种庆典，以共同进行仪式表示不忘先辈慈悲护救黎民百姓，由崇德报功而慎终追远。姓王桥拥有自己的"公司"，并且在桥头设立"公司屋"，既方便单身者集体居住，也方便族人日夜守卫本桥，并且又以"公司屋"作为供奉与祭祀神明的场所，"公司"于是就是公共意志所在，由神明见证大家在神明眼前处理大众事务的公道，这无疑都是延续村里的相同模式。而这里的祖先和神明也不是来自当地，或者和大陆的"一分为二"。本社族人在当地建立"公司"，不是另外立"社"，所以按理念说，此地香火即銮美社香火延伸在当地公司的"副炉"，姓王桥众人集体生活不是相对于銮美社亲人另起炉灶；由銮美社而姓王桥，再到槟城王氏太原堂，所祭祀的是相同神明、同样的王姓祖先；而不论本社子弟身在闽南或在槟城，也都称同样一位"慈济宫保生大帝"为"祖佛"。

更重要的是公司制定的规则与运作模式，由着祖先与神明保佑的信念出发，以期确保銮美社的认同，并以此核心观念继续落实本地的可持续发展。

1880年代起，当时各姓氏桥之间同业竞争激烈，姓王桥船民要维持生活，又要避免因争抢载客载货而发生许多对外冲突，所以他们除了根据姓氏桥之间的谈判，分配各自可以从事的货运生意类型，许多族人也开始寻找其他收入——转业成为经营"物物交换"的个体户。他们从槟城内地采办香蕉、木瓜、黄梨等水果以及各种土产，满载在大舯舡或小舢板上边，出海寻找日本等地来往轮船，要求换取白米等粮食货物，然后带回陆上转售给本岛乃至半岛内陆的商家。这种生意也意味着，不论姓王桥船户使用何种船只去完成他们口中想要的"大做"或"小做"，每次替人载人载货，或者自己出海换货，或者顺道两者兼做，他们都得确保来回都是满载而归，如此才能节省交通成本。以清朝光绪年间到民国时期的舯舡为标准，运载25担以上被视为大船，而普通小舯舡负重量仅在25担以内；至于小舢板，最多能载客10人，普通小货轮的载米量在50包至100包之间。无论如何，銮美社族亲在如此情况下共用渡头，姓王桥必定一再经历耗损。所以，公司的实际功能，就在于维持姓王桥，保障一切作为"公家"成本的设施，确保在地族亲相互能以约定的规矩支持共同的经济生活。自1920年代，姓王桥"公司"规定，凡在桥上谋生的族人都必须缴10元作为"柴牌税"；另外又规定，除了载人的舢板，凡是载货30担以上的船只，每次停泊该桥就得缴税8元；至于载货少过30担的船，则一次须缴4元。这笔公款，每隔四五年就用于换板换柱；剩余的公款，则是要汇给同安县銮美社祠堂，支持年年祭祖、各种建设，以及作为照顾两地族人的福利基金。其剩余的集存，便是购置"公司产业"的基础（王琛发，1988a）。

另外，槟榔屿诸闽南王姓乡社，除了銮美社族亲在东北角的港湾建立姓王桥码头，还有不少源自福建同安白礁村的王姓宗亲人口，集中在槟榔屿东面的日落洞乡镇。他们聚居在地方上称为"土油间口"的小地区，在那一带建祠供奉"闽王庙"香火，聚族开垦土地。光绪十七年（1891），当地有白礁宗亲王汉鼎、王汉宗、王汉寿兄弟，建议以"闽王庙"的香火基础成立大公司，以"太原"堂号不分籍贯联系宗亲，获得槟城銮美社等各处王姓宗支派后裔支持，进而在市中心槟榔路重新扩建闽王庙，形成"大宗"祠堂，这就是1904年正式注册"王氏太原堂公司"的缘起（王文庆，1991：59—60）。在这过程中，槟榔屿銮美社同仁显然也是热心的支持力量。他们既要运作自身称为"小公司"的姓王桥"公司"，同时也是促成"大公司"成立的功臣。

图 1　以闽王庙为基础创建的槟城王氏太原堂（王琛发 摄）

以年代追溯，銮美社同仁出钱出力"大公司"建祠，显然在本身有能力设置槟榔屿祖屋祠堂以前。他们当时参与这种大联合，以闽南各王姓乡社为主，又兼及广东等地血缘宗亲，并非没有根据族谱记载的随意行为。以闽南各地王姓族谱相对照，王审知为开闽王，其第十四世裔孙王际隆先居福州南台，次居晋江乌乳巷尾厝仓头（一作乌衣巷），生下右泰、右丰、右丞、右辅四子。其中右泰遗孀在夫君为宋室殉难后，由右丰陪同，带领子孙徙居同安县积善里二十都白礁社（今龙海市角美镇），成为白礁开基祖。而右丞则卜居在同安杏林銮美社，为銮美社开基祖。右丞有儿子四人，分别名有天、有地、有人、有和；有地分徙海沧东孚埭头社；有人居銮美（后尾）社，分衍出银尾社、林前社、山前社、陈宅西山下、后铺坪社和南安水头逢莱社；有和则奉母徙居现在隶属龙海市的深沃村，子孙分布中国广东梅花甲子镇、台湾地区和香港地区，以及新加坡、马来西亚、菲律宾、缅甸等地（王姓敦 m，2017）。

　　各地王姓宗亲分布马六甲海峡北部各地，各自聚族地点与谋生途径不同，又能按照祖辈留下的乡里族谱相互认亲，无形中也就扩大彼此可以依赖的资源，随时在各地相应、相助。这是在乡社背景的力量之外，添加同姓各处宗族在当地互构的对外联盟。槟城王氏太原堂在1951年重修时，嵌在合族祠堂旁厅的新刻碑文，曰《槟城王氏太原堂兴建祖庙志》，依旧未忘记銮美社族亲当年贡献。文中提及当时太原堂"购置庇能律地段，于光绪廿一年（1895）兴建，至光绪廿六年（1900）完成，当时扛夯碁石材料，由銮美社诸宗亲帮理，共费去贰万壹仟余元"。可见在先辈的记忆中，自槟城王氏太原堂在光绪十七年（1891）成立组织，其祠堂庙宇初建于光绪二十一年（1895），到落成于光绪二十六年（1900），銮美社族亲除参与奔走，号召各籍贯宗亲一起出钱出力，还集体到现场"扛夯碁石材料"，参与建造合族祠的劳动活（王琛发，1988a）。尤应注意，槟城王氏太原堂固然以溯源"太原"，在当地联合各地不同王姓宗族，但祠堂门额依旧保持着供奉开闽王之"闽王庙"名称，祠堂前殿左侧也设立了闽南本土神明"慈济宫保生大帝"之龛祠；可见在这处联宗祠堂，闽南漳泉的白礁与銮美等派系主力留下较大影响，因此祠堂的名称，也就保留彼等追认共同祖先原先的"闽王庙"门额，见证本地合族的基础。

一直到 1930 年代末期，槟榔屿的銮美社族人"公司"的公款到了一定数额，族人当时便在槟城政治闻人王宗镜医生斡旋下，会见了暹罗国玲珑地区总督许泗漳后人，与原籍漳州海澄的许家人磋商，许家同意租让出维多利亚巷门牌 251 号的大房子。此前，这间屋子曾经是所谓的"苦力间"，原是为了收容各姓氏桥上岸的无依新客，再转送往暹罗安排到农矿开发区工作。然而，自从英殖民地政府禁止苦力劳工，大屋就被空置多年。直到銮美社族人通过槟城王氏太原堂宗亲王宗镜医生说情，同许家斡旋，许家方才同意租借出这间旧屋子，让銮美族人在参与太原堂以外，又拥有专属銮美社解决姓王桥等事务的"小公司"（王琛发，1988a）。

现在所知，槟榔屿"小公司"自从拥有了祠堂——也就是属于銮美社本村社族亲在当地的公共场所——接着就根据英国殖民法治，委任了产业信托人，并沿用原乡名称（称"社"）注册组织，更规范地管理大众的共同产业与基金。只是根据当地英殖法律的定义，"銮美社"是英殖土地的社团组织，而不被视为一处闽南具体地区的名称；因此这边"銮美社"社团便是原来的"公司"，按照英国法律取得英殖法律保障的地位，而不是相对于原来的"銮美社"出现的认同概念的分裂。该组织的最大任务，依然是延续其原来"公司"运作的内聚性，只让同安銮美子孙参加组织和享受本社福利，同时确保其他社团不能再使用相同名称。这固然表达了群体所要延续的宗旨，特别是原来跨海跨境的群体认同倾向；另一方面，这也意味着此处组织更符合作为"社团"定义的"社"，让大凡南来族亲都能参与，在当地继续维系对原来銮美社的归属感，也为銮美社公费尽力，而不是在槟城发生的相对于整体銮美认同的在地认同，强调两地分开，或另立宗祠去分化。在这个组织中，当地的銮美族亲会为当地注册的"社"选举当地的"社长"，赋予他最大权力，以处理家人或乡亲之间的任何摩擦误会，或为着族亲的福利与外人交涉。一旦发生任何内外冲突或谈商，交到"小公司"评理，惯例上是由社长征询众议，然后做出裁决（王琛发，1988a）

相关槟榔屿銮美社的人事布局，后人少存记载，只知道所有收集的"柴牌税"，概由社中财政信托管理。其中，姓王桥公司的第一任财政是王亚龙，后来牵涉反殖运动，被英政府递解出境，遣送回中国；他的接任者是王栈来。而"公司"最后一任社长王清心，在1990年代还居住在日落洞。那时槟榔屿，许多靠港口吃饭的人物，其实尚未全然脱离民风相对强悍年代；所以姓王桥族亲选择桥上领导，除了要求忠直无私、符合众望，也得考虑被推选者外界来往的社会背景，讲究"拳头大"而人事关系雄厚，如此才能以社长等人的威望内外斡旋各方，保障族亲在外不受他人欺侮，也可减少公产钱财被内外人物欺诈抢夺（王琛发，1988a）。

随着许多銮美社族人以"姓王桥"为中心，依靠集体拥有码头的港口经济谋生，码头对面又设立了銮美社公所兼祠堂，于是姓王桥边上的"公司屋"，加上桥对面的陆地地区，包括路口正对着姓王桥的维多利亚巷，旁边的銮美社祠堂，一路到其路尾连接着的维多利亚街，相互邻近几条街道，都成了銮美社族亲日常活动的区域。所以在二战前，槟城地方民众说起"姓王桥"，就不单是指称一座码头，而是在说銮美社族人在各地形成的社区之一。銮美社族人彼此密集地分布在特定的地理范围之内，形成随时守望相助的社会势力，相互凝聚力也更强。1930年代到1960年代中期，是槟榔屿銮美社"小公司"持续活跃的时期。大众很方便地分布散居邻近，其中不少人每日都得在"小公司"对面的姓王桥谋生。族人除了日常会到"小公司"聚会聊天，大众也规定父老乡亲每月在宅内楼上大厅聚会一次，并且另外以保生大帝神诞举行祭祀仪式与聚餐。其社长等一众领导，二战前曾利用年年持续收集的"柴牌税"在牛干冬街区一带投资，购置一些产业，并曾花费三万余元支援原乡祖庙的修葺，留下数千元存款给二战后的接任者（王琛发，1988a）。

　　若回归槟城銮美社族亲的角度，槟城銮美社后裔称呼槟城王氏太原堂为"大公司"，而称呼维多利亚巷的銮美社祠堂为"小公司"，这便证明昔日生活在此地的銮美社族亲，生死不离传统宗族观念。他们服膺于"小宗"跨境认同，也信仰"大宗"同胞联系网络，以此扩散其血缘或同姓、联姓之间的声气相通，以促进宗亲关系的摄义归仁。同个群体，又是通过其原乡"小宗"维持具体小群体的相互认同，处理围绕姓王桥发生的一切牵涉族亲共同利益的社会经济事务。就先民而言，当地组织是大小"公司"，而不称大小"宗祠"，显然大众共同明白，"公司"不是另外开宗立派，而是各种乡社宗祠或者跨乡社合族祠延伸至大陆以外的相应单位，是跨境处理公共事务的机构。

　　而且，就銮美社族人的记忆，现在王氏太原堂供奉着的福建祖先开闽王王审知神像，也是源自銮美社原乡工艺，是参照原乡銮美社祖庙的老神像开斧雕刻，完成后运到槟城。无论槟城王氏太原堂是以闽南人为主要参与者，传承着闽南地区的王审知祖德崇拜，还是太原堂左前方供奉的"慈济宫"保生大帝香火，在姓王桥民众眼中都属于原乡历史上的人物；槟城王氏太原堂的整体布局，以及其神道设教，对銮美社族亲而言，都是"毋改乡风"的感受（王琛发，1988a）。

　　槟城的銮美社族人既然在宗族认同的领域慎终追远，兼而不忘太原堂大宗与銮美社小宗的族亲认同，那么以"姓王桥"作为共同中心的族亲，是将槟城王氏太原堂视为銮美族亲与其他籍贯宗亲彼此之大"公司"，又将自身视为同安銮美社的成员，将槟城銮美社同仁在海墘设立的组织视为"小公司"，这即说明其群体认同是多层次的、以血缘结合为由完成在地的相互凝聚势力，而不是以"姓王桥"联系周遭地域建构的社区群体认同。他们对待王氏太原堂的态度，齐心于祖宗认同，也表达外在特征通过信仰的说法合理化。当銮美社家乡祖庙供奉的祖先是八闽老百姓尊称为"开闽王"的王审知，以闽王家族为福建开基始祖，甚至当銮美社本乡亦如漳泉先民尊称保生大帝为彼此间的"祖佛"，又同样把族谱记载的祖先王审知俗称"祖佛"，銮美社在槟城的族人当然不会例外，这亦说明彼此的一体认同；所以凡有銮美族人到达槟城，也都一样会加入槟城王氏太原堂，维持着彼此以"大公司"维护"小公司"的共识。正如銮美家乡供奉当地本身的"慈济宫保生大帝"香火，不论槟榔屿姓王桥的"小公司"还是王氏太原堂的"大公司"都会重复同一群体在銮美追随的祖先传统，供奉"慈济宫"的神龛。而早期族人宗族观念浓厚者，凡有结婚喜庆或任何喜宴，都会前往太原堂祭祖，风气至今不衰，这也促进集体意识的一再循环，影响祖孙相传的家庭文化生活。

　　只是，姓王桥作为一处码头，与槟城銮美社族亲"小公司"的经济来源与运作方向，本来就息息相关。"小公司"的一切功能，说到底需要经济支持，得依赖来自族人的柴牌税，日常处理的也是围绕姓王桥社会群体内外事务。一旦姓王桥走向式微，到最后只能是名存实亡，留下最后的地址所在，也许还有一些文献记载。但"小公司"缺乏收入，即使再如过去一般运作，也很难发挥更大功能。

三、集体记忆的撕裂片段

　　阿帕杜莱（Arjun Appadurai）在讨论"地方性"（locality）时说，"地方性"是源于固定在地域中的人群互动与生活经验；可是，他也有表述，一旦某种"地方性"概念由着群体的互动与生活经验的滋长成为状态，（虽然"地方性"和空间有关）这个概念又不再完全与空间的意义相同；因为"地方性"所指的不是位处特定社区的地理空间，它是一种以特殊社会关系为基础的，生产与再生产的形式。由此看来，"地方性"并不等同于基于社会关系的法律条文和抽象治理，也区别于跨区域的抽象性原则，它具有人类间的关系性、脉络性的性质，而不是一种数量性或具体空间性的性质。所以在阿帕杜莱看来，

"地方性"作为一个范畴，它的描述可能牵涉眼前人际互动的感觉、互动的手段、生态环境或历史文化的生存脉络，以及相对于主体能动性而言的那种相对性等。阿帕杜莱讨论的方向在于，他是将"地方聚落中生活经验的基本特质"视为"地方性"，却不认为"地方性"要框限在实体性的土地领域，其衍生的思考，就是现代全球化社会作为跨地域性环境，或者在一切的都市情境中，"地方性"是否会消解？抑或是，互联网也可能创造出某种类似"地方性"的内涵，把跨越空间的"地方性"，或把"地方性"跨越空间，源源不绝地再生产出来（阿帕度莱，2009：255—283）。

当然，阿帕杜莱讨论的对象是当代的全球化情境，而不是针对传统的近现代闽南村社。但是，我们回顾闽南乡社的南洋历史，思考南洋华人社会面貌何以如此，包括思考过去许多难以自圆其说的论述、某些源于资料不足或观念偏差的认知，阿帕杜莱的理论可能会是很有益处的参照，有助在当下追求还原本质，重新解读历史和重构认知。銮美社族亲拥有姓王桥以及设立"公司"运作，其实可视为传统汉人社会面向现代民族国家或全球资本主义的反应。根据这种接触或汇合方式，銮美社这类跨境群体，本就源于"銮美社"祖辈长期的互动和生活经验，体现在彼等共同思维观念和日常生活习俗，贯彻在群体共同面对和处理各处地方土地资源，包括应对各地新垦殖地与新聚落出现的各种变迁历程；而他们处理各地的作用或反作用，也都可能影响整体的銮美社。与此同时，他们在各地所要应付的，还包括从槟榔屿姓氏桥到闽南乡里聚落可能的外部冲突与磨合。可是，至少在清末民初，这一系列挑战，看来似乎都难以解构像銮美社这类闽南传统乡社原来的"地方性"，而且其"地方性"也不见得会疏离于现代资本流动，反而群体更需要基于共同的社会文化，以一致话语将各地维系在整体内部。显见这种"地方聚落中生活经验的基本特质"确实是带有跨越具体地理范围的性质，不见得一定要被框限在实质土地范围内；而这个銮美社成员间的一体认同，还有其跨境而一致的社会文化传承，通过两地人事和资源的结合反而足以加强銮美社的"地方性"的表现。"公司"对于銮美社的存在而言，是作为跨境认同与产生自觉义务的载体，不断通过各种维护集体共存的活动，不离銮美社祖传的信仰文化、社会礼俗、人际规范与价值观念，循环印证着群体的"地方性"可以是跨越地理的，又反过来巩固彼此归属同一单一乡社社会的认知。

　　无论如何，不能否定，槟榔屿的"銮美社"的集体认同，20世纪50年代开始倾向式微，最早也最关键的因素，是整座姓王桥受着外力打击，再无经济操作能力，族亲聚集的社区遭遇连根拔起。1950年代中期，那时的政府重视经济发展，扩展公共码头的民众渡轮服务与其他港务事业，姓王桥就在这个理由下不幸遭遇迫迁，以后族亲即使企图重建渡头，最终也只能留下废弃后的残痕。而现在谈姓王桥，其实也只能依靠先民不完整的零散记忆，由此重构其本身的历史叙述。

　　20世纪中叶到下半叶，先是日军在二战期间以炮火占领槟城，接着是英殖民政府二战后回归马来亚统治不久，便在1948年宣布全境进入"紧急状态"，以"反共"的名义，开展军事行动追剿原来的抗日武装，镇压左翼组织，同时还以"防共"为借口关闭华校，大量驱赶华人出境。此时的国际大背景，是英美势力自1950年代开始图谋冷战，一直至1960年代，更加积极推动本区域封锁中国。当时各地华人共同命运，因着各种政策阻隔，已经不再可能随时来往两地，更鲜少能接触中国来人，也难以听见原乡和其他地方讯息。槟榔屿銮美社同仁生活经验，最终会被抽离"姓王桥"，失去族亲历史与记忆载体，也离不开上边的背景。他们先是面临当地华人和大陆亲人"被疏离"的命运，被切断大陆"銮美社"联系，以后又遭遇原本群体社区的实质地理位置"被消失"。当这些先民经历着"去中华化"体验，他们便不可能继续围绕姓王桥展开社会生活，他们的"地方性"经验亦因此无从传承。槟城闽南姓氏桥民众常形容说，老百姓面对统治机器的法律与军警势力，就像一个人总要抓拿利刃，自身却从来不是"拿着刀柄"的那方。如此无奈，却不是姓王桥单独拥有的历史感受。

在姓王桥先民的回忆中，日本军政府占领统治马来亚 3 年 8 个月期间，居住在姓王桥一带銮美社同仁，既然无从来往闽南，又要应付日军统治，当时也没有各自走散。而且，当时姓王桥的"公司"，处在更频密的运作之中。在这之前，英国殖民政府在姓王桥邻近的政府拥有的义兴码头经营渡轮服务，启用过"丹戎号""居林号"和"巴眼号"三艘渡轮，来往槟榔屿与对岸。但这三艘接通马来亚半岛内陆的渡轮，两艘在日本军队登陆前被日机炸毁沉海，只剩下"巴眼号"被日军拖到苏门答腊服务。当人们唯有依赖姓王桥或其他姓氏桥的舢舨，銮美社族亲收入反而增加了。而日军严厉控制民间经济，管制各种产品出入口，成就了不少姓王桥船民潜入"带货者"行业，以姓王桥私运各种物质上下岸。这种方便，也使得二战时抗日到二战后的反殖队伍，总有些地下人员和姓王桥一些人物交好，关键时借助姓王桥的交通运输渠道（王琛发，1988a）。

日本战败撤退后，姓王桥继续存在了一段时间。可是，到了 1956年，槟城港口委员会根据马来西亚 1955 年《港务委员会法令》正式接管槟城海港。随着港口委员会 1957 年宣布在槟榔屿港口对岸兴建北海渡轮码头，接着港务局在 1959 年宣布要加强战后渡轮服务，在原来的基础上添购五艘新渡轮，并兴建拉惹乌达码头，以此对应和衔接北海码头港务，姓王桥的位置恰恰在规划新码头范围，也就不得不面临迫迁。而英殖时代，政府从来不考虑发"土地证"给架设在海上的姓氏桥，马来亚 1957 年独立以后延续英殖留下的法律与行政，姓王桥不论按照政策或者法理，都难以逃离迫迁（王琛发，1988a）。从港口海岸线地图看拉惹乌达码头，它毗邻帆船和大舯舡上下货物的义兴码头，后者连接瑞天咸码头，再远则是海军基地。而拉惹乌达码头的另一边，是港口委员会与底下港务局各单位的办公建筑。这样一来，姓王桥如果既不要远离族人原本散布居住地区，又想要接近其他姓氏桥原来海域，大概也只能搬迁到拉惹乌达码头旁边。但是，政府港口政策，是不允许姓王桥接近渡轮码头邻近范围，也不允许大量舢舨出现在渡轮行驶路线。这就造成姓王桥重建遇上困难，既不能建造那种可以让船只两边排列的长型木构码头，也不能够接近渡轮码头（王琛发，1988a）。最终它是被重建在码头范围最边沿的港务办公楼旁边。

图2　被填海建设渡轮码头掩盖的姓王桥原址（摄影人不详；王琛发 收藏)①

1960年代姓王桥重建在渡轮码头邻近港务办公楼旁，因为渡头的一边是贴近着办公楼，基本就只能以另一边应付十余艘舢舨的停泊需要。如此集体码头，无从应付较密集的运输需要，也难有更多船应付许多客商较大规模运作，就很难与其他姓氏桥竞争。而姓王桥在这最后的新地址，遇到的更大障碍是海水流动的问题。拉惹乌达码头旁边的水域，经过港口工程，海床变浅，本来就不适合舯舡停泊，也就限制族亲习惯的"物物交换"生意。而桥在港务局边上，桥的不远对面是海关的办事处，整座木构渡头就在一处"U"型的小海湾内，久而久之淤泥冲积于渡头下，船只更难停泊。

所以，姓王桥的式微，就开始于最后这一次搬迁。到1970年代

---

①　姓王桥20世纪前半叶经历过商贸繁华年代，1956年遇上槟城港务局兴建渡轮码头而被迫迁，原址被覆盖在码头建设的整体范围之内。

末，基本已无人在淤泥堆积的桥身旁停船与行船。再到 1980 年代中叶，桥边原来的公司屋，旧地址还在，但除了剩下屋顶，原来的墙壁都被拆了，改造成为一处私人经营的电单车停泊处（王琛发，1988a）。

在姓王桥走向式微而最终失去其功能之后，有很长一段时间，"公司" 仍继续活动，这足以印证过去以来，华人传统社会依靠 "公司" 这类机构作为行政机构、经济机构和维持 "传统" 的机构，是民间有效的历史感与空间感的展现载体；社群也可以借用 "公司" 的存在表达 "地方性" 的存在，由此建构集体意识，建构社群对于共同地域和起源的记忆。在 1970 年代以后，即使 "桥" 失去功能，可是其原来的人事组织和经济留存保持在 "公司" 的文献中，化为人际的活动。即使姓王桥一带的銮美社后人，其实被后来的政策情境影响，剥去了祖辈传承的 "姓王桥" 生活方式，他们虽然抽离在过去大众围绕着渡头生活的社会形态之外，但有很长一段时间，还是可以回到向许泗漳家族承顶的祖祠参与祭祀活动，或者发放一些助学经费给后人。只是，他们不论对銮美社或者对 "銮美社拥有的姓王桥"，集体能传承的历史，大多都得依靠长辈凭着记忆的印象了。少数老人固然可能在少年时曾在同安生活，但大部分人在 1950 年以后不能再回去马銮陪伴父母妻儿，因而也只能停留在口述过去家里的记忆。

因着 "公司" 在 1980 年代的余绪，那时还可找到一些曾经听闻 "公司屋" 生活方式的姓王桥后人。在这些老人当中，大家共同记得的福建銮美社印象，还是相当具体的地理观念，知道中国福建省同安县有銮美社，原本属于闽南靠海乡社之一，乡社居民生计因地之利，除了有人依靠捕鱼为生，村人谋生方式主要是借助海边沼泽地的地理条件，养鸭收蛋，每日挑着鸭蛋，走乡过里售卖给附近其他乡村居民；有卖不完的，就得加工腌制成咸鸭蛋，以期收藏时间较耐久，可以待时出售。还记得笔者在 1980 年代时候，听闻一位四十余岁的老桥民王亚来转述其父辈的说法：銮美社本来有过传统，很多家庭都是父子兄弟轮流来往同安 "家里" 和姓王桥两地，经营鸭蛋生意和物物交换，槟城妻妾从姓王桥陪着孩子回"乡下"读书。可是到 1930 年代末，发生了许多少壮从"那边"出走的高潮，他们都选择跑到"这边"。那时原因，还不单是遇上日本侵华，而是由于国民党统治时期，家乡"一粒鸭蛋两千元"，若有人想买一辆脚踏车，就可能要搬出一个米包去盛钞票，如此艰苦的环境，只能被迫离乡背井（王琛发，1988a）。相对于上述同安乡村的叙事，这也就解释了大家对 1930—1940 年代槟城姓王桥的记忆，何以认定这时是姓王桥"热闹"的时代——遇上许多族亲前来谋生，姓王桥邻近銮美社族亲人口激烈增加——又是一个大众不断忙碌，汇钱回同安照顾亲友的年代。

　　如此原乡谋生印象，转化成为后人共同回忆，也就导致那时姓王桥上除了常会跟随地方华人社会的谚语，以"返唐山卖咸鸭蛋"形容先人亡故，还会根据"唐山卖咸鸭蛋"本来就是家乡生活，形容那些离开姓王桥回到銮美社故里就不再重回槟城谋生的先辈，说他们也是"返唐山卖咸鸭蛋"（王琛发，1988a）。如此，槟城华人共同熟悉而暗喻着生死意义的黑色谚语，落在姓王桥乡亲兼宗亲嘴里，更能显示具有源自生活体验的更深层意义。那些到槟榔屿谋生的先人，收入当然比在家乡卖咸鸭蛋强得多；可是自民初到 1950 年代，两地一再发生各种因时代造成的阻隔，最后是完全阻隔。很多銮美社宗亲，原来在槟榔屿生活相对稳定，偏偏心中放不下，免不了就有着无可奈何，宁可选择"返唐山"，以后可能也就只能靠"卖咸鸭蛋"等待日子过完。南洋的亲友如斯形容回去的亲人，语言是戏谑的表述方法，当中其实带着生离死别的辛酸。

　　另外，再据当地銮美社宗亲听闻原乡祖辈的传说，先民下南洋，不可能由本身社里三五个人或十数个人组成单独的出海群体。很多时候，在原乡的各个宗族村落互有亲戚关系，或者本就结合成某种族姓村落同盟的态势，其后人出门下南洋也是几个邻近村子的人，同舟共济。如此，由原乡的村与村之间的关系，再到船上的人与人之间的关系，也影响着南洋闽南社会群体关系，有些乡社后人相互竞争，也有些乡社后人基于闽南的原来人事关系而有着良性互动。正如姓王桥流传的说法，清代到民初，他们和原乡杏林的姓周桥桥民，多可追溯姻亲关系，而两桥的同胞不论在原乡或当地，又是和来自石塘的谢姓宗族，还有来自新江的邱姓宗族，多有亲友往来。所以槟榔屿姓王桥和姓周桥的船民，也多有承包邱、谢二姓商人的海上运输工作。如果根据闽南沿岸村落的地图，这些村落在陆上距离互相较近，海上交通本也方便，更重要的是他们在槟城，也还是延续乡社本来的传统，互相以闽南或槟城的姻亲和宗族纽带为因缘，作为诚信的保障，客观上达到共同稳定彼此的社会实力与商业风险。

我们或许可以从当地传说，看到姓周桥与姓王桥从乡里到本地，都在桥上供奉保生大帝的原因，也由此看到原来的邻村关系。按当地确定神明与人间彼此亲密关系的传说，保生大帝吴夲被大众视为显灵神仙之前，生前经常来往杏林与銮美两社边界。而在周、王两社的传说中，吴夲曾有一次在两社边界用一根红丝线缚住一株大树，告诉两姓青年，只要几个人去拉着红丝线，就能把大树拉倒。结果，周姓社里的青年人不太相信，而王姓社里却有几个人相信，并试着动手拉倒大树，保生大帝因此也留下预言"王兴周败"。民间传说的解释是，杏林再往后的年代，确实一度比銮美穷，以后銮美社一直供奉保生大帝，感恩其预言与庇佑；周姓村人也是朝夕供奉保生大帝，祈求其庇护，以扭转劣势。这样的故事传闻，固然含有宗族本位的态度，不见得真有其事，可是又足以说明这些村子其实本来就是保生大帝吴夲生前活动的范围，而且村民互相来往聚会（王琛发，1988a）。事实上，在槟城，同样的传说，还发生在吴、周两村之间。上文提及的周、吴、王、邱、谢等乡社，根据现在的行政划分，已经是划分在厦门的海沧和集美两区，社和社地理上相互比邻，历史上通婚不绝。他们历史上本来就是长期有着亲友关系，所以各自崇拜自家祖妣，而又以保生大帝信俗维系相互的凝聚力。当他们说明医神保生大帝生前来自周、王两社比邻的吴姓乡社，以他们的"地方"作为主要的行医济世范围，也就是在说神明原是他们共同祖辈的长辈，不论在生时或者成神以后，都在和他们历代祖先长期互动，不论在任何远近地区，也都能和各乡社子孙生活在一起，成为彼此的"祖佛"。如此一来，从闽南到南洋，保生大帝信俗，亦可视为源自乡社间互动和生活经验的一种生产，承载着所有乡社共同的历史记忆、价值观以及文化认知，能跨越地理限制，以神圣名义，滋养出可以跨海跨境的"地方性"的象征符号。这就是通过信仰的话语，建构起本乡社的"地方性"乃至闽南乡社共同对于其更大范围"地方性"的实在感觉。

后人的集体记忆不见得一定是完整而详细的。甚至，因着时间的距离，特别是一个社会经历数十年父子兄弟妻儿分离，被切成两个社会以后，后人再遭受冷战以来各种主流话语的冲洗，更可能会改变记忆，或者对记忆有了重新的诠释，使得某个群体的共同记忆变化成为两处各以本身细节论说，倾向各有出入的叙述。原来"銮美社"和"姓王桥"属于同一社会的"地方性"，过去也许是随着社会成员来往两地的日常生活，在两地流动的展现；但到了后来，可能就会有人把它们当成一开始就是"两个社会"。可是这些记忆所重视的片段，以及其中的倾向，却又可以表达出当地后人是如何去认识与叙述自身的历史。而重视历史和记忆的立场，当然也不能忽略各种先民传承的祖辈神话传说，包括后来在马来西亚演变或新造的神话。由于马来西亚强调有神论治国而学校课本公开反对无神论，这恰恰是这些神话可以延续过去的时空记忆，或承载弱势群体话语的空间；由是许多群体本身意识到自身与"他者"的区隔，也会以神话与传说作为表述，表达对历史与未来的文化和价值观念隐喻。

不论是姓王桥，或现存的其他各"姓氏桥"，它们都各自见证着原来地方的闽南社会，又是闽南村镇文化南渡的体现；也见证着乡社民众如何把本身继承的历史文化在地落地生根，还有本群体所在的不同地方打成一片。当群体与大陆互相隔绝后，这是秉持祖先文化在地维持传统的演变见证。所以，姓氏桥作为当地港口行业聚落形成的具体体现形式，还有市区发展历史的组合内容，并不能单纯从槟榔屿地方史的向度去理解。中华文化对待"地方"如何出现，原本有个由《大学》总结而又传承予后人的理念，即"有德此有人，有人此有土，有土此有财，有财此有用"（王琛发，2020b：7），这和诺伯舒兹（Christian Norberg-Schulz）在《场所精神：迈向建筑现象学》中以现象学径路探索"空间"如何转化为"场所"，有着近乎异曲同工的对话态势。诺伯舒兹认为，在个人意识能够认知一处空间之前，空间对当事人是缺乏意义的；他说，"空间"会被人意识为心目中的某个"场所"，就在于人的意识赋予其存在意义，使之成为"知觉的场合"（perceptual field）（Norberg-Schulz，1980：11）。而在槟榔屿闽南各乡社当中凸显其较富裕地位的海澄新坡村邱氏新江社，其中不少成员在19世纪末已经成为邻近的周、王两社船户的"老板"（王琛发，1988b），他们的祠堂以集体立场留下的对联，也有着类似说法，对先前所谓"有德此有人"做了注释。龙山堂邱公司建筑群的福德祠门前的下联是作"德贵先慎，有土此有财"。这样的普遍认知——借用在具体说明銮美社历史文化如何成就姓王桥公共生活的核心精神——在于前者的一切总和也包括后者所在地理范围，开枝散叶与落地生根是同一主题的两重特性。以后，姓王桥在历史上消失了，有关姓王桥的完整记载也难以寻找；可是，只要可能让后人相逢于乡亲聚会，不论是各家各户出席太原堂春祭或秋祭仪式，还是个别家庭回到现在厦门的马銮等地探亲，原来的集体思维模式的影响，总还有一丝浮现的时机。

后语：为着避免遗忘发一点声音

本文写作的基础材料源自笔者于1988年数次会见船民后人，主要是集体聊天记录。那一年，陈业良博士在马来西亚理科大学教育系任教，其间也出任马来西亚华人文化协会槟州分会会长，是他在经过与笔者讨论以后，决定要为槟城各处姓氏桥留下口述历史，嘱托笔者以组织"马来西亚华人文化协会历史调查组"的形式，支持几位工读生参与田野调查项目；重点是要访问先前未曾有过文字记录的姓氏桥，其中也包括由笔者负责撰稿的《槟城姓王桥：从柴牌税到建宗祠——血缘宗亲的奋斗史》。这系列文字当年刊登在马来西亚《南洋商报》，毕竟也得迁就报章的特性，因此篇幅只能有一定字数，并且要顾及以一般读者为表述对象，尽可能以最有效的编排去传播与留下知识给大众；最后也总得迁就马来西亚在那个时代对待新闻自由的定义，还有地方上的人事限制，留下一些遗憾，未能给先人留下更完善的深入详细记录。而笔者本身对姓氏桥最初的印象则源自幼时经历。四五岁起，最经常的记忆，是随着外婆推着木箱改造的流动小摊，来往各姓氏桥售卖炒米粉和红豆糖水，所以那是种接触着各国海员与姓氏桥父老乡亲的感情回忆。只是，在笔者懂得帮着外婆叫卖和洗碗的童年，姓王桥早就被拆除了，对其繁华印象的记忆也是源自父辈口中的转述，已经无缘看到原有热闹场景。1988 年，笔者两次考察当地銮美社祭祖和保生大帝诞辰，亲见祖屋祠堂参与祭祀的热心后人寥寥可数，更能感受姓王桥在 1960 年代中期被迫拆迁的后遗症。

从历史去追溯姓王桥，姓王桥是属于銮美社亲人曾经拥有的生活环境，却已经消失在绝大部分槟榔屿人民的记忆中。

当我们失去我们的家园、信仰场所、祖先墓园、商区，甚至是久违自己从小买卖购物的商贩地摊，或者发现邻近的房屋拆迁，我们都可能感觉失落惆怅，原因就是我们也正在告别自己原来的地方意识，包括告别自己的往事。当我们熟悉的城镇乡村面貌在剧烈改变，甚至消失，即使回到原地，也意味着我们从此要离开自己的亲友、离开自己熟悉的环境，最重要的是离开自己的记忆，也就是赖于相依自身存在意义的地方意识。当然，一旦具体告别历代祖先曾经具体生于斯长于斯的家园，就意味着"我"在接下去的失落，是会在现实生活当中失去联系自己过去存在意义的载体。当人们逐渐失去上述一切，他们就是正在走进告别自身历史文化的道路，一旦历代祖先留下的历史文化逐步与日常生活发生断裂，子孙也正在告别先辈流传的各种记忆（王琛发，2012）。

直到现在，我们还可以看到姓王桥的一些残痕。过去由木柱架高的桥板，至今还有一小段靠近在港务局的土地范围边上。可是，数十年来渡轮码头和港务建筑物工程之后，底层海床逐年被淤泥堆高，如此的"桥"身，当然再难发挥真正的木构舢舨码头功能。而过去原来属于"公司"办事的场所，早在20世纪就变成私人经营的电单车停车场。"姓王桥"作为一个地方群体的意识所在，以及銮美社先民围绕着自己建造的木构码头形成的"地方"，却几乎被人们遗忘，已经掩埋在历史的过去。多年之后，在本世纪初，当其他幸存的姓氏桥依然存在，成为联合国教科文组织确定原港口市区作为世界文化遗产区的理由之一，姓王桥却早已消失了，不再重现于受到认可的序列当中。

图3　姓王桥最后遗址至今留下的半截桥身（王琛发 摄）

不幸的是，只要我们的记忆逐渐趋向淡化而愈加模糊，"我们"就愈难认识本当看到自己的客观存在是如何状态，甚至不知道"我们"本来的面貌。因为不懂得由我们的先辈到我们自己，究竟是少了什么，所以"我们"即便是坚持"我们"自身要有自身的历史话语，却无从拥有完整认知客观的历史方向。这就是弱势论述的最大创伤。弱势者就是因着源于本身的弱势，本身不论是在论述记忆的历史，还是论述历史的记忆，历史和记忆都会遇上许多缺漏或者植入的说法，会受着当权者透过种种体制手段强迫遗忘，或者遭受主流观念的标签化。所谓"弱势"，不见得是在本质上的，而是关系着弱势者惯常处在的位置，是一种被压抑、被边缘化的状态。但是，当姓王桥由着各种"发展"与"现代化"的迷思主导，被视为"落后"而遭到拆除、摒弃与取代，这毕竟就是姓王桥的历史。这也导致，这个词最后会消失在大部分人的印象中，长久或很遥远以后，不是一般人所能想到要去关心的。

然后，随着马来西亚联邦政府在 1969 年取消槟城的自由港地位，再随着槟城在 1970 年代以后引进许多外来人口，槟城开始演变为亚洲地区最早的免税工业区，许多跨国公司都借助此地作为密集生产力的海外生产基地，槟城也逐步脱离主要是华人人口而依赖于海洋贸易的经济形态。更后来，在 21 世纪初，文化遗产观念的兴起，交织着旅游经济利益的介入，除了姓郭桥再一次让路于前政府和私人开发商合作的楼房规划，也是消失在历史，其他姓氏桥所迁移的最后地址都不再消失，而是作为"文化遗产"得以保留在当地。由那时起，我们则是至今在见证，如今的姓氏桥的历史叙述出现各种话语，足以令人想起保罗·康纳顿在《社会如何记忆》里有段相当精彩的论述，他说："尽管有此相对于社会记忆的独立性，历史重构的实践可以在主要方面从社会群体的记忆获得指导性动力，也可以显著地塑造他们的记忆。当国家机器被系统地用来剥夺其公民的记忆时，这种互动就会出现尤为极端的例子"（康纳顿，2000：10）。现在，大量从纸本到网络书写姓氏桥的文字，常会出现"宁静""乡村""海景""热带风情"等字样，这足以反映这一代人脱离船民历史与生存脉络的认识，也是无可厚非；因为我们知道，当姓氏桥逐渐远离原来的海贸经济环境，外人走在桥板上，出于自身旅游休闲的动机，以自身观感互动寥寥数间木屋，当然就少掉 1960 年代还可见其气势遗痕的印象，完全难以想象那是种"百舸争流、奋楫者先"的景象，更难以想象眼前的大海曾经是整个城市面对全球国际资本主义的最前线，他们旅游手册上以为的所谓"村"其实就是城市经济的最前端，也是闽南乡社海疆经济伸延到印度洋的交界的见证，"桥"的日常习惯是数以百计船只来来往往。

　　社会记忆与历史重构，两者是互相联系的、互相影响的，也互相可能转化为对方。而叙述历史的各方，处在不同的发言位置，往往会衍生出对史料不同的诠释，去影响或甚至摆布原来的社会记忆。甚至，如此也会消解被叙述者的我方历史。那些原来居民的后人，如果不知自己祖先原来的社会形态，以及其历代生命延续在于不断在整片海域迁移渡头以应付整个大南海商贸，足足干了数百年，也就可能随着殖民者后来建构的说法，以为自己是随着殖民者开发当地才来上岸的"外来劳工"。这种牵涉历史话语权的史料应用与诠释，本来就显示着历史书写本身具有的不稳定性质；更何况有些史料被有意无意地抹杀或淡化其内容的结构，难以出现在当代书写者的视野之内。正如同我们需要重新审视整体闽南姓氏桥的历史，有必要重新思考现在留下的各姓氏桥，也有必要重构现已经消失的姓王桥等其他各姓桥的历史书写，过程中也应当注意历史写作过程里隐伏的认同危机与文化霸权。

　　我还是希望，我们理当记得，这里曾经有一批先民，自 18 世纪以前出海，有组织地以乡社力量维持着开拓海疆经济的集体生活；而且，当地所有这些闽南海边聚落，正如銮美社之于姓王桥，都是本着銮美乡社的"太原"认同，这一方面促成以銮美认同具体实现的闽南认同，一方面也促成邻近各地王姓宗亲的跨越籍贯整合，间接便是为打破当时常见的地方主义和地域分歧等陋习，做出部分贡献。同时，姓王桥等姓氏乡社组成在当地的"公司"的历史，也是传统闽南宗族村落转化与嵌进现代资本社会运作有过的范例。他们确实是努力按照自己的文化思维，建构闽南乡社演变的跨地社会模式，而去面对殖民政权与民族国家的政策与社会重组。闽南的传统乡社，尤其是槟城各姓氏桥，应对资本主义全球化的萌芽，可能基于饮水思源而又重视开枝散叶的集体社会与传统思维，建构过一种以一体网络处处落地生根的传统社群范式。但他们缺乏参与摆弄全球政经规则的博弈实力，只是以集体力量力求宗族群体能在全球资本世界的一隅之地安居乐业、传宗接代。他们最终也在 20 世纪失去了自己建构的社会。但如此基于历史文化建构的社群认同，即使随着时空转移而变得不再完整，也还是能零散地保留在子孙记忆之中，许多人还知道自己家庭的生活文化，本属于某个冷战时代以后不曾接触的"乡里祖社"。

由銮美社族亲的生活历史去摸索先民曾经有过的集体思想与生活态度，包括先民原来的历史意识与社会观念，对现在的"侨乡"过去的历史文化或可从此有另一番认识，由此也能解释历史书写的主要用意不在于挖掘被埋没的过去，而在于采访与探讨历史在过往与现时的文化价值，并进一步批判历史写作背后的思维，以及人们从不同角度对待历史的态度与动机。最终还是那句话：先民的思想与事迹，是不应由单方面的片面或片段的叙述主导，让许多原来的真相继续湮没在历史之中。

参考文献

Avineri, Shlomo & Avner de-Shalit 1992, "Introduction." In Shlomo Avineri & Avner de-Shalit (eds), *Communitarianism and Individualism*. Oxford: Oxford University Press.

Feuchtwang, S. 1998, "What is a Village?" In Eduard B. Vermeer, Frank N. Pieke & Woei Lien Chong (eds), *Co-operative and Collective in China's Rural*

Development: Between State and Private Interests. New York: An East Gate Book.

Mercer, Kobena 1992, "'1968': Periodizing Politics and Identity." In Lawrence Grossberg et al.(eds), *Cultural Studies*. London: Routledge.

Norberg-Schulz, Christian 1980, *Genius Loci: Towards a Phenomenology of Architecture*. New York: Rizzoli.

阿帕度莱，阿君，2009，《消失的现代性：全球化的文化向度》，郑义恺译，台北：群学出版有限公司。

陈孺性，1984，《仰光广东公司（观音古庙）史略》，余瑞荣编《仰光广东公司"观音古庙"一百六十周年暨第十届建醮功德纪念特刊》，仰光：仰光广东公司（观音古庙）。

康纳顿，保罗，2000，《社会如何记忆》，纳日碧力戈译，上海：上海人民出版社。

李明樾，1988，《槟城姓李桥：专载新客上岸，为舢舨巷留名》，《南洋商报》。

马淑慧，1988，《槟城姓陈桥：福建同安县丙州社人在此扎根》，《南洋商报》。

王琛发，1988a，《槟城姓王桥：从柴牌税到建宗祠——血缘宗亲的奋斗史》，《南洋商报》。

王琛发，1988b，《槟城姓周桥：内聚性社会的形成》，《南洋商报》。

王琛发，2012，《搬走记忆、"公民"何在？——阅读大卫·哈维的随想（上篇）》，《南洋商报》。

王琛发，2020a，《吾境南暨：19世纪槟城闽南社会的闾山传承、保生大帝信仰与族亲认同》，《闽台文化研究》第1期。

王琛发，2020b，《重新审视儒学传统与南海华人研究的密切关系——少年读书印象对治学观念的启发》，《客家研究辑刊》第1期。

王文庆，1991，《漫谈本堂创建经过》，王富金等编《马来西亚槟城王氏太原堂庆祝百周年纪念特刊》，槟城：王氏太原堂。

王姓敦 m，2017，《角美王姓源流》(https://www.2jiapu.com/yuanliu/yuanliu-20170716－11073.html)。

（作者单位：闽南师范大学闽南文化研究院）

民族认同与"信仰溢出"

——以与藏族族别相关的川康民族识别为例

何贝莉

摘　要　通过本项研究，笔者意在指出，与藏族族别相关的川康民族识别可分为 1950—1953 年和 1953—1990 年两个阶段。在前一阶段，川康诸"番"是否拥有与西藏藏族一样的宗教信仰，往往成为确立民族认同或被"识别"为藏族的关键因素。但在现有的中国民族识别研究中，学者鲜少将宗教信仰作为特定的分析维度纳入其讨论范畴。由此，笔者试图基于对嘉绒和黑水的民族识别、尔苏识别问题和白马族属争议的个案研究，通过引入"信仰溢出"这一概念，探讨宗教信仰如何打开这些"自然民族"的"边界"，从而建构其作为"政治民族"（minzu）的认同感；以期厘清民族认同、"边界"与宗教信仰三者之间的关系、互动模式及其内在动因。

关键词　民族识别；藏族；信仰溢出；民族认同；边界；川康

　　1949 年新中国成立后，中央政府开始逐步推行户籍管理制度，希望能以此为基础贯彻少数民族优惠政策。但在 1953 年全国第一次人口普查中，自报登记的民族名称有四百多种，若不进行甄别，便很难在基层中落实相关政策。以此为缘由，民族识别工作正式启动。首先，从这些民族名称中确认了 38 个少数民族，其中包括"已公认的蒙古、回、藏、维吾尔、苗、瑶、彝、朝鲜、满等民族"（黄光学，

1994：148）。

"藏"作为"已公认"的民族，在民族识别初期即已确认，但这并不意味着与之相关的识别工作也宣告完成。从国家民委原副主任黄光学主编的《中国的民族识别》来看，三个有待探讨的"民族识别余留问题"中，就有两个（僜人和白马人）与藏族族别相关[1]（黄光学，1994：292—304）。由此，笔者不禁疑问：为何与"藏"相关的民族识别工作会呈现出如此情态，即最早"确认"，终又"余音"未绝？

黄光学与施联朱虽然归纳出四种民族识别的类型，但这些类型能否用于理解与藏族族别相关的调研工作，仍有待考量。[2] 而此后关于这一主题的学术探讨，又多限于个案研究，如白马藏族的族属争议（曾维益，2002：213—214）、尔苏藏族的认同问题（巫达，2006：19—23）等；鲜见对与藏族族别相关的调研实践，作以整体性、历时性的考察。鉴于此，笔者拟以新中国成立后的（四）川（西）康民族识别为例——因该区域所涉及的识别对象相对较多，"余留问题"更为复杂——对与藏族族别相关的调研实践作以"再思"。

通过对相关文献的再研究，[3] 笔者意识到，在川康民族识别初期（1950—1953），确认这些地方共同体为"藏族"的一个关键要素，在于其与藏族有共同的宗教信仰。1950 年下半年，刘格平率中央（民族）访问团一分团协助西南局、西康省委筹建藏族自治区时，认为"西康藏族各支系的差异并非'质'的表现，并不妨碍统一，他们都认

---

① 此外还有"普米"和"尔苏"（李绍明，2009：33），以及夏尔巴人（黄光学，1994：278—281），这些族群虽已被识别为藏族，但仍存有争议。

② 黄光学与施联朱归纳出四种民族识别类型：1）以追溯民族历史渊源为识别族属的依据；2）民族支系的认定和归并；3）属于汉族族属的识别；4）民族名称的确定与更改。但其中的每一个范例都未涉及与藏族族别相关的识别工作；换言之，这些类型无一是根据与藏族族别相关的调研实践而得出的（黄光学，1994：174—258）。

③ 本文主要是对相关文献的再研究。所涉文献主要有：吴传钧《西康省藏族自治州》（1955）、四川省民族研究所编《白马藏人族属问题讨论集》（1980）、西南民族学院民族研究所《嘉绒藏族调查材料》（1984）、平武县白马人族属研究会编《白马人族属研究文集》（1987）、崔丹《嘉绒藏族史志》（1995）、曾维益编著《白马藏族研究文集》（2002）、李绍明和刘俊波编《尔苏藏族研究》（2008）、巫达《族群性与族群认同建构：四川尔苏人的民族志研究》（2010）等。

可并乐意接受'藏'或'博巴'族称"（秦和平，2016：136）。

在川康民族识别的过程中，调查者逐渐意识到这些识别对象的语言、经济、生活习惯、风俗文化等——参照指导民族识别的理论依据，即斯大林的民族定义"四个共同"（费孝通，2009a：151—152）来看——实际难以作为确认其族属族称的标准；与之相较，地方生活中不同族群的共同信仰反而会对识别过程和结果产生关键性的影响。具体在调研实践中，调查者也在一定程度上遵循着其体悟到的这一经验事实。

但在目前既有的中国民族识别研究中，学者鲜少将宗教信仰作为特定的分析维度纳入其讨论范畴（聂文晶，2013）。通过本项研究，笔者意在指出：其一，川康民族识别可分为 1950—1953 年和 1953—1990 年两个阶段。在第一阶段，川康诸"番"是否拥有与藏族一样的宗教信仰，往往成为确立民族认同或被"识别"为藏族的关键因素。其二，基于对嘉绒和黑水识别的个案分析，笔者试图通过"信仰溢出"这一概念，探讨宗教信仰如何打开这些"自然民族"的"边界"从而建构其作为"政治民族"（王铭铭，2011：568）的认同感；以期厘清民族认同、"边界"与宗教信仰三者之间的关系、互动模式及其内在动因。其三，通过对尔苏识别问题和白马族属争议的个案研究，笔者进一步区分出"信仰溢出"的两种类型——"内溢"和"外溢"。这两种"溢出"类型发生并作用于川康诸"番"从"自然民族"到"政治民族"的并接过程中；一方面体现为民族的政治化进程，而另一方面，作为"社会实体"的民族并未在这一过程中彻底消解。

一、"放大"的川康民族分类

现代民族-国家意义上的"藏族"，主要是指居住在藏语三大方言区（卫藏、安多、康）内说藏语且有共同文化生活的居民——这一论点，乃承袭民国以降政治与学术上的基本认知而得。因此，若想探究与藏族族别相关的川康民族识别，应从民国时期的"藏族"研究入手，以期理解"藏"与川康诸"番"所谓何指，以及两者在宗教信仰、族属族称等方面会有怎样的关联与区隔。这一研究理路，或被相关学者形容为"放大民族分类"（墨磊宁，2013：333）。

（一）"藏"与"番"

1912 年辛亥革命成功后，孙文在《中华民国临时大总统宣言书》中宣称："国家之本，在于人民。合汉、满、蒙、回、藏诸地方为一国，即合汉、满、蒙、回、藏诸族为一人。……是曰民族之统一"，此为正式声明五族共和论（松本真澄，2003：77）。亦是在政治领域里，首度将"藏"与现代意义上的"民族"联系在一起，作以考量。

至 1939 年前后，中国抗日战争最艰苦时，历史学家顾颉刚发文指出："'五大民族'这个名词却非敌人所造，而是中国人自己作茧自缚"（顾颉刚，1939）。因以现代政治观点来看，中国只存在一个"中华民族"，汉、满、蒙、回、藏不宜称为"民族"；这样的提法"本身就是帝国主义分化和瓦解中国的策略和阴谋"（马戎，2016：5）。由此引发"中华民族是一个"的学术论战，张维华、吴文藻、白寿彝、费孝通等人相继投入其中（马戎，2016）。在此，笔者无意对这场论战作以探究，仅想以此说明：当时学界对于能否可将"藏"理解为一个现代"民族"尚是存疑的。换言之，若不能将之视为一个"民族"，又应如何在现代国家的范畴里定义"藏"？

顾颉刚试图以"文化集团"替代"民族"概念。① 但这一理路并

---

① 顾颉刚写道："中国之内决没有五大民族和许多小民族，中国人也没有分为若干种族的必要；如果要用文化的方式来分，我们可以说，中国境内有三个文化集团。以中国本土发生的文化为生活的，勉强加上一个名字叫作'汉文化集团'。信仰伊斯兰教的……可以称作'回文化集团'。信仰喇嘛教的，他们的文化由西藏开展出来，可以称作'藏文化集团'。满人已经完全加入汉文化集团里了，蒙人已完全加入了藏文化集团了"（顾颉刚，1939）。

未得到学界（尤其是社会学、人类学界）的普遍认同，且进一步激发了中国境内多族并存的事实与西方现代国家建构模式之抵牾的探讨。相较于西方单一民族‐国家的建构理论为中华民国的立国"合理性"所带来的焦虑，吴文藻参照苏联多民族建国模式，指出"一民族一国家"或"民族即国家"的政治学术观点实乃误解，进而探讨了基于中国实情的多民族乃至"超民族"的立国之可能（吴文藻，1938；王铭铭，2012）。

此间，中国社会科学研究重心西移，学者就近取材，集中在西南边疆从事少数民族实地调研，西南地区的民族学研究由此盛极一时（马玉华，2006；赵梅春，2018：133—138）。1938 年，李安宅"接受了陶孟和、顾颉刚两师的建议"，前往藏族地区拉卜楞，实地考察三年有余，所撰论文，后结集为《藏族宗教史之实地研究》（李安宅，2005：3）。李有义于 1944 年由导师吴文藻推荐去蒙藏委员会驻藏办事处工作，在拉萨工作生活三年半，后著有《今日的西藏》（1951）。两位学者由论战两方分别荐选入藏，但他们对藏族的整体性研究，则是基于相近的问题意识：一是为还原西藏的真实图景，因为"过去出版的一些关于西藏的书籍，错误实在太多了"（李有义，2003：311—312）；二是试图对"藏"的民族属性、文化特征等进行学术化的阐释。

在人类学的范畴里，李安宅强调，"藏民族"有共同生活的广泛区域；但在这片区域内，并不纯然只有藏族（族群）。具体而言，"藏族区就是说藏话和有藏族文化的民族聚居区""整个中国的藏族区，包括三个文化区"：西藏、西康和安多。[①] 李安宅在介绍完藏族区后，随即写道："包括三区的居民，一般称为藏族，那是许多民族的混合居民"（李安宅，2005：7—8）。由此或应追问，何谓"许多民族的混

[①] "只有西藏藏族聚居区，是政治实体，直属中央，是出现在地图上的。而西康或直属四川，或在四川以外。安多则分属于青海、甘肃、四川三省，划分为不同的县"（李安宅，2005：7）。

合"？既然是"许多民族"，又何以能"一般称为藏族"？李安宅的看法是：

> 藏族最早见于汉文历史，是唐代（618—907 年）的吐蕃。此外，在这个广大藏族区中还有羌、氐、吐谷浑、戎、附国、东女国等，也有所记载。因为在唐以前最重要的民族记载是羌，所以历史学家把藏族叫作羌族。可是问题并不这样容易解决，因为实地研究好像应推翻这种结论。今日四川西北一带除藏、嘉戎外，还有羌、索罗子、黑水等民族，不管在文化方面，还是在体质方面，羌较接近汉族，而嘉戎则接近藏族。这里只不过附带提一下，强调问题的复杂性，最好先不要强作结论（李安宅，2005：8）。

李安宅对"藏族"的考察，出自历史学、语言学、文化人类学和实地考察等诸多研究理路。他敏锐地指出，实地调研的结论与历史研究的判断很可能相冲突。谨慎起见，在提出问题的同时，他并未予以解答；从而在"一般称为藏族"与"许多民族的混合"之间，留下再作辨析的余地。

与李安宅引入历史学的理路不同，李有义从地质学角度指出"青海、西康和西藏本部是完全不同的，青海和西康是属于古生代的地质，西藏本部则是属于新生代的地质"（李有义，2003：315），据此提出"西藏本部"这一概念。在李有义看来：

> 假如我们单以地质的构造来划分西藏高原，那西藏本部是应当自成一个区域的，若把地势、民族的分布和历史关系都算在内，即西康和青海以及甘肃、四川、云南藏族聚居的区域，也勉强可以划在西藏高原范围内，但这种划分是民族地理的划分，而不是自然地理的划分了（李有义，2003：316）。

此外，李有义还区分了西藏的"人口"和"民族"。他认为，生活在西藏本部的人口并不全是藏族，还有信仰"喇嘛教"的蒙古族、改装成藏族的汉人，以及难以归类的原始民族。对于西藏藏族，他强调以"现代的一个民族"定义之："藏族是指在统一的民族形式之下，过着共同生活，有着共同的社会组织，共同的历史和语言，具有相同的文化的一群人民"。关于民族组成，他认为"西藏民族就其成分来讲是多元的""在民族构成中吸收了不少古代异族成分"（李有义，2003：327—328、334、335）。可见，李有义理解的现代意义上的"藏族"，是基于地理、人口和民族组成的综合考量而来。

结合李安宅和李有义当时对"藏族"的理解，或可作如下小结。

1. 对藏族的族源判断，两位学者均持谨慎态度，认为其民族组成是多元的、杂糅的；难以用历史（文献）范畴的民族史研究，尤其是族源及其流变分析，直接对应人类学实地考察所得之经验事实。

2. 关于藏族种族（体质）的考察。李安宅认为，尚未对此真正展开过体质人类学研究。李有义谈到，尽管有学者如吕振羽在其《中国民族简史》中根据体质特点推测西藏民族属于马来人种，但"实际今日的西藏民族早已不是一个单一的种族"（李有义，2003：335）。

3. 藏族聚居区大抵可分为两个范畴，一个是行政意义或自然地理上的"西藏本部"，另一个是围绕"西藏本部"而形成的，包括西康、青海以及甘、川、滇藏族聚居区在内的大片区域。对于前者，学者认为，那里仍生活着某些非藏族群；因此，"西藏本部"也并不是一个单一民族的区域。对于后者，当时并没有统一的学术称谓，只是在"民族地理"的范畴上，指包括藏族在内的"许多民族的混合"区域，至于这"许多民族"具体为何，他们与藏族的渊源和关系怎样，则存而不论。

4. 关于藏族的语言，两位学者着墨不多。李安宅强调，藏族区就是"说藏话和有藏族文化的民族聚居区"。然而，具体何谓藏话，其方言情况如何，则未作深究。在李安宅看来，语言学上的藏族研究当时"还没有开始"（李安宅，2005：8）。

5. 对藏族宗教信仰的描述，两位学者的着眼点或有不同。在《藏族宗教史之实地研究》中，李安宅以宗教史切入，从藏族原始信仰苯教开始，历时性概述佛教传入藏地后，宁玛派、萨迦派、噶举派和格鲁派的教法传承与仪式、日常等；并以格鲁派拉卜楞寺为例，详叙之。李有义在《今日的西藏》中，从政治、经济、宗教和社会等方面入手，对西藏作以整体分析。实际上，通过两位学者的描述可见，对于藏族宗教信仰的学术称谓，当时并未统一。李安宅视其为两类，分别是原始信仰和藏族佛教；李有义则视之为一体，称为"喇嘛教"①。

6. 时政对藏族族别研究的影响。如李有义所言，康藏划界不久，辛亥革命发生，"西藏地方政府在帝国主义的指使下，就不断的向西康进犯……从1918年起西藏地方政府实际的辖区包括西藏本部和金沙江以西属于西康的地方"（李有义，2003：316）。确是为了将西藏与其周边地域（尤其是川康）区别开，李安宅以行政区划相分，李有义以自然地理区分。但由此引发的问题是，地域区分是否意味着民族"分化"？李有义认为，外国势力故意扩大西藏的范围，将周边地域划在西藏高原的范围里，"帝国主义多少年来就以'大西藏'为饵来挑唆西藏从祖国分裂出去"（李有义，2003：316）。所以西藏不能"扩大化"，换言之，西藏周边生活的"许多民族"能否等视为藏族这一命题，就如同顾颉刚发起的论战"中华民族是一个"一般，已超出了学术探讨的范畴，更具时政意义。或由此因，李安宅对西藏周边族群的族别考察，仅是存而不论。

但应指出的是，如上种种，并不意味着国民政府和相关学者对生

---

① 李有义指出，西藏文化的中心是宗教，俗称"喇嘛教"；并认为"喇嘛教这一名称在西藏是不存在的"，但因"已经通用"，便在书中"暂且沿用"。因为"西藏的佛教也确是掺杂了一部分印度教和一部分西藏的原始宗教……我们以喇嘛教来专指西藏的佛教也还说得过去"（李有义，2003：399）。

活在西藏周边地域的诸"番"鲜有关注。事实上，对川康诸"番"的实地考察，以及对其族源、族称、族属关系的研究一直在进行中（王尧等，2003；马玉华，2006）；只不过，这些调研多是在非藏族别、族称[①]的学术语境里展开的。

1929 年，任乃强应川康边防指挥部之邀考察西康各县，借其记述或可管窥当时川康的情形为何（任乃强，2009a：5、12、26、42—43、55—56、116—117）。从其《西康视察报告》（1930）来看，西康的主体人群为"番"，与"藏"一样，均信奉"喇嘛教"[②]（任乃强，2009a：2—120）。关于两者在宗教信仰上的联系，任乃强在《西康图经》（1932）中阐述道：

> 唐之末世，吐蕃崩裂，西康民族，复自独立为若干部：曰朵甘，曰鱼通，曰巴，皆于元之盛世，内附中国。元置朵甘思与鱼通等处宣抚司治之，隶脱思麻路，属陕西行省。此时期中，能使西康民族与西藏发生关系者，惟喇嘛教。盖吐蕃盛时，定喇嘛教为国教，有强迫人民信奉之政；历三百年，西康民族，已成喇嘛教信徒。喇嘛教中心在于西藏，故吐蕃虽已崩裂，而康、藏民族已有难于分裂之势。此藏番或吐伯特之名称，所以能成立不倒也。
>
> ……

---

① 至于称谓，"国民政府对于西南少数民族仍通称为苗、夷、蛮、猓等，或称为边民、边胞"。这些称谓，多是沿袭清代对西南各族的称呼。由于政府自上而下组织的调查，主要依靠西南地方官员进行，他们没有经过专业训练，"上报的调查表只注意了少数民族的自称和他称，没有按民族的语言系统来进行科学的分类，导致民族名称繁杂，种类很多。西南地区少数民族的名称有 200 余种"（马玉华，2006：165—166）。

② 民国以降，学者对此所用之概念或定义诸多，如李安宅称其为"藏族佛教"，李有义沿用旧称"喇嘛教"；如今学界多以"藏传佛教"为统称。从教法源流上看，有苯教与佛教之别，佛教内部有宁玛、萨迦、噶举、格鲁等诸多教派；从制度与仪式上看，可作制度性宗教与弥漫性宗教（或称民间信仰）之分（杨庆堃：2016）；具体至民间信仰，有地域神崇拜、禳灾、御邪、咒符、占卜等不一而足（孙林，2010）。方便起见，笔者在文中若可以具体的教派名指称所述对象，就用其教派名；反之，便以"信仰"或"宗教信仰"统称。

西藏载籍，绝无言及吐蕃建国以前与西康民族发生任何关系者。即至喇嘛教通行康地，康藏习俗语言已经融化之后，尚严分畛域，以别康、藏：呼丹达山以西之民族为"藏巴"；以东之民族为"康巴"。康巴，即西番，羌苗混合之新种，西康高原之旧主人翁也（任乃强，2009b：202—203）。

与任乃强的观点相仿，民国时期的学人多认为自元朝以降"藏""番（康）"之间的唯一关系就是"喇嘛教"（曹春梅，2006：65—91）。在此信仰下，康藏两地的生活习俗、语言等渐趋融合，看似"有难于分裂之势"；但彼此间仍"严分畛域，以别康、藏"。这表明，"藏""番"作为两个"民族"（任乃强语），其各自的"民族性"并未因为信仰同一宗教而削弱。

具体至"番""藏"之间的族属关系，任乃强引"西人"说法和"我国旧籍"分别而论：汉文典籍多把西康诸族统称为"番"，从族别、族称上看，似与"藏"无涉。将"藏"与"番"在地域和族别上作以联系的，实乃"西人"（任乃强，2009b：202—205）。诚然，李安宅和李有义在研究"藏族"时无以避免的政治忧患，在任乃强的研究中也同样存在。

综合历史文献与实地考察所得，任乃强在《西康图经》中统计出西康诸"番"的族别族称，大抵如下。

如图1所示，西康诸族族别族称的复杂性，在于其中任一族群（或"民族"）均处在三重结构关系之中。其一，是"番族"（西番）与"藏族"（土伯特）作为两大主体"民族"的并置关系，以及两者之间的混融带，即未有精细划分者。其二，是西康境内作为主体"民族"的番族与其他不同民族（尤其是生活在南部）之间的主次关系，较于后者，"实以番族人口占最多数"。其三，在"番族"（康番）内部，"其实在称呼，固不如此"，而是以自称和他称相互区分为不同族群，盖因"康藏人民习惯有此称呼，并能举其大概畛界而已"，由此

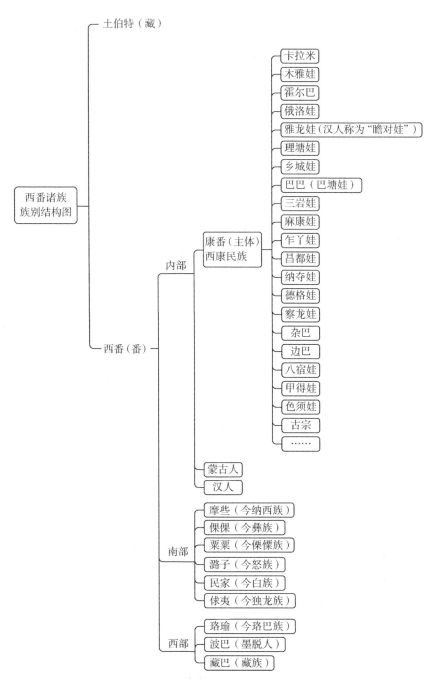

图 1 西番诸族族别族称结构图

导致族群之间的内外关系（任乃强，2009b：214、207）。简言之，若想厘清西康诸族的族群关系，识别各个族群的民族属性，须在如上三重关系中作以理解。①

1941 年，李安宅结束在拉卜楞寺的考察，应华西协和大学之邀，前往该校任社会学系主任。随后筹办华西边疆研究所，具体负责所内事务。此间，先后聘请的研究人员有郑象铣、任乃强、于式玉、黄明信等（陈波，2010：112—113）。由此，两条与藏族族别相关的研究理路，终以"华西学派"（李绍明，2007：41—63）之名汇于一处：

一条是以李安宅、李有义为代表的人类学家对现代民族‐国家意义上"藏族"族别的探讨，主要研究藏语三大方言区内"说藏话和有藏族文化"的居民，而将生活在"西藏本部"西康、青海以及甘、川、滇藏族聚居区内的其他"许多民族"作为存而不论的对象。

一条是以任乃强为典型的"康藏研究的开拓者"（任建新，2009：2）对与藏族族别相关的"许多民族"的探讨，主要调研川康一带与"藏"并置的"番"，及其周边"种族"（任乃强语）与内在族群。与青海和甘、滇藏族聚居区相较，川康境内与藏族族别的相关各个族群及其之间的关系更为复杂——这恰恰是李安宅存而不论的对象。

盖因时局所限，民国时期，这两条研究理路均谨慎地保持着与对方的距离：从各自的论述上看，"藏"与"番"宛如在同一条河道里并行的两条河流，看似未有交融，却实为一体。新中国成立后，多民族并存的现实与"一民族一国家"之间的理论张力方才被打破。"为了确认新中国这个多民族大家庭中的各民族成员，以利于推行民族区域自治和其他各项民族政策，中央和有关地方的民族事务机构从 1950 年起，就组织专家、学者和民族工作者，对各地提出的 400 多个民族

---

① 或应说明，任乃强虽尽可能地综合各方观点，对西康民族作以整体性的论述；但同时，他似也将"种族"和"民族"不加辨析地混淆使用：其"西康之种族"所指的对象，实际更接近现代意义上的民族。任乃强基于川康研究对"民族"的论述可参见瞿淑平的论文《任乃强论"民族"——以〈四川第十六区民族之分布〉为例》（瞿淑平，2018：230—233）。

名称，进行科学的识别"（李资源，2000：250—251）。所谓"民族识别"，是指对一个族体的民族成分和民族名称的辨别（施联朱，2016：59）。

具体至与藏族族别相关的识别工作，是在确认藏族主体为西藏藏族的基础上，重点对之前存而不论的"许多民族"（李安宅语）进行族属识别，确定族称，明确族属关系，建构其民族认同。简言之，新中国成立后的藏族族别研究（亦属于民族识别研究的范畴）所要处理的主题与民国时期的"藏""番"研究在学理脉络上有着清晰的接续关系——只因政治语境的转换，体现在"识别"或调研对象上，显现出由"藏"及"番"的变化。

（二）新中国成立后的川康民族识别

有学者认为，新中国成立后的民族识别实际在1950年以降，中央（民族）访问团的工作中已初现端倪，只是当时，尚未将之视为一项须首要解决的"任务"（秦和平，2016：136—137）。就此，有学者将民族识别工作划分为四个阶段。① 但就川康民族识别而言，笔者认为，可主要分为两个阶段：新中国建立至1953年正式提出民族识别工作之前，为第一个阶段；1953年正式启动民族识别工作至1990年中国由56个民族组成的格局基本确立，为第二个阶段。

第一阶段的主要工作，是将川康一带与藏族族别相关的族群"识别"为藏族。之所以用引号标记识别二字，是因当时尚未明确提出进行民族识别工作（黄光学，1994：148），主导工作者多为中央或地方的访问团，而非由学者主导的针对个别族群的识别调查小组；此外，尚无研究表明这些调研者在进行相关工作时"反复学习"或明确运用了马克思列宁主义有关民族问题的理论，特别是斯大林关于民族的定义。因此，从调研主体和识别过程上看，这一阶段的识别工作虽是在

---

① 新中国建立—1954年为发端期、1954—1964年为高潮期、1965—1978年为受干扰期、1978—1990年为恢复期（黄光学，1994：147—159）。

国家主导和参与下所进行的一项社会工程（墨磊宁，2013：333）；但其用于识别的知识工具，则更多是当时的地方经验和历史上的民族关系。或由此因，这些族群信奉同一宗教"喇嘛教"且有明晰的教法传承关系，成为确认其族别为藏族的关键因素。进行识别的主要目的在于，通过明确地方民族的族属族称，在当地建立相应的民族自治区，以落实国家的民族政策（张尔驹，1995：148—149）。

值得一提的是，在川康民族识别过程中，确认诸"番"为"藏族"的工作主要是在这一阶段完成的。1950 年，刘格平率中央（民族）访问团前往西康调研时认为，"西康藏族支系较多，其中一个县就有 24 个支系。尽管存在差异，甚至是鲜明区别，并不影响其族别的归属"（秦和平，2016：136），由此将这些"支系"确认为藏族。同年 11 月，新中国成立后第一个地区级民族区域自治政权——西康省藏族自治区人民政府正式成立（根旺，2008：9）。

因中央（民族）访问团未去四川西部（今阿坝地区），故川西行署于 1951 年派访问团前往调研，任务之一就是解决嘉绒和黑水的识别问题，最终，均将其识别为藏族（李绍明，2009：32）。1952 年，设立四川省藏族自治区（根旺，2008：9）。

1950 年六七月间，四川省川北区召开了第一次各界人民代表大会。平武地区的世袭土司和白马番、木瓜番（今虎牙藏族）、白草番（今色尔藏族）的番官、头人代表应邀参会。会议期间，人们发现了"三番"之间的差别，"而白马番的代表又说不清楚自己是什么民族，但因政治任务重大，时间非常紧迫，而当时又尚无条件对这三种番人进行识别。在此情况下，经协商后将在历史上各有源流，且屡被史书所载的'龙安三番'暂定成了藏族"（曾维益，2005：211）。由此，白马居住的地区被划为藏区，白马被"暂定"为藏族。

此间，或也有"被遗漏"的识别对象。如国家未能完成对四川尔苏（他称"西番"）的民族识别，致使尔苏的族属族称莫衷一是。1954 年，在西康省第一届第一次人民代表大会上，曾有人提出调查识别尔苏语言文字的提案。但在省政府准备进行调查时，却因"西康省合并四川被搁置"（巫达，2006：20）。

基于如上情形，川康民族识别的第二阶段虽然历时较长，但主要在处理前一阶段识别工作所造成的"遗留问题"。其中，最典型的两个案例是白马的族属问题和尔苏的认同争议。

1961 年，据四川省委民工委和四川省志编委关于"西番"民族识别调查的指示，张全昌等人对四川"西番"进行族别调研，初步设想"根据名从主人的原则，根据民族关系的历史和现状，四川'西番'依旧统称藏族为适宜"（巫达，2006：20；张全昌，1987：50）。但甘洛县的尔苏并不接受这一调查结果。他们"通过各种方式向党政领导以及有关学术单位不断反映，要求对他们的民族进行识别"。为此，四川省有关单位组成识别工作组，于 1981 年再次对"西番"进行识别调查（四川省民委"西番"识别工作组，1982；转引自巫达，2006：21）。如此，逐步将越西尔苏、甘洛尔苏识别为藏族，并逐步建构其对藏族的民族认同。

如果说对尔苏认同争议的研讨多是在地方范围内展开；那么，白马族属问题则被费孝通视为中国民族识别"遗留问题"的一个典型案例（费孝通，2009a：157），在学术层面予以公开探讨。在"识别"为藏族后，白马人逐渐开始质疑这一结论，并试图通过再识别将其确立为"单一民族"。1980 年以降，白马地方精英、官员和相关学者围绕这一族属问题展开了激烈的讨论（曾维益，2002）。但白马的族属争议始终议而未决，体现在其身份证上的族称仍为"藏族"。

1987 年，中国民族识别和民族成分的恢复、更改工作"已基本完成"（聂文晶，2013：51）。至 1990 年全国第四次人口普查，中国由56 个民族组成的格局基本确立。此后，参与族属讨论的各方人士虽可对识别问题发表意见，"但是不会按照调查的意见办"（李绍明，2009：33）。这也意味着，与藏族族别相关的川康民族识别，并不是以"遗留问题"的解决作为结束，而是以政策的落实宣告完成。

综上可知，新中国成立后川康民族识别的主体工作，是中央（民族）访问团在西康、地方访问团在四川川西等处分别完成的，主要是将川康诸"番"归并为"藏族"。其后的补充性或回访性调研，多是由地方学者、干部群众一同协作进行。这些针对特定族群而展开的局部调研，往复次数较多，跨时弥长，以至川康民族识别工作几乎贯穿中国民族识别的各个阶段。

以白马藏族的"遗留问题"为缘起，费孝通认为"要解决这个问题需要扩大研究面"，需要"分析研究靠近藏族地区这个走廊的历史、地理、语言并和已经陆续暴露出来的民族识别问题结合起来。这个走廊正是汉藏、彝藏接触的边界，在不同历史时期出现过政治上拉锯的局面"（费孝通，2009a：158）。这便意味着，若想理解白马的族属争议，须将之置于更大的时空背景，即"藏彝走廊"[①]（石硕，2005）中作以辨析，而不能仅在白马人生活的区域内探讨其族属问题。

或应指出，川康民族识别的前后两阶段体现在理论依据（或称知识体系）上的些微转变在于：斯大林的民族定义和相关理论在前期并未被强化作用于识别工作，但在后期则被广泛运用于调研实践（费孝通，2009a：151）。这套自上而下指导识别工作的民族理论，通过学者在调研过程中与地方人士的广泛座谈和交流，逐渐被后者习得，进而运用于对其族属"遗留问题"的讨论。

诚然，体现在实践和学理上的这些转变，是在一个长时段（1949—1990）和特定区域（藏彝走廊）内展开的；据此，我们或可将川康民族识别置于"关系主义民族学"（王铭铭，2008：186）的语境中作以整体考察。事实上，除羌、彝以外，川康诸"番"多与藏族族别相关，但这些族群的族别认同或族属识别却表现为三种不同的趋向。第一，如刘格平在西康所见，该地居民均认同且乐意将其确认为

　　[①]　费孝通首先提出的这一学术概念，之后引起人类学、民族学、民族史学界的极大关注，进而拓展出一系列的实地考察和学理探讨。具体可参见：石硕，2005；王铭铭，2008。

藏族。第二，如尔苏内部的族别认同则出现明显的分歧，一部分人认同藏族，另一部分人则不认同，其余人等表示无所谓；但最终，均被逐步识别为藏族。第三，如白马的族属争议，尽管已被识别为藏族，可白马人却表现出强烈的不认同，要求进行再识别。

无论如何，1990 年以降，政策性的川康民族识别已宣告结束；而与之相关的调研仍在学术领域里持续进行。探讨白马族属争议或尔苏族群别认同的论文，至今屡见不绝。① 只是，这些研究多限于对某一特定族群的族属或认同问题的分析。作为补充，本文试图以川康民族识别的三个典型案例为研究对象，对其识别过程作以整体性"再思"，以期理解：在此过程中，这三种各异的民族认同趋向是如何发生或建构（抑或"解构"）的。

（三）从"自然民族"到"政治民族"

在进入具体论述之前，有必要对本文使用的"民族"概念作以说明。"'民族'（nation）指称的人类共同体往往同时包含着人口及其传统居住地——即'人和地域'这两种要素。这两种要素如果再加上'政府'，就成为了'国家'（state）。与之相对，"族群"（ethnic group）指现代社会中有着共同背景与认同（出身、文化或故乡等）的人口集团，它与"民族"最大的区别在于它不再紧密地强调地域性因素和政治统治的因素（关凯，2007：2）。换言之，"民族"强调意

---

① 与白马人的族属、认同相关的研究论文有：卓逊·道尔吉《"白马藏族"族源考辨——与谭昌吉同志商榷》（1989）、拉措《关于"白马藏族"族属之我见——兼与谭昌吉同志商榷》（1990）、拉先《辨析白马藏人的族属及其文化特征》（2009）、张瑞丰《"白马藏人"族属问题研究综述》（2010）、李加才让《白马藏族的族属及其现状调查报告——以"格厘村"为个案研究》（2010）、蒲向明《论白马藏族族源记忆与传说——以陇南为例》（2013）、王万平《族群认同视阈下的民间信仰研究——以白马藏人祭神仪式为例》（2016），王万平、宗喀·漾正冈布《白马藏·沙尕帽·池哥昼——一个藏边族群的边界建构》（2019）等。与尔苏人的族属、族群认同相关的研究论文有：巫达《尔苏语言文字与尔苏人的族群认同》（2005）、《四川尔苏人族群认同的历史因素》（2006）和《宗族观念与族群认同——以四川藏族尔苏人为例》（2014），袁晓文《藏彝走廊尔苏藏族研究综述》（2008），袁晓文、陈东《尔苏、多续藏族研究及其关系辨析》（2011），李星星《以则尔山为中心的尔苏藏族地方社会》（2011）等。

识形态或政治之整一，据此建构"民族认同"（史密斯，2018）；"族群"注重文化认同之区分，从而形成"族群边界"（巴斯，2014）。然，如此定义的"民族"和"族群"，均是西学语境下研究"民族问题"时逐步规范使用的概念（关凯，2007：2—10）；但两者（尤其是"民族"）是否适于作为理解中国"民族问题"的概念，尚须存疑（郝瑞，2000：266—268；葛兆光，2011：24—27）。

与之形成呼应的是，或有学者试图从民国以降中国社会科学研究的语境中提炼可兹探讨的概念，如"自然民族"与"政治民族"。王铭铭在《从潘光旦的土家研究看"民族识别"》一文中写道："倘若从苏联传入的民族概念是'政治民族'，那么，当年中国民族识别研究更侧重有传统集体生活的'社会实体'，此类'社会实体'，本可被理解为民国民族学意义上的'自然民族'"（王铭铭，2011：568）。亦如费孝通在反思中国民族识别时，所言：

> 民族识别工作牵涉到怎样才可以认定是一个民族的理论问题。……从我在民族地区实地和少数民族接触中体会到民族不是一个由人们出于某种需要凭空虚构的概念，而是客观存在的，是许多人在世世代代集体生活中形成，在人们的社会生活上发生重要作用的社会实体（费孝通，2009b：324）。

诚然，试图以"社会实体"对应"自然民族"的学理旨向，隐喻着 20 世纪 50 年代之前"主张以'自然民族'为研究单位的民族学家与主张以社区为研究单位的社会学家，在关于何为民族志的理想状态这一问题上"曾出现过严重的分歧；但在 50 年代中国民族识别的实践中，这一"分歧"逐渐被"兼容"取代，因其"既有社区研究法的因素，又有民国民族学派运用过的方法"（王铭铭，2011：567—568）。

由此给本文带来的启发是：若以"自然民族"定义民族识别中的

识别对象，或能勾连与之相关的两条研究理路。一是与"社会实体"相应，体现为民国民族学派与社区研究法的"兼容"；二是与"政治民族"相对，或可理解为民国民族学派的传统向马克思主义民族学的"转型"。

基于以上考量，在具体探讨川康民族识别的三个案例时，笔者若使用"民族"一词，则所指主要为民国民族学派所理解的"自然民族"，而非西学现代国家意义上的"民族"；在须特指马克思主义民族学定义下的"政治民族"时，会备注"minzu"作为标识。

二、民族认同、边界与"信仰溢出"

进行民族识别时，调查组依据的标准主要有两个：民族特征和民族意愿。前者多理论化为斯大林定义的现代民族的"四个共同"[①]，即"客观依据"；后者则包含民族意识和民族愿望两部分。"民族意识是指一个族体的广大人民群众，包括其领袖人物和上层人士的族属意识，他们对于自己族体的认同感""民族愿望是指人们对于自己族体究竟是汉族还是少数民族，究竟是一个单一的少数民族还是某个少数民族的一部分的主观愿望的表现"（黄光学，1994：144）。由此，民族意愿亦可理解为民族认同。

识别过程中，"尊重本民族的意愿"具体体现为遵循"名从主人"原则，主张"确定一个民族的成份和族称是本民族自己的事，不能强加于人，不能由别人包办代替，不能有任何强迫或勉强，更不能用行政命令根据任何客观标准来合并若干民族，或是拆散一个民族为若干民族"（黄光学，1994：145）。

诚然，对于某些识别对象而言，其民族特征和本民族意愿未必会

---

① 斯大林 1913 年在《马克思主义和民族问题》一文中说："民族是人们在历史上形成的一个有共同语言、共同地域、共同经济生活以及表现于共同文化上的共同心理素质的稳定的共同体"（黄光学，1994：125）。

指向同一结论；这时，就需要调研者在两个识别依据之间作以权衡。1951 年，李绍明参加川西访问团前往当时的茂县专区意图解决嘉绒和黑水的识别问题时，所面对的就是这一情形。

（一）以嘉绒和黑水的识别为例

民国时期，不少学者如林耀华、任乃强、陈永龄等并未将嘉绒视作藏族，因而以"嘉绒"或"戎"相称（李绍明，2009：32）。且当时的学界承认藏语有三大方言：卫藏、安多和康，而嘉绒方言的归属尚有争议（多尔吉，2015：151）。调查初期，访问团遵循既有的学术观点"把嘉绒的族属看作是有别于藏族"（李绍明，2009：32）。但嘉绒却认同藏族，不愿承认自己是另一个民族。"在识别中，访问团曾反复征求过他们的意见，他们的反应是，虽然语言、风俗习惯有很多是不一样的，但'我们'就是藏族，为 Bo，有共同的宗教文化等等，最后的结果经过调查研究以后，尊重他们的意愿，嘉绒成为了藏族的一部分"（李绍明，2009：32）。

李绍明就此认为：在汉藏交界地带有很多地方语言不一定是藏语，但若这些语言的操持者自我认同为藏族，那便是藏族：

> 凡是比较大的民族，都不是很纯的，在历史发展过程中都融合了其他民族，嘉绒成为藏族也无甚不可，藏族对他们也认同，在三大寺里有"嘉绒康村"，专门设立"康村"，让他们去学经，而且这个地区的宗教都是藏传佛教，其藏经完全是从西藏来的，对形成共同心理状态有很大的作用（李绍明，2009：33）。

川康一带，认同藏族但所用语言不同于藏语三大方言的族群，除嘉绒以外，还有木雅（费孝通，2009a：158）。木雅语与藏语的差异也很大，但木雅人却强烈认同藏族。随着藏缅语族羌语支语言研究的深入，1990 年代以降学者逐渐达成共识，认为羌语支包括羌语、嘉绒语、拉坞戎语、史兴语、木雅语、普米语等，均分布在"藏彝走廊"区域。除了羌和普米（云南）两族，其他语言的使用者均在1950年代被识别为藏族（刘复生，2005：129—130）。

除了强烈的民族认同之外，李绍明认为还有一个影响嘉绒识别的特殊原因，是那些从军参政的嘉绒人。因为"这些人的意见很重要，在调查中主要是听从他们的看法"：

> 红军长征经过此地时，带走了不少的小红军，后来他们均居显要的位置，说话举足轻重，如果他们认可嘉绒是藏族，而不是别的民族的话，则很难改变其意见，如四川的天宝，西藏的杨东升等。在藏族中后来成为高官的多从这个地区出去的（李绍明，2009：32—33）。

可见对嘉绒识别发表意见的不仅有当地民众，更有这些"高官"。这也符合民族识别的"名从主人"原则。识别过程中，这些高层人物的自我认同与嘉绒地方的民族认同近乎一致，所以嘉绒识别没有出现"遗留问题"。这个原本可能归为"单一民族"的识别对象，最终被确认为藏族。

如影随形，同样基于"名从主人"原则，嘉绒认同于藏族则直接影响到川北黑水的族属识别和民族认同：

> 黑水人讲的是羌语，属羌语的北部方言，自称"尔玛"。这一部分人为何不与南边茂县、汶川的羌族认同？原因不在于老百姓，黑水的群众到了南边，语言是相通的，但统治者为嘉绒的苏永和（多吉巴桑）。苏为嘉绒，统治尔玛。嘉绒头人对尔玛的统治有很多代的历史。1953年阿坝藏族自治区成立，人代会上通过一个意见，嘉绒从此成为藏族，苏永和也成为了藏族。统治者已变成藏族，头人说了算，下面的老百姓自然不能改成其他别的民

族。迄今这部分人仍被称为"讲尔玛（羌族的自称）语的藏
人"。现在受制于大的政治形势，再识别会影响安定团结，所以
黑水人的族属也就成为了一个遗留的问题（李绍明，2009：33）。

黑水识别时，"名从主人"的"主人"其实是对地方事务说了算
的"嘉绒头人"，而上层人物的自我认同与其下民众的民族认同并不
完全吻合，所以在调研者看来，黑水识别成了"遗留问题"。

但若将嘉绒识别和黑水识别作为一个"整体"来理解，会发现调
研者实际是在识别一个地方共同体：它由嘉绒和黑水共同构成。川北
黑水长久以来由嘉绒统辖，因此代表黑水民意确认民族认同的是嘉绒
头人。一旦嘉绒认同藏族，这部分黑水人也就"顺理成章"归为藏
族。可见是嘉绒对黑水的"涵括"或"主属"关系决定了黑水的族
属族称（参见图2）。简言之，作为一个地方共同体的嘉绒和黑水是
通过其相互关系而与"藏族"发生关联，由此确认族属族称，形塑民
族认同。

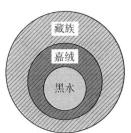

图2　藏族—嘉绒—黑水民族认同关系图

至此，或应追问的是，嘉绒与黑水认同"藏族"的依据是什么？
诚然，以"四个共同"为代表的民族特征在识别过程中的效用明显要
弱于其民族意愿。

如前文所述，自元朝以降"藏""番"之间的唯一关系即"喇嘛
教"；同理，嘉绒普遍信仰苯教①和"喇嘛教"。在清朝乾隆年间金川

----

①　亦作本教、苯波教、本波教等。

事变以前,嘉绒全区信仰苯教;事变后,格鲁派在清廷的协助下迅速
扩张。但无论教派如何更迭,嘉绒民众对"喇嘛教"可谓全民信仰,
"各家普遍设有经堂,并乐于把儿子送到寺院当喇嘛"(西南民族学院
民族研究所,1984:100)。拉萨三大寺里设立有"嘉绒康村",嘉绒
人来西藏求法学经,完成后再回故乡传法,由此在西藏和嘉绒之间建
立起坚固的教法传承系统,所以嘉绒的"藏经完全是从西藏来的,对
形成共同心理状态有很大的作用"(李绍明,2009:33)。

　　此外在嘉绒,地方政治与教派寺院的关系紧密,"每一土司都有
几所大喇嘛寺和几个较小的寺,各寨大部都自己有寨寺"(西南民族
学院民族研究所,1984:95—96、93)。有学者将这种关系理解为
"政教联盟",因为"喇嘛教在康区,仅仅是起着它本身在阶级社会中
应起的宗教作用而已"(曾文琼,1988:17—25)。没有任一宗教领
袖,身兼土司头人,反之亦然。这一地方性的宗教政治格局,在新中
国成立后逐步以民族区域自治取而代之,国家要求在落实相关政策时
"要根据自治区内大多数人民和少数民族领袖人物的志愿决定"(张尔
驹,1995:128)。体现在识别工作中,这些"领袖人物"的宗教信仰
认同确会影响其对民族身份的抉择。如,在嘉绒识别中起过关键作用
的天宝(桑吉悦希),于18岁参军前曾在家乡马尔康党坝乡的一座寺
院里出家当喇嘛,"如果不是红军的到来,桑吉也许就会当一辈子喇
嘛"(杨有海,2016:61)。

　　再说黑水,尽管识别结果是嘉绒头人的主张,但黑水并未将之视
为"问题"。个中缘由,或与宗教信仰相关。新中国成立前在黑水做
过实地考察的于式玉写道:"黑水位于草原藏民与居山嘉戎两种民族
之间,受了他们的影响,接受了喇嘛教为宗教""喇嘛寺有三五处,
平日无人居住,每逢年节,临时聚几个人,念几遍经。认字的人既
少,念些什么很难知道""但细看起来,喇嘛教似乎不是他们固有的
宗教""在民间观察,一般对喇嘛教信仰的情绪,实在并不浓厚,且
是外表打着信喇嘛教的旗号,在这旗帜下还有一种非喇嘛教的东

西——那就是对'白石'的供养。白石是羌民信仰的对象"。至于黑水对"喇嘛教"的"这种接受是文化传播的自然趋势，抑或另有其他作用"，姑且两说（于式玉，2002：528—531）。

于式玉的论述为我们提供了如下讯息：首先，她将草地藏民、嘉绒和黑水分别视为三个"自然民族"，对其信仰关系展开讨论。草地藏民和嘉绒均信仰"喇嘛教"，几无疑问。其次，黑水对"喇嘛教"的信仰实际源自这两个"邻居族群"（郝瑞，2000：23）的影响，而非出自教源地西藏的系统传承，寺院的宗教职能甚是微弱。此外，黑水仍秉持自有的"白石信仰"。这表明信仰"喇嘛教"并未导致改宗，所以在黑水地区会出现经塔与白石并置的情形，即"两种宗教信仰的结合体"（于式玉，2002：530）。再次，至于为何会出现"结合体"，于式玉未作深究，仅提出两种可能："文化传播"或"其他作用"（这自然会让人联想到嘉绒对黑水的辖制）。

简言之，从教法传承上看，"喇嘛教"是先从西藏传至嘉绒，然后再经嘉绒传到黑水的；与之相应，黑水的宗教信仰认同会先指向嘉绒，然后推及至西藏（参见图3）。或须说明，若以寺院建制和数量相比较，黑水的"喇嘛教"信仰要明显弱于嘉绒。在此，可以如下图示概括在嘉绒和黑水识别过程中民族关系、认同与宗教信仰三者之间的关联。

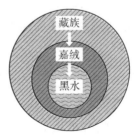

图 3　西藏藏族—嘉绒—黑水宗教信仰关系图

如图所示，嘉绒认同以西藏藏族为主体的"藏族"（minzu），黑水认同嘉绒的抉择，由此确认自身为藏民族；所以在藏族—嘉绒—黑水的认同关系中，嘉绒为"中间项"，既认同于藏族，又为黑水所认同；由此，两者得以整体性地确认为藏族。而驱动从藏族到嘉绒、从嘉绒到黑水的认同关系的，则是三者之间明确的信仰认同和教法传承——这便是嘉绒和黑水在宗教信仰上所呈现的经验事实。以此理路再思川康民族识别，会发现这一案例确非个案：民族识别初期，访问团在确认西康诸番、川北"龙安三番"和川西"西番"的族属族称时，恰恰是这些调查对象的宗教信仰在对他们的民族认同产生主导性影响——这一特质显然被调查者感知到，并运用于识别过程与决策之中。

但吊诡的是，从民族识别后的情形来看，嘉绒并未因为被识别成"藏族"而弱化其民族特征，以趋近藏族；反而多以"嘉绒藏族"之名强调其在语言、建筑、服饰、舞蹈、风俗等方面的民族特征，并成立民间社团阿坝嘉绒文化研究会专门汇集相关研究（中共马尔康市委宣传部、阿坝嘉绒文化研究会，2016）。简言之，作为"社会实体"的嘉绒，没有因为归于"藏族"而丧失主体性，反而在民族（minzu）的语境中，逐步强化嘉绒的独特性。

就此，或应追问的是：形成这一经验事实的动因具体为何？这是否与川康民族识别相关，若有关，又应作何理解。

（二）边界与"信仰溢出"

或须说明，"藏""番"之间的联系并不只是分享同一宗教信仰，两者之间还有明确的教法传承和主属寺关系。因"喇嘛教"诸派别（格鲁、宁玛、萨迦、噶举、觉囊等）的发源地均在西藏，所以西藏亦是西康的教源地和朝圣中心。那些活跃于西康的各教派领袖，虽早期在本地活动，但多是到西藏完善该派并得以发展后，才重归故土弘法兴教的（曹春梅，2006：78）。大抵而言，在信众的心目中，"藏"在信仰上的位序要高于"番"，两者可谓"上（源）下（流）"关系。

具体至西康的社会生活，无论是孤僧于民国时期在《西康之土司喇嘛》中的描述，还是新中国成立后吴传钧在《西康省藏族自治州》中的介绍，均如出一辙：

> 西康社会重心，全在喇嘛寺，而喇嘛为士人之优秀份子，俨然为士人之师表兼人事之顾问，而寺庙因集多数优秀份子于一堂，而又俨然成为地方文化与解决诸事之机关，寺庙因常得人民之布施，且经商而富有财产，而又俨然为地方恳亲与借贷之会所，而寺庙因购备有枪弹及其他武器，而又俨然成为地方保卫与造乱之场所，一切一切莫不由喇嘛操持（孤僧，1939：29）。

> 四百多所喇嘛庙广泛地分布在本区各地，寺庙的红色围墙和金顶佛殿构成了本区的特殊景色。在农业区内几乎每个较大的聚落都有喇嘛庙，而且喇嘛庙又往往是聚落的中心。有的聚落单纯只有一所寺庙，并无其他住户；有的聚落则大部分是由寺庙构成的……。至于牧业地区一般人民居无定所，有的牛厂中心可能没有寺庙，有的则集中了好几个寺庙，分布比较不均匀（吴传钧，1955：14）。

可见在川康民族识别初期，西康社会与新中国成立前的情形几近一致，均是以寺院为载体基于信仰而结构社会的：信仰总摄之下，才有人事、政治、经济、文化、军事等诸多方面。如此情形，也与西藏当时的社会形态相近。

但与西藏不同的是，"西康民族性，与地理关系綦重"（文阶，1941：16），而"地理关系"则又与以寺院为主体的教派之别有关。康番崇信"喇嘛教"，其各个派别均在西康广泛流传，却没有任何一派在西康占统治地位，以致各派势力均限于局部地区。所以在西康，教派区隔与诸番的"地理关系"相应，这与西藏在清、民两季独尊格鲁一派独大的情形迥然不同（张羽新，1988：91；周伟洲、周源，

2016：473）。结合任乃强对诸番族别族称的分析（参见图1），可知在
西康，宗教派别、"地理关系"和"民族性"三者之间有着微妙的对
应关系。

首先，寺院和围绕寺院而形成的聚落，会逐渐凝聚成较小的地方
共同体，这种情形在农区格外鲜明。在牧区，寺院起初多为帐篷寺，
没有土木建筑，随牧民的迁徙而迁移，但其迁移的地理范围大致稳
定，因而仍可与"地理关系"相应。以此为基础，这些共同体均"能
举其大概畛界"，并由此形成相对稳定的文化习俗与社会组织结构，
如任乃强所列举的二十多类"西康之人"（任乃强，2009b：206—
207）。这些共同体均有自称或他称，以此为标识，可明晰共同体内部
的"认同"及其与周边共同体的"边界"。在这些共同体的基础上，
仍可基于主属寺关系、教法传承，甚或教派之别而汇聚更多的聚落，
结成地域更广的区域共同体，如嘉绒十八土司（邹立波，2017：75—
138）等——以此类推，共同体不断向上（同一教派之纵向关系）或
向周边（不同教派之横向关系）延伸，最终形成任乃强笔下的"西康
民族"（任乃强，2009b：208—209）。

民国时期，民族学派将这些共同体视为"自然民族"，而社会学
家则将之理解为"社会实体"，此间的相关调研多是从地理区位出发、
基于"分族"视角所进行的社会形态或民族研究，其少对这些共同体
作以整体性的结构关系考察；而另一方面，学人对康藏关系的探讨，
多聚焦于政治意义上的康藏纠纷或勘界辨析（王尧等，2003）。换言
之，具体将"西康民族"的边界与认同问题纳入考察范畴的调研实
践，诚以新中国成立后的川康民族识别为典型。

此处所言之"边界"①，并非如巴斯（Fredrik Barth，又作巴特）

---

① "'边界'（boundary）是社会人文学科和心理学上的重要概念。所谓边界不一定
是物理性，它可以是他我遭遇之际有意或者无意间表现出来，用以体现彼此有别的方式
和语言。虽然这是个常用的词，但在人类学上用来涉及认同，却出现得较迟，巴特很可
能是第一人"（范可，2017：102）。

定义的"持续性文化差异"（巴斯，2014：7—8）。在经验层面上，西康诸番的"边界"，不是立足于文化差异，而是建立在"喇嘛教"信仰或其教派分别的基础上，结合"地理关系"及其"民族性"而得。换言之，信仰与否或教派之别构成了这些共同体之间的基础性边界。在此意义上，西康诸番对"边界"的理解自成一套内在的知识体系，并用以指导其实践与互动。

　　具体至川康民族识别，则是试图打开这些共同体的边界，以期用涵括范围更广的要素为参照"合并同类项"——但这并不是带有任意性的"聚拢"（郝瑞，2000：268），因为借以打开边界的要素不具有任意性：不是政治建构，亦非改宗改派，更非地方精英造就的局势。在此，我们或可暂立一概念："信仰溢出"，以理解行将探讨的打开"边界"之情形。事实上，这一情形并非民族识别的产物，而是历时性的实践于"藏""番"之间和诸"番"内部的互动之中。

　　或应说明，在论及宗教信仰时，我们多用"传播"一词形容其扩散的过程。但于本文，笔者意在强调宗教信仰之于理解民族"边界"的重要性，一旦出现前者与"边界"不相吻合的情形，即可理解为"信仰溢出"。在此，之所以使用"溢出"而不沿用"传播"概念，是因为"传播"更强调中心—边缘、文明—野蛮等二元关系，而这并非本文探讨的主题；况且，附着于传播论的意识形态化阐释（王铭铭，2005：7—10；巴纳德，2006：50—64），亦非本文所指。

　　以嘉绒为例，当发源于西藏的苯教和"喇嘛教"各派传至嘉绒并开枝散叶时，可认为在西藏藏族和四川嘉绒之间出现了"信仰溢出"：因西藏藏族的信仰"溢出"其作为自然民族的"边界"，使其"邻居族群"嘉绒亦信仰苯教和"喇嘛教"。然，两者虽共享同一信仰，但彼此之间的"边界"仍是清晰的，即嘉绒与藏。同理，当黑水人的信仰受到嘉绒和草地藏族的影响而接纳"喇嘛教"，并将之与本土信仰作以结合时，也可认为在嘉绒和黑水之间出现了"信仰溢出"：因为嘉绒的信仰"溢出"其作为自然民族的"边界"，使受其统辖的黑水人亦信仰"喇嘛教";但嘉绒和黑水并未因此而成为一个"民族"。

就此而言,川康民族识别不过是采信或顺应了"信仰溢出"的当下情势。随着民族识别的推进,"自然民族"的边界看似(仅仅是看似)被"政治民族"的族别所取代。但在民族识别后,嘉绒基于信仰认同而认同于"藏",两个"自然民族"由此合并为一个"政治民族"。此时的"边界"便具有了自然(或称"社会实体")—政治的双重特征:一是"政治民族"的边界,以民族身份为标识,体现为身份证上固化的民族(minzu)族称——藏族。这一边界如今主要用于与中国境内的其他55个民族相区别。另一是"自然民族"的边界,事实上,它并未因前者的出现和建构而被消解或取代,反而在"信仰溢出"的参照下得以保留和强化。这是因为,若只须有"共同的信仰"即可被识别为同一民族(minzu),确立其"政治民族"的合法性;那么,自然无须在其他的民族特征上做到样样"共同"。如今常见的"嘉绒藏族"一词,便是其同为"自然民族"与"政治民族"的并称——"嘉绒"是前者的称谓,"藏族"则是后者的名称。

与之相应,黑水的族属识别几乎是遵循同一逻辑进行的,只是,须以嘉绒为"中间项"建立黑水与西藏藏族作为同一"政治民族"的关联。同理,黑水也没有因为被识别为"藏族"而丧失其"自然民族"的边界。与"嘉绒藏族"相仿,如今亦有"黑水藏族"之称。

综上,基于宗教信仰的认同,因有从西藏至嘉绒、从嘉绒到黑水的两次"信仰溢出",西藏藏族、嘉绒和黑水得以确立为同一民族(minzu)。至此,完成民族识别的嘉绒和黑水,其作为"政治民族"的"边界"与两次"信仰溢出"后的区域("地理关系")基本吻合,而原本作为"自然民族"的边界,并未消解而是含隐其间(参见图4)。

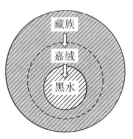

图 4　"藏"民族识别与嘉绒/黑水"信仰溢出"图①

　　总之，川康民族识别在第一阶段所使用的识别策略——基于共同的宗教信仰，打开而非打破其既有的民族"边界"，以建构更大范围的民族认同——既兼顾了识别对象原本作为"自然民族"的基本特征，同时又为之赋予了"政治民族"的新型身份。在经验层面上，将"民族"的自然属性与政治属性作以对接；这或也表明，在解放初期"民族"政治化的过程中，并未完全消解其内在的非政治性的因素。

三、"信仰溢出"的两种类型

　　或应说明，西康、嘉绒和黑水的族属族称确认工作完成得相对较早，民族识别尚未提上"任务"日程。当时（1950—1953）的民族工作，主要是建立民族自治区或各族各界联合政权，创办民族院校，培养民族干部，"调查某些民族的族称、协商解决、国家确认，旨在消除历史遗留的歧视或蔑视，构建平等、团结及互助的新型民族关系，促进团结"（秦和平，2016：137—138）。相较而言，1953 年后的民族识别工作更强调马列主义民族理论的指导性（费孝通，2009a：151—152）；1954 年，全国少数民族干部已发展到 14 万人，比 1949 年增长近三倍（李资源，2000：253）；1956 年，中央派出大批从事民族工作

----

　　① 灰色代表民族识别后"藏族"所指范围，斜线代表西藏藏族、嘉绒和黑水的信仰认同范围。白色箭头代表"信仰溢出"；虚线代表西藏藏族、嘉绒与黑水作为"自然民族"时，三者之间的边界。

的干部和学者，开始进行"少数民族社会历史调查"（王建民等，1998：154—174）。简言之，在川康民族识别的第二阶段所进行的"西番"尔苏识别和平武白马识别，在政治时局和学术语境上，实际已与前一阶段的识别工作有着诸多区别（李绍明，2012：3）。

（一）"西番"尔苏：莫衷一是的认同

从人口普查的结果来看，四川尔苏的族属识别是逐步完成的，其间还经历过部分被识别为"番族"的短暂阶段：

> 越西县的尔苏人在 1982 年第三次人口普查时已被划入藏族，并于 1984 年成立了保安藏族乡。甘洛县的尔苏人在第三次人口普查之后的一段时间，户口和身份证上均使用"番族"。1990 年全国第四次人口普查的时候，甘洛县的尔苏人正式被确定为藏族，相应的户口本和 1990 年以后颁发的身份证均改为藏族。据介绍，在 1982 年第三次人口普查之前，尔苏人在甘洛、越西被称为"番族"，在石棉县被称为藏族，汉源的很多人还被纳入汉族中（巫达，2006：20）。

据巫达分析，建国以降涉及尔苏的族别调查主要有两次（巫达，2006：20）。1961 年，四川省相关单位组织对木里、盐源、冕宁、越西、甘洛等五县境内的"西番"进行识别调查，并提交"四川'西番'识别调查小结"（以下简称"小结"）：

> 四川"西番"在历史、文化、宗教信仰和风俗习惯等方面受藏族影响很深，特别是"西番"主要聚居区——木里，在民族关系和宗教方面与藏族有着长期的历史联系，木里喇嘛教是 1750年至 1760 年间由西藏传入的，木里诸寺担任"经官"以上职务的喇嘛必须是到拉萨学过藏经，并经考试合格的人；在宗教事务

上受拉萨指导；大喇嘛和活佛要定期到拉萨朝觐；衣、食、住等生活习俗也受藏族影响，大体上与藏族相同；解放前，木里"西番"也一直自报藏族。1953 年根据民族关系的这种历史现状和民族意愿成立了木里藏族自治县。木里、盐源的广大群众也都认为"西番"和藏族族源相同，在历史上是藏族的一个组成部分（张全昌，1987：50）。

在这份"小结"里，"几乎没有介绍甘洛、越西一带的尔苏人的具体情况"（巫达，2006：21）；主要是从木里、盐源的民族意愿出发，根据"名从主人"原则，认为"四川'西番'依旧统称藏族较为适宜"（张全昌，1987：50）。

这一结论并未得到甘洛尔苏的认可，由此促成第二次"西番"识别调研。1981 年秋，四川省民委"西番"识别工作组先后对居住在西昌、冕宁、甘洛、越西、喜德、盐源、木里、石棉、汉源等县的"西番"族群进行识别调查，共走访了 29 个"西番"族群聚居的生产队（村），与 1143 位干部和群众进行广泛交谈，发现有三种认同情形：一是认同藏族，二是认同"西番"，主张成为单一民族"番族"，三是认同尔苏。余下人等则表示"无所谓"（巫达，2006：21）。对此，识别工作组再次给出建议：

> 我们认为居住于上述九县的"西番"，情况是比较复杂的。鉴于"西番"干部和群众大多数人的要求和意愿，鉴于目前自称"尔苏"、"木尼落"、"纳木依"、"里汝"等的"西番"，在我省其它地区也有分布，而他们的族称迄今仍然是藏族。因此，我们本着"名从主人"的原则和本民族多数人的意愿，认为他们的族称以通称藏族为好。但是，这必须取得凉山州和雅安地区"西番"代表的同意（四川省民委"西番"识别工作组，1982；转引自巫达，2006：21）。

　　如此才出现第三次人口普查前后，越西尔苏由"番族"识别为藏族的转变（巫达，2010：188）；不过，仍有部分尔苏继续写信给相关部门要求再来调研其族属族称（四川省民委"西番"识别工作组，1982）。文件往复，一直持续到1987年。至第四次人口普查，甘洛尔苏才最终由"番族"识别为藏族（巫达，2006：21—22）。可见，甘洛尔苏的意见并未在识别中发挥主导作用，只因木里、冕宁等地的"西番""认同藏族，愿意被归为藏族中，所以，附带把尔苏西番也归入藏族而已"（巫达，2010：177）。

　　综上所述，在尔苏内部，以木里、冕宁两县为主的尔苏认同藏族，以越西、甘洛两县为主的尔苏不认同藏族，但两者均认同尔苏这一族群共同体，且有很强的宗族观念将之黏合在一起（巫达，2014：93—98）。在识别过程中，调查组难以就共同体内的单一族群进行识别，因而以"西番"为对象进行整体识别。从结果来看，无论是认同或是不认同藏族的尔苏族群，其最无法接受的，不是彼此之间的族属分歧，而是因族属问题所导致的这一共同体的"分裂"（巫达，2010：183，188）。简言之，是尔苏族群共同体的"整合"关系（参见图5），导致越西、甘洛县的尔苏起初虽不认同藏族，但最终却能接受被识别为藏族。

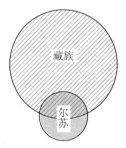

图5　藏族—尔苏（或称"西番"）民族认同结构图①

　　至此，或应追问，越西、甘洛尔苏起初为何不认同藏族？巫达认

---

　　①　斜线区域代表认同于"藏族"，灰色区域代表尔苏（"西番"）的民族认同。

为，这与信仰有关。"藏传佛教的势力，在这些区域如强弩之末，没有完全改变人们的信仰"（巫达，2010：176）。但吊诡的是，在1980年代需要确定越西尔苏的族称时，正是藏文经书的存在，成为尔苏被识别为藏族的决定性因素。族称确定后，在政府与民间的推动下，这部分尔苏很快便融入藏族认同的自我建构中，成为"相对晚近"的藏族（巫达，2010：169—205，2014：95—96）。

（二）白马："识别"之后的认同分歧

据相关记述，1954年时任藏传佛教领袖途经成都，白马因自古没有朝拜活佛与献哈达的民俗，所以"平武县的藏族学员包括上层分子都抵制'朝见'"。1964年国庆时，白马人尼苏身着民族服装受毛泽东的接见，主席问她："你是属于哪个民族？"由此引出疑问：难道毛主席还不认识藏族？凡此种种，终将白马人的族属问题突显出来（尚理、周锡银、冉光荣，1980：4）。

1978年，四川省民族事务委员会组成"四川省民委民族识别调查组"，由周锡银、孙宏开、冉光荣、王家祐等人组成，深入村寨，组织座谈，并个别访问了40多名干部和群众（四川省民委民族识别调查组，1980：150—151）。1979年，调查组到松潘、南坪、文县的白马聚居区进行调研。在实地考察的基础上，撰写调研报告，并召开了两次关于白马人族属问题的学术讨论会（曾维益，2005：214—215）。

不仅如此，平武县白马人族属研究会还收集了1986年以前发表的相关文章，总结不同学者关于白马族属的几种观点。[①]但从平武县人民政府提交的"关于要求认定'白马人'为氐族的请示报告"来看，地方政府似乎更倾向于将白马识别为"氐族"（平武县人民政府，1987：1—5）。尽管有各方努力，但白马的族属最终还是被确定为

---

① 大抵有四种说法："氐族说"，尚理、周锡银持此观点；"藏族说"，桑木旦、索郎多吉赞同此说；"羌族说"，任乃强支持此论；"族名待定说"，主张白马应为单一民族，如王家祐、曾唯一等（平武县白马人族属研究会，1987：143—148）。

"藏族"。

　　国家民委以［1986 年］民政字 400 号文件答复王德立、绒木塔等代表向第六届全国人大四次会议提出的 1024 号《关于审定平武县白马人族属的建议》，答复的要点是："从有利于安定团结的大局出发，暂以维持白马人为藏族现状比较适宜。"自此以后，白马人本民族、地方政府和学者们，都"从有利于安定团结的大局出发"，很少再公开地提出白马人的族属问题了（曾维益，2005：214—215）。

　　可见，白马人的族属问题其实是出现在将其"暂定"为藏族以后。至于白马为何有强烈的再识别需求，除了这些事件性原因以外，肖猷源认为"真正动因，是党的民族政策的贯彻，是白马人素质的提高和民族自我意识的自觉，最根本的是白马人有区别于其他民族的本质上的特点和客观存在"，区别之一便是"对佛像的态度迥然不同"（肖猷源，1987：139—140）。

　　四川省民委民族识别调查组编撰的《"白马藏人"调查资料辑录》详细介绍了白马藏人的宗教信仰。辑录指出，白马不信仰喇嘛教，没有儿子必须出家当和尚的规定，更不知达赖、班禅之名。其"宗教原始、杂乱，万物有灵的自然色彩极浓，不成体系，更没有宗教理论存在。……山神、水神、火神、灶神不一而足"（四川省民委民族识别调查组，1980：138—139）。对此，藏学家桑木旦的观点是，"这明明是藏族原始宗教苯教的一种活动形式，怎么成为否定他们为藏族的一条根据了呢？""达波地区地处藏区边远，西藏佛教未能大规模传入，因而，这里仍是苯教的天下"（桑木旦，1987：90）。

　　但地方学者曾维益认为，龙安地区的"色尔藏族信藏传佛教的格鲁派，虎牙藏族信本波教，白马人则始终坚守自己固有的传统信仰白布"（曾维益，2002：460—461）；由此区分出"龙安三番"各自不同的宗教信仰。

对于白马的族属，不仅白马内部多数人认为"自己民族不同于藏族和现有的其他民族"；当地的藏族也有其看法，认为白马与藏族区别明显，"肯定不是藏族"（四川省民委民族识别调查组，1980：149—150）。白马与其周边确定为藏族的"邻居族群"之间，不仅缺乏相互认同，而且鲜见有通婚关系（薛春晖，2013：115）。

综上可知，"龙安三番"虽为白马番、白草番和木瓜番三番族群共同体的统称，但三番之间的认同感或相互之间的影响力却比较弱。其衣、食、住等生活习惯各有不同，宗教信仰也有差别；由此在共同体内部，出现民族认同上的分歧，或也不难理解。白草番和木瓜番被识别为藏族，几无异议；白马番则是在识别后，才产生疑问。因此，是"龙安三番"各族群之间的"并置"关系（参见图6），致使三番在民族识别中难以达成共识。

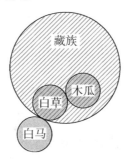

图6　藏族—"龙安三番"民族认同结构图①

时至今日，白马族属争议仍然悬而未决；与之相关的研究，多已在概念上转换为对历史建构、文化特征、族群边界或认同的探讨。

（三）信仰溢出的两种类型："外溢"与"内溢"

若以尔苏的识别过程与白马的再识别相较，可见两者恰好呈现出互为背反的两条路径：前者，通过数次识别调研，于不同时期分不同

---

① 斜线区域代表认同于"藏族"，其中包括白草番和木瓜番，灰色区域代表"龙安三番"族群共同体，白马番在斜线区域以外。

族群逐次确立为"藏族",并在此过程中建构对藏族的认同;而后者是在确立族属"藏族"后,通过反复调查与研讨,试图改变首次识别的结果,并在此过程中逐步"解构"自身与藏族的关联或认同。这样两条路径,均能以"信仰溢出"为参照,窥其端倪。

彝族学者巫达在其专著《族群性与族群认同建构:四川尔苏人的民族志研究》中详细分析了"藏""西番"和尔苏之间在地理、民族认同和宗教信仰等方面的相互关系(巫达,2010:176—177)。他认为,在统称"西番"的族群共同体中,有包括尔苏在内的诸多族群。若以对"藏"的认同相较,可大致分为两类:一类是居住在木里、冕宁一带靠近甘孜藏区,普遍信仰"藏传佛教"的族群,如纳木依、帕木依、里汝等;因有共同信仰,这些族群对"藏"有强烈的认同。另一类是距藏区较远,地方信仰不是"藏传佛教"的甘洛、越西等地的尔苏;因无共同信仰,这些族群对"藏"几无认同。但这两类族群均认同"西番"(布尔日-尔苏),所以能构成一个相对稳定族群共同体(巫达,2010:150—162)。

民族识别时,木里、冕宁一带的族群因受"藏传佛教"影响至深,且与教源地西藏有着密切的主属寺法脉传承关系,所以主动选择"藏"为族称。与嘉绒相仿,可谓是"信仰溢出"使这些族群借由识别打开其"自然民族"之"边界",与西藏藏族归为同一"政治民族"。与之相反,因对"藏传佛教"无甚信仰,加之附着在信仰之上的文化影响也"早已不存在",越西、甘洛两县的尔苏自然不认同"藏族",不接受"藏"为族称。相较之下,他们更愿以"番"为族称,以"西番"为单一的"政治民族"。但这一主张并未得到"西番"共同体的整体认同;以至于,识别的最终结果是这些不认同藏族的尔苏被"附带"归入了藏族。

可见当时"藏"作为一个"政治民族",其"边界"虽已将"西番"诸族整体囊括在内;但从认同上看,越西、甘洛的尔苏在识别期间并不认同"藏",其民族认同仍停留于"西番"共同体即其"自然民族"的"边界"处。由此，便引申出如何在这些尔苏中建构藏族认同的问题。而吊诡的是，这一认同建构仍与"信仰溢出"有关。

> 我们家的藏文经书原来很多，在"破四旧"和"文化大革命"的时候，毁掉了很多，现在只有很少部分和一些法器，都放在我弟弟那里。保安藏族乡的成立，跟我们家的这些藏文经书是有关系的，可以这样说，如果没有我们家藏的这些藏文经书，保安藏族乡就不能成立（巫达，2010：178）。

巫达在实地访谈尔苏宗教人士苏武尔的后代时，得到如上回答。由此可知，在1982年尔苏"附带"归入藏族时，并非毫无识别依据——尽管微弱，却仍是建立在共同信仰（信仰认同）的基础上。以此为缘起，辅以神话传说和历史记忆，上至政府下到民间，越西、甘洛的尔苏均参与到"藏"民族认同的建构历程之中（巫达，2010：187—202）。

综上所述，尔苏识别的难点在于其作为"政治民族"的"边界"与其作为"自然民族"的"边界"并不吻合，且后者起初并未向前者打开"边界"，所以在一开始就出现了认同问题。可微妙的是，"藏文经书"的存在，隐喻着"藏"与尔苏之间曾发生过"信仰溢出"，由此形成的"想象的共同体"（安德森，2005）确为打开尔苏"自然民族"的"边界"提供了契机（巫达，2010：179—181）。但与黑水的情形不同，越西、甘洛的尔苏终究没有在信仰层面发展出一套"喇嘛教"与本土信仰的"结合体"。相较其传统信仰"沙巴"体系，[①] 仅留存有藏文经书却无教法传承、亦无寺院作为宗教场所的苏

---

① 或也有研究表明，"沙巴"体系中保留了很多苯波教仪式，如杀牲、击鼓口诵经文等。"苯波"系藏语"bon po"的音译，汉语简称为"苯教"。苯教产生于西藏阿里地区，这一地区古代称为象雄。在佛教传入西藏本土之前，苯教就已传播甚广了（巫达，2010：87）。

武尔的现状，几乎可以用"衰落"形容（巫达，2010：84—88）。所以在识别为藏族以后，尔苏仍须在风俗、文化、仪式等诸多方面展开整体性的认同建构（参见图7）。

至此，我们或可将因"信仰溢出"而触发的"开界"情势视为"信仰溢出"的一个类型："外溢"——它倾向于打开"自然民族"的"边界"，以建构民族（minzu）认同（参见图8）。

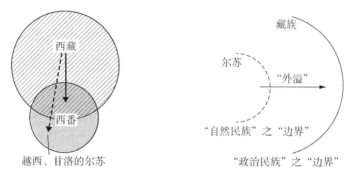

图7　尔苏（"西番"）信仰认同图①　　图8　"信仰溢出"类型图："外溢"②

与尔苏不同，平武白马早在1950年就被确立为藏族；此后，这一"自然民族"便开始了持续近40年的再识别历程，以期从"藏"这一"政治民族"中脱离出来，成为单一民族（minzu）。围绕着族属问题，地方精英、干部群众以及相关学者渐趋为两派：一派主张白马应识别为藏族，另一派则持相反观点；为此，双方均以民族特征"四个共同"为参照，寻求论据。盖因主题所限，本文不再一一说明其中的内容，仅就各方在宗教信仰方面的举证作以阐述。

平武白马人牛瓦主张应为"单一民族"，因为"这支民族的天地鬼神观念强，相信万物有灵。认为道士就是沟通人间天上关系的特殊人，他能念经、降神、弄鬼、治病，能知祸福吉凶，具有超自然的能力。每个寨子都有几个道士，在白马称之为'伯母'"。而且"白马

---

　　① 灰色代表"藏族"的部分范围，斜线代表西藏藏族和木里、冕宁两县为主的尔苏的信仰认同范围。

　　② 白色箭头代表"信仰溢出"，实线为强，虚线为弱。

藏区除木座公社接近汉区修有庙宇外，白马公社等地无庙宇，只在火塘、楼上设有'祭祀室'，其他祭坛均设在旷野或森林等处"（牛瓦，1980：70）。当地人的说法，在一定程度上得到了识别调查组《"白马藏人"调查资料辑录》的印证，辑录写道："喇嘛教：在白马的'上五寨'地区有影响。在扒昔家、祥述家曾有喇嘛庙。仅土屋一间，极简陋。一九三五年毁后，未能再建。白马藏人不信喇嘛而信'白莫'。在日常生活中，喇嘛只能给死人念经，而请喇嘛必须同时请'北布'"。南坪、文县的白马"同样不信仰喇嘛教，没有儿子必须出家当和尚的规定，更不知达赖、班禅之名。南坪县的喇嘛庙，主要集中在上塘地区（松潘藏族），而在下塘的白马藏人地区原则上没有一个正式的喇嘛庙"（四川省民委民族识别调查组，1980：138）。引文中，"伯母""白莫""北布"均指同一对象。

与之相对，主张白马为"藏族"的藏族学者桑木旦则认为，"达布人信仰的宗教是古代藏族的宗教——本波教，本波教分为前弘期与后弘期，前弘期中只有居家咒师，到了后弘期才有出家僧人，因此，在上达布地方有出家僧人"；而"古代的本波教不仅以日月星辰为崇拜对象，而且还崇拜居住在山岩、森林中的神灵，在《乌仗林瓦遗教水晶岩》这部著作里有详细的记载。还在山头上垒石、颂祷、焚香祭祀。杀牲祭祀也是本波教的规矩"（桑木旦，1980：61）。据此，索郎多吉提出"根据达布人信仰笨［苯］教，不信奉达赖而被认为不是藏族的论点未免过于偏激"（索郎多吉，1980：103）。由此可见，藏族学者虽对白马的宗教信仰作以区分：是苯教而非喇嘛教；但同时亦认为，两教均源出自西藏，白马与"藏"仍有共同之信仰。

综合两派观点，可大致还原白马信仰的演进历程：即便最初是苯教从西藏传入白马地方，但在其后的漫长岁月里亦是结合了其他的宗教形态，如汉人道教等，逐渐演化为当地的本土信仰。换言之，"藏"与白马之间虽有"信仰溢出"之情势，确也是微弱的（参见图7）。这般情形，与越西、甘洛的尔苏相仿。但与后者不同的是，白马并未凭借这微弱的"溢出"之势走上民族（minzu）认同的建构历程，反而一直试图通过再识别从藏族中脱离出来，即白马作为一个"自然民族"，其"边界"不仅没有因为"信仰溢出"而向作为"政治民族"的藏族打开，反而由此关得更紧密了。诚然，从识别结果上看，白马最终仍为"藏族"，但在主观认同上，确实比越西、甘洛的尔苏显得"消极"得多。

至此，我们或可将此类与"信仰溢出"相关的"闭界"情势视为"信仰溢出"的另一种类型："内溢"——它倾向于关闭其作为"自然民族"的"边界"，以消解或淡化民族（minzu）认同（参见图10）。

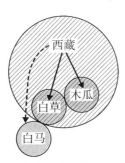

图 9　龙安三番信仰认同图①

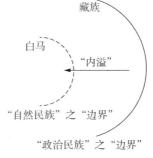

图 10　"信仰溢出"类型图："内溢"②

对于以上两个案例，我们或可作如是理解：在与藏族族别相关的川康民族识别中，出现"遗留问题"的原因主要在于，识别对象作为"自然民族"其边界与识别后的民族（minzu）边界——双重"边界"——的不吻合或相对含混。当时的民族识别工作，一方面是在确证这双重"边界"之间的区隔，另一方面则是试图弥合或消解这一区隔，以使识别对象的族属族称得以确立。在此过程中，西藏藏族与其"邻居族群"之间的"信仰溢出"情势，可理解为识别实践的语境或

①　灰色代表"藏族"的部分范围，斜线代表西藏藏族、木瓜番和白草番的信仰认同范围。
②　白色箭头代表"信仰溢出"，实线为强，虚线为弱。

背景，并以"内溢"和"外溢"之趋向微妙地作用于识别结果。

至此，或应探究的是，倘若"信仰溢出"本身是一个历时性的活态进程，且有"内""外"趋向之分；那么，保持其活态以及催动其趋向的动因，具体为何？

（四）"信仰溢出"与民族识别

若对以上三个识别案例所呈现的"信仰溢出"情势作以整体分析，会发现：三者的实践过程虽有不同，但均暗含两种动因，分别趋向"分"与"合"。

主"合"者，视"喇嘛教"为同一宗教信仰，以皈依"四宝"（佛、法、僧、上师）为基本特征，在教法认同乃至无教派运动（万果，2012：48—53）的基础上，结成跨区域的信仰共同体，并最大限度地拓开族群边界以建构共同体认同，如视"康、藏民族"为一族。由此，"信仰溢出"的情势会趋于"外溢"。

主"分"者，注重"喇嘛教"内的派系区别，加之不同族群"严分畛域"，以及语言、习俗等不同特征，从而以教派乃至寺院认同为基础结成地方共同体，由此造就出"边界"趋于不可再分的最小限度的群体认同，如嘉绒管辖的黑水、川北的白草番和木瓜番、川西的木里尔苏和冕宁尔苏等。此间，"信仰溢出"的情势趋于"内溢"。

介于两者之间的，是参照族源、地域、语言、联姻、经济、文化、政治等要素而构成的"中间型"共同体，即区域共同体，如嘉绒十八土司、"龙安三番""西番"等。通过民族识别而逐步建构的民族（minzu），多是这类"中间型"共同体。

由此反观"藏""番"的互动历程，可见分、合两种动因虽历时性地共同作用于"藏""番"关系，却从未真正让两者抵达过"分"或"合"中的任何一端，且由此逐渐形成了一种兼具"分""合"双重趋向的平衡之势。这一态势使信仰"喇嘛教"的诸多共同体，得以以各个"自然民族"的形态，相续共存有数百年之久（任乃强，

2009c：474—501）。直至近代，在帝国主义的侵压下，西藏地方政府对"大西藏"的政治诉求，使其开始思考以信仰共同体为基础联合为现代民族－国家之可能（李有义，2003：443—454）。然而，随后的经验事实则是：真正将西藏藏族与其周边共享同一宗教信仰的各个共同体，整合（建构）为一个单一民族（minzu）的"历史性任务"（黄光学，1994：93），诚是通过新中国成立后的民族识别来完成的。

那么，为何在近代以前"藏""番"之间兼具分合趋向的平衡之势无从打破，而新中国成立后的民族识别却能将两者归并为同一民族？

赫克特（Michael Hechter）的观点或可参照。他认为，"如果民族区域与治理单元的边界一致，就不存在产生民族主义的动力，因为这时的民族已经拥有自决了。这就是 19 世纪之前大型农业帝国的突出情况"；随后他特意区分了"国家"和"治理单元"，"在过去两个世纪之前，大多数国家（包括几乎所有帝国）都根本不是治理单元。……对于距离遥远的地区来说，中央不得不依靠某种间接统治的形式"，即"代理人"（赫克特，2012：30—3）。对此，我们不难联想到明清两朝在川康一带曾盛行的土司制度（贾霄锋，2010）。

事实上，尽管"藏""番"的共同信仰内在恰有"分""合"两种动因，但均难以单独作用于民族（"自然民族"）自觉及其关系，而须与政治、经济、风俗习惯等诸多要素结合在一起，作以整体考量。因此，在缺乏剧烈的外部刺激或压力而内部又无法产生足够的动力以打破平衡关系时，维持既有的平衡态势就是不二之选。

由此，各个居于不同层级的共同体——最小单位的地方共同体、"中间型"的区域共同体和最大范围的信仰共同体——总能动态调整其"民族性"的"边界"，使之与"信仰溢出"和"地理关系"趋于一致。

新中国成立初期，包括民族识别在内的一系列国家民族政策，可谓是当时最直观的"外力"；其标志性的制度转变，在于取消"代理人"并建立政府对地方的直接管理。如赫克特所言，民族区域与治理单元的边界由此会出现不一致的情形——然而，参照中国民族政策之实践，却又不止于此。无论是否意识到这一点，新兴政权曾首先试图通过一系列的民族平等和区域自治制度（张尔驹，1995：120—153）尽可能保留"前现代"（杜赞奇，2009：53—54）时期"民族区域与治理单元的边界一致"的情形。这就意味着，1950年代初，中央和地方访问团在川康地区进行民族识别、确认族属族称，实际是试图让民族区域与治理单元的边界尽可能一致的过程。

由此反观民族识别的理论依据，除斯大林的民族定义"四个共同"以外，多强调与民族史研究相结合，体现在识别实践中，各个共同体及其之间的"前现代"特征——如历史渊源、民族关系、宗教信仰等——得以被重视。具体至川康民族识别，早在刘格平率团访问西康时，就重点走访了康定、理塘等地的诸多寺院，并与当地的堪布、活佛和藏民进行座谈（江山，1998：45）；访问团据此认为，西康藏族虽支系较多、彼此差异明显，却不影响其族别归属，因为这些地方共同体与西藏藏族在"本质上"是相同的，即信仰"喇嘛教"。

综上所述，一方面是民族识别工作的主"合"倾向，"一般地说，'合'是比较好些，人口多，地方大，好办事"（王建民等，1998：117）；另一方面，是以共同宗教信仰为基础形成的"共同心理"，与斯大林的民族理论恰好匹配；再加上近一个世纪以来，西藏藏族对其作为"政治民族"的自我建构——在多方合力下，此前延续数百年兼具分合之势的平衡状态终于被打破，"藏"与"番"以及"番"内各个共同体就此走向"合"的一端，被确认为同一个民族（minzu）：藏族。

"藏""番"诸族从不同的"自然民族"识别为同一"政治民族"的过程，或可理解为是其"民族性"与政治化的并接实践，而不是后者彻底取代或倾覆前者。

换言之，识别过程中，这些被识别的共同体在经验层面上并不存在作为"自然民族"与成为"政治民族"之间知识体系上的决裂。由此,我们或能以"自然('社会实体')-政治"之并接结构理解行将确立的"民族"(minzu)——在从"前现代"至"现代"的复线进程中,民族之建构从未弃绝于历史(杜赞奇,2009);亦如,藏族之建构从未弃绝于信仰一般。

或也缘此并接实践,在川康民族识别过程中,"政治民族"身份日渐突显的同时,识别对象作为"自然民族"的基本特征不仅没有随之消解,反而有可能得以强化,即如"藏""番"之间长久共存的分合两势,始终在共同作用于识别过程。由于分势与合势的相互作用和制衡关系,当民族识别的大势趋于"合"时,地方共同体之间或之内的"分"的倾向,也相应被激化为现实,从而引发尔苏和白马识别的"遗留问题"。

换言之,那些原本随着分合之势而变动不居的"民族性"边界,终因识别之故,要在群体的经验与心态上"固化"为民族边界时;当个人身份证上的"民族"一栏一旦被确定,其所指的民族认同便无法随着共同体认同层级的不同而动态变化时,"信仰溢出"的两种类型——"外溢"和"内溢"就会激化而出。此间,"信仰溢出"不再作为潜隐的分合动因而相互牵制,而是直接作用于尔苏认同争议和白马识别问题的实践过程。

诚然,这一实践过程势必是复杂的政治情态和地方经验等综合作用的结果;但笔者无意在此对相关主题展开详述,仅想指出"信仰溢出"在其中的作用和影响,亦不容小觑。

结　语

我们已经指出,民族这个人们共同体是在历史过程中形成、变化、消亡的,各民族一直处在分化融合的过程中。当前我们急需处理的一些民族识别上的遗留问题，大多是些"分而未化，融而未合"的疑难问题。在研究方法上必须着重于分析这个比较复杂的分化融合过程，在最后作出族别的决定时尤须考虑到这项决定对这些集团的发展前途是否有利，对于周围各民族的团结是否有利。同时还应当照顾到对类似情况的其他集团会引起的反应（费孝通，2009a：164）。

1978 年 9 月，费孝通在全国政协民族组会议上发言，指出民族识别的"遗留问题"多是"分而未化，融而未合"的，因此在研究方法上须着重分析"这个比较复杂的分化融合过程"。只是，在这份发言稿中，他并未具体说明应如何分析这一过程，以及如何将之与民族识别的具体实践作以结合（当时，民族识别工作仍在进行中）。但他指明的研究区域，"以康定为中心向东和向南大体上划出了一条走廊"（费孝通，2009a：159），则在日后逐渐发展为"藏彝走廊"研究；此后又逐步生发出"华夏边缘"（王明珂，2006）与"藏边社会"（陈庆英，2013：74—75；张亚辉，2014：1—8）之说。然而，却鲜见以此分析理路"再思"中国民族识别的相关研究。

鉴于此，笔者试图以川康民族识别中的"遗留问题"为研究对象，以期理解其"分而未化，融而未合"的共同体情态具体为何，及其内在动因（如宗教信仰）如何具体影响到民族识别的实践过程。

诚然，宗教信仰对于我们理解"民族"至关重要。2005 年 5 月，中央民族工作会议后，中共中央、国务院在《关于进一步加强民族工作加快少数民族和民族地区经济社会发展的决定》中，将中国共产党民族理论和政策的基本观点集中表达为"十二条"，其中第一条谈道："民族是在一定的历史发展阶段形成的稳定的人们共同体。一般来说，民族在历史渊源、生产方式、语言、文化、风俗习惯以及心理认同等方面具有共同的特征。有的民族在形成和发展的过程中，宗教起着重要作用"。就此，有学者认为，"将宗教因素在民族形成和发展中的作用加入民族概念完全超出了斯大林民族定义的框框,但的确有说服力"(王希恩,2016:124—125)。

或应说明的是,与其把"将宗教因素在民族形成和发展中的作用加入民族概念"理解为是 2005 年提出的"十二条"之创见,莫若认为,这是中国民族政策之实践的阶段性总结。因为早在新中国成立初期开始的民族识别工作中,这一理念即已实践。只是当时,未曾以"宗教"或"宗教信仰"之名彰显,而是以"尊重本民族的意愿"之形式、以遵循"名从主人"的原则,悄然展开的。

参考文献

安德森,本尼迪克特,2005,《想象的共同体:民族主义的起源与散布》,吴叡人译,上海:上海人民出版社。

巴纳德,阿兰,2006,《人类学历史与理论》,王建民等译,北京:华夏出版社。

巴斯,弗雷德里克编,2014,《族群与边界——文化差异下的社会组织》,李丽琴译,北京:商务印书馆。

曹春梅,2006,《民国时期国人对西康的社会考察及其影响》,四川师范大学硕士学位论文。

陈波,2010,《李安宅与华西学派人类学》,成都:巴蜀书社。

陈庆英,2013,《关于"藏边社会"的思考》,《青海民族研究》第 1 期。

道尔吉,卓逊,1989,《"白马藏族"族源考辨——与谭昌吉同志商榷》,《西北民族学院学报(哲学社会科学版)》第 4 期。

翟淑平,2018,《任乃强论"民族"——以〈四川第十六区民族之分布〉为例》,《西北民族研究》第 1 期。

杜赞奇,2009,《从民族国家拯救历史:民族主义话语与中国现代史研究》,王宪明等译,南京:江苏人民出版社。

多尔吉,2015,《嘉绒藏区语言研究》,《中国藏学》第 4 期。

范可，2017，《何以"边"为：巴特"族群边界"理论的启迪》，《学术月刊》第 7 期。

费孝通，2009a，《关于我国民族的识别问题》，《费孝通全集·第 8 卷（1957—1980）》，呼和浩特：内蒙古人民出版社。

费孝通，2009b，《简述我的民族研究经历和思考》，《费孝通全集·第 15 卷（1995—1996）》，呼和浩特：内蒙古人民出版社。

费孝通编，1999，《中华民族多元一体格局（修订本）》，北京：中央民族大学出版社。

葛兆光，2011，《宅兹中国——重建有关"中国"的历史论述》，北京：中华书局。

根旺编，2008，《民主改革与四川藏族地区社会文化变迁研究》，北京：民族出版社。

孤僧，1939，《西康之土司喇嘛》，《边事研究》第 9 卷第 3、4 期。

顾颉刚，1939，《中华民族是一个》，《益世报·边疆周刊》第 9 期。

关凯，2007，《族群政治》，北京：中央民族大学出版社。

韩忠太，1996，《"共同心理素质"不能作为民族识别的标准》，《民族研究》第 6 期。

郝瑞，斯蒂文，2000，《田野中的族群关系与民族认同——中国西南彝族社区考察研究》，巴莫阿依、曲木铁西译，南宁：广西人民出版社。

赫克特，迈克尔，2012，《遏制民族主义》，韩召颖等译，北京：中国人民大学出版社。

黄光学，2016，《中国的民族识别》，祁进玉编《中国的民族识别及其反思——主位视角与客位评述》，北京：社会科学文献出版社。

黄光学编，1994，《中国的民族识别》，北京：民族出版社。

贾霄锋，2010，《藏区土司制度研究》，西宁：青海人民出版社。

江山，1998，《回忆西南民族访问团》，《中国统一战线》第 7 期。

拉措，1990，《关于"白马藏族"族属之我见——兼与谭昌吉同志商榷》，《西北民族学院学报（哲学社会科学版）》第 4 期。

拉先，2009，《辨析白马藏人的族属及其文化特征》，《中国藏学》第 2 期。

李安宅，2005，《藏族宗教史之实地研究》，上海：上海人民出版社。

李加才让，2010，《白马藏族的族属及其现状调查报告——以"格厘村"为个案研究》，《四川民族学院学报》第 5 期。

李绍明，2007，《中国人类学的华西学派》，王铭铭编《中国人类学评论》第 4 辑，北京：世界图书出版公司北京公司。

李绍明，2009，《本土化的中国民族识别——李绍明美国西雅图华盛顿大学讲座（一）》，《西南民族大学学报（人文社会科学版）》第 12 期。

李绍明，2012，《民族区域自治：多重因素的历史实践和民族和谐的基础——李绍明美国西雅图华盛顿大学人类学系讲座（四）》，《西南民族大学学报（人文社会科学版）》第 8 期。

李绍明，2016，《我国民族识别的回顾与前瞻》，祁进玉编《中国的民族识别及其反思——主位视角与客位评述》，北京：社会科学文献出版社。

李绍明、刘俊波编，2008，《尔苏藏族研究》，北京：民族出版社。

李星星，2011，《以则尔山为中心的尔苏藏族地方社会》，《中华文化论坛》第 2 期。

李有义，2003，《今日的西藏》，格勒、张江华编《李有义与藏学研究：李有义教授九十诞辰纪念文集》，北京：中国藏学出版社。

李资源，2000，《中国共产党民族工作史》，南宁：广西人民出版社。

刘复生，2005，《族群问题与民族史研究——以"藏彝走廊"民族为例》，石硕编《藏彝走廊：历史与文化》，成都：四川人民出版社。

马戎，2016，《如何认识"民族"和"中华民族"——回顾 1939 年关于"中华民族是一个"的讨论》，马戎编《"中华民族是一个"——围绕 1939 年这一议题的大讨论》，北京：社会科学文献出版社。

马玉华，2006，《国民政府对西南少数民族调查之研究（1929—1948）》，昆明：云南人民出版社。

莫斯，2005，《礼物：古式社会中交换的形式与理由》，汲喆译，上海：上海人民出版社。

墨磊宁，2013，《放大民族分类：1954 年云南民族识别及其民国时期分类学思想根基》，董玥编《走出区域研究：西方中国近代史论集粹》，北京：社会科学文献出版社。

聂文晶，2013，《新中国成立以来西南地区民族识别研究概述》，《民族学刊》
　　第5期。

牛瓦，1980，《我对本民族族属问题的意见》，四川省民族研究所编《白马藏人
　　族属问题讨论集》，成都：四川省民族研究所。

平武县白马人族属研究会，1987，《白马人族属研究简介》，平武县白马人族属
　　研究会编《白马人族属研究文集》，绵阳：平武县白马人族属研究会。

平武县人民政府，1987，《关于要求认定白马人为氐族的请示报告》，平武县白
　　马人族属研究会编《白马人族属研究文集》，绵阳：平武县白马人族属研
　　究会。

蒲向明，2013，《论白马藏族族源记忆与传说——以陇南为例》，《西藏民族学
　　院学报（哲学社会科学版）》第4期。

秦和平，2016，《"56个民族的来历"并非源自民族识别——关于族别调查的认
　　识与思考》，祁进玉编《中国的民族识别及其反思——主位视角与客位评
　　述》，北京：社会科学文献出版社。

雀丹，1995，《嘉绒藏族史志》，北京：民族出版社。

任建新，2009，《整理说明》，任乃强《任乃强藏学文集（上）》，北京：中国
　　藏学出版社。

任乃强，2009a，《西康视察报告》，《任乃强藏学文集（中）》，北京：中国藏
　　学出版社。

任乃强，2009b，《西康图经》，《任乃强藏学文集（上）》，北京：中国藏学出
　　版社。

任乃强，2009c，《康藏史地大纲》，《任乃强藏学文集（中）》，北京：中国藏
　　学出版社。

桑木旦，1980，《谈谈"达布人"的族别问题》，四川省民族研究所编《白马藏
　　人族属问题讨论集》，成都：四川省民族研究所。

桑木旦，1987，《关于四川达波人的族属问题》，平武县白马人族属研究会编
　　《白马人族属研究文集》，绵阳：平武县白马人族属研究会。

尚理、周锡银、冉光荣，1980，《论"白马藏人"的族属问题》，四川省民族研

究所编《白马藏人族属问题讨论集》，成都：四川省民族研究所。

施联朱，2016，《中国民族识别研究工作的特色》，祁进玉编《中国的民族识别及其反思——主位视角与客位评述》，北京：社会科学文献出版社。

石硕编，2005，《藏彝走廊：历史与文化》，成都：四川人民出版社。

史密斯，安东尼·D.，2018，《民族认同》，王娟译，南京：译林出版社。

斯大林，1953，《斯大林全集（第二卷）》，北京：人民出版社。

四川省民委"西番"识别工作组，1982，《对我省"西番"人进行民族识别的情况简报》，四川省民族事务委员会编《民族工作简报》，成都：四川省民族事务委员会。

四川省民委民族识别调查组，1980，《"白马藏人"调查资料辑录》，四川省民族研究所编《白马藏人族属问题讨论集》，成都：四川省民族研究所。

四川省民族研究所编，1980，《白马藏人族属问题讨论集》，成都：四川省民族研究所。

松本真澄，2003，《中国民族政策之研究：以清末至1945年的"民族论"为中心》，鲁忠慧译，北京：民族出版社。

孙林，2010，《西藏中部农区民间宗教的信仰类型与祭祀仪式》，北京：中国藏学出版社。

索郎多吉，1980，《关于"达布人"的族别问题》，四川省民族研究所编《白马藏人族属问题讨论集》，成都：四川省民族研究所。

万果，2012，《藏传佛教"利美运动"的现实意义探析》，《西南民族大学学报（人文社会科学版）》第7期。

王建民等，1998，《中国民族学史 下卷（1950—1997）》，昆明：云南教育出版社。

王明珂，2006，《华夏边缘：历史记忆与族群认同》，北京：社会科学文献出版社。

王铭铭，2005，《西方人类学思潮十讲》，桂林：广西师范大学出版社。

王铭铭，2008，《中间圈——"藏彝走廊"与人类学的再构思》，北京：社会科学文献出版社。

王铭铭，2011，《从潘光旦的土家研究看"民族识别"》，《人类学讲义稿》，北京：世界图书出版公司北京公司。

王铭铭，2012，《超越"新战国"：吴文藻、费孝通的中华民族理论》，北京：生活·读书·新知三联书店。

王万平，2016，《族群认同视阈下的民间信仰研究——以白马藏人祭神仪式为例》，《西北民族研究》第1期。

王万平、宗喀·漾正冈布，2019，《白马人·沙朵帽·池哥昼——一个藏边族群的边界建构》，《西藏民族大学学报（哲学社会科学版）》第2期。

王希恩，2016，《中国民族识别的依据》，祁进玉编《中国的民族识别及其反思——主位视角与客位评述》，北京：社会科学文献出版社。

王尧等，2003，《中国藏学史（1949年前）》，北京：民族出版社、清华大学出版社。

文阶，1941，《康区土司头人问题之探索》，《康导月刊》第3卷第5、6、7期。

巫达，2005，《尔苏语言文字与尔苏人的族群认同》，《中央民族大学学报（哲学社会科学版）》第6期。

巫达，2006，《四川尔苏人族群认同的历史因素》，《中南民族大学学报（人文社会科学版）》第4期。

巫达，2010，《族群性与族群认同建构：四川尔苏人的民族志研究》，北京：民族出版社。

巫达，2014，《宗族观念与族群认同——以四川藏族尔苏人为例》，《北方民族大学学报（哲学社会科学版）》第4期。

吴传钧，1955，《西康省藏族自治州》，北京：生活·读书·新知三联书店。

吴文藻，1938，《论边疆教育》，《益世周报》第10期。

西南民族学院民族研究所，1984，《嘉绒藏族调查材料》，成都：西南民族学院民族研究所。

肖猷源，1987，《谈谈白马人族属问题提出的原因》，平武县白马人族属研究会编《白马人族属研究文集》，绵阳：平武县白马人族属研究会。

薛春晖，2013，《白马藏人的民族认同与历史建构》，何明编《西南边疆民族研究》第13辑，昆明：云南大学出版社。

杨庆堃，2016，《中国社会中的宗教（修订版）》，范丽珠译，成都：四川人民出版社。

杨有海，2016，《由小"扎巴"到革命战士》，《新长征》第 10 期。

于式玉，2002，《黑水民风》，李安宅、于式玉《李安宅、于式玉藏学文论选》，北京：中国藏学出版社。

袁晓文，2008，《藏彝走廊尔苏藏族研究综述》，《广西民族大学学报（哲学社会科学版）》第 6 期。

袁晓文、陈东，2011，《尔苏、多续藏族研究及其关系辨析》，《中国藏学》第 3 期。

曾维益，2002，《白马藏族研究文集》，成都：四川民族研究所。

曾维益，2005，《白马藏族及其研究综述》，石硕编《藏彝走廊：历史与文化》，成都：四川人民出版社。

曾文琼，1988，《论康区的政教联盟制度》，《西南民族学院学报（哲学社会科学版）》第 2 期。

张尔驹，1995，《中国民族区域自治史纲》，北京：民族出版社。

张全昌，1987，《四川"西番"识别调查小结》，《四川民族史志》第 1 期。

张瑞丰，2010，《"白马藏人"族属问题研究综述》，苍铭编《民族史研究》第 9 辑，北京：中央民族大学出版社。

张亚辉，2014，《民族志视野下的藏边世界：土地与社会》，《西南民族大学学报（人文社会科学版）》第 11 期。

张羽新，1988，《清政府与喇嘛教》，拉萨：西藏人民出版社。

赵梅春，2018，《民国时期少数民族社会历史调查与文献整理研究述论》，《郑州大学学报（哲学社会科学版）》第 5 期。

中共马尔康市委宣传部、阿坝嘉绒文化研究会编，2016，《嘉绒文化研究（一）》，成都：四川民族出版社。

周伟洲、周源编，2016，《西藏通史（民国卷）》，北京：中国藏学出版社。

邹立波，2017，《明清时期嘉绒藏族土司关系研究》，北京：中国社会科学出版社。

（作者单位：中央美术学院实验艺术与科技艺术学院）

云南德钦阿墩子"藏回"
结合式婚姻与家庭的人类学解读[*]

马斌斌

摘　要　婚姻和家庭研究是人类学研究中较为经典的研究之一，在人类学早期研究中也占有重要地位。本文立足于长期的田野调查，以云南省德钦县阿墩子藏回结合式婚姻和家庭为切入点，研究分析指出，德钦阿墩子藏回结合式婚姻和家庭存在跨族界乃至跨宗教性，这是在长期历史发展中形塑并传承的。这种婚姻和家庭形态，不仅是"文化传统"的延续，还是行动者跨越多重的一种实践。这种婚姻关系的建立，形塑了他们当下的生活，指导着他们的日常实践。

关键词　德钦阿墩子；藏回；婚姻；人类学

人类学学科建立之始，以摩尔根、麦克伦南和韦斯特马克等为代表的人类学家就开始研究人类两性关系、婚姻和家庭等问题，继而到对亲属制度的研究，这些都是一脉相承的。泰勒曾提及"人类任何时候也不可能作为单纯的、每一个人都是从事其独自事业的一群个人而生存，社会总是由家庭或者是由从属于婚姻规约和亲子义务的亲缘所结成的经济单位组成的"（泰勒，2004：377）。而"婚姻是社会所认

---

　　* 本文系笔者硕士学位论文《穆斯林商贸跨越的多重性——德钦阿墩子贸易网络中的汉、回、藏关系》（2018）第二章第二节内容，此次有改动。

可的男女性结合形式,是建立家庭的基础"(麻国庆,2002:53)。正如马林诺夫斯基(Bronislaw K. Malinowski)所言,"婚姻在任何人类文化中,并不是单纯的两性结合或男女同居。它总是一种法律上的契约,规定着男女共同居住,经济担负,财产合作,夫妇间及双方亲属间的互助;婚姻亦总是一公开的仪式,它是一件关涉着当事男女之外一群人的社会事件"(马林诺夫斯基,1987:26—27)。因而对婚姻的研究,不单只局限于婚姻,还关涉系列较为复杂的议题。基于此,结合田野作业,笔者将对德钦阿墩子藏回结合式的婚姻和家庭形态逐一进行分析和讨论。

一、德钦阿墩子穆斯林的通婚状况

地处川滇藏三省交汇处的德钦县,位于云南省西北部横断山脉地段,系云南省迪庆藏族自治州下辖县之一。"德钦"系藏语"聚"的音译,意为"吉祥如意,和平安宁"。县城所在地为升平镇。德钦县是一个多民族聚居的地区,县内除汉族群体外,还有藏族、回族、纳西族、傈僳族、彝族、白族、苗族、壮族、哈尼族、傣族、怒族、普米族等 12 个少数民族。县城所在地升平镇,2015 年共有常住人口2508 户、10 168 人,辖 2 个行政村(巨水、阿东)、2 个社区(墩和、阿墩子)和 43 个村民小组。其中藏回结合式家庭主要分布在阿墩子社区,笔者调查期间,该地共有回族 44 人(马斌斌,2018:17)。

德钦阿墩子回族的先民,大约在清朝雍正年间进入阿墩子地区。据《德钦县志》记载,清朝雍正年间,在德钦升平镇周边发现铜矿和银矿,许多山西、陕西、云南大理等地精通采矿冶炼之人慕名而来。这些采矿人,大部分是信仰伊斯兰教的回族。这些迁徙而来的回族长期在德钦地区从事采矿和冶炼工作,久而久之,部分人便在升平镇落籍，伊斯兰教也随之在阿墩子生根发芽。德钦回族主要的姓氏有马姓、海姓、杨姓、蒋姓（云南省德钦县志编纂委员会，1997：327）。"德钦升平镇的回族主要有三大姓：海姓、杨姓、马姓。海家、杨家祖籍陕西，大约于清雍正初年进入德钦。马姓有两支：一支是云龙县人，杜文秀起义失败后逃到德钦，一支是青海人，一九四五年才落脚德钦"（王子华，1989：43）。

落脚该地以后，在长期发展过程中，这些外来回族（穆斯林群体）逐渐突破以往同信仰、族内通婚的格局，形成了回族和藏族结合式的家庭。"我的媳妇是藏族，我家里面基本上是回族，儿子女儿们娶的话也是娶藏族，嫁的话也是嫁藏族，这种情况在德钦很普遍，基本上就是这种。"[①] 这种家庭模式，在德钦阿墩子 34 户回族家庭中，占 97%，因此德钦阿墩子穆斯林家庭大都选择迎娶藏族妇女作为妻子，或者把女儿嫁给藏族，通婚范围在民族身份上，一般多以藏族为主要联姻对象。德钦阿墩子是一个多民族聚居的地区，除藏族外，还有纳西族、汉族、傈僳族等民族，但根据当地回族的叙述，这些家庭基本上不约而同地选择藏族作为通婚对象，并以此为婚姻"传统"，延续至今。

在地域范围上，历史上通婚状况如何，已经无法追及和考证，但 20 世纪 50—90 年代结婚的人群中，无论是嫁给藏族还是迎娶藏族媳妇，大都是以德钦阿墩子为中心，向周边其他相邻的乡村或地方延伸，有的娶了西藏芒康盐井的藏族妇女，有的则迎娶德钦当地的；出嫁的对象，在地域范围上也是如此。近年来，随着交通变得便利，当地很多人外出工作或搬迁至香格里拉、昆明等地居住，在对象的选择上，逐渐超脱"民族"和地域范围。但德钦阿墩子的回族大都沿袭了先祖们的"传统"，继续保持着这种藏回结合式家庭。

---

　　① 2017 年 1 月 12 日（星期四），访谈对象，马 xx（回族，1957）；访谈地点，德钦县回族墓地。

二、德钦阿墩子穆斯林的婚姻家庭形态

据当地人回顾，德钦阿墩子的穆斯林群体自迁入该地以来，一直保持着信仰伊斯兰教的传统，保持着穆斯林的生活习惯，饮食上有着严格的禁忌，讲究卫生；由于迁入该地的大都为男性，因而在婚姻方面，他们大多选择和当地的藏族妇女结婚。这种传统的形成并非一朝一夕，很大程度上归咎于起初回族和藏族的关系以及各种现实因素的考量。迁到此地的祖辈们因条件所限，打破了本民族通婚的常规，开始和藏族联姻。此举被后代们依次效仿和延续，因而保持了回族与藏族通婚的传统，有的家族还有了较为固定的通婚家族，如当地的回族海姓人家和藏族徐姓家户，已有三代姻亲关系。① 这种藏族和回族通婚的情况在德钦阿墩子是一种普遍的存在，该地 34 户回族家庭中，基本都是藏族和回族结合式家庭。这些家庭中大多保留了伊斯兰教信仰的传统，同时也保留着藏传佛教的经堂和日夜长明的酥油灯。嫁入回族家的藏族媳妇，保留着自己的信仰，回族则坚持自己的信仰，两种宗教在同一个家庭并存。这种模式的形成，当地人归因于家庭"传统"。

> 我奶奶是杨家的回族，我爷爷是藏族，他们两个感情很好，所以结婚以后，奶奶不吃猪肉嘛，那么爷爷就尊重奶奶这种，猪肉以后就基本没有吃了。然后，这个藏族人他又信点个灯、拜个佛之类的，奶奶也不干涉他，两个人说不上有什么，反正感情就是很好，一个尊重一个，就成了这么一个特殊的李家了嘛。我们小时候就是这个情况。到我母亲的时候，我父亲就是回族，从小就不吃猪肉，哈里发（念经）倒是没有学过，我母亲又是藏族，纯正的藏族，那么自然而然就按照爷爷奶奶那种生活日子过下

---

① 2017 年 4 月间，笔者在该地做田野调查时，通过对海 xx 和徐 xx 的多次访谈得知。

来，到我们这一代，我媳妇她又是藏族，我是回族，我身份证上就是回族，因为我小时候是不吃猪肉的，到现在也不吃。家里有这种习惯，总觉得是上一辈有这种习惯，上一辈怎么做我们就怎么做，就这样传承下来就可以了。主要是和睦、和谐。①

基于祖辈的婚姻传统，后辈们继续传承这种藏族和回族结合式婚姻，同时，继续保持着祖辈们的信仰和实践传统——既保持伊斯兰教的信仰，又允许集中存在另一种信仰实践。在家里，彼此只是丈夫和妻子，而不是回族和藏族。在饭桌上，妻子或丈夫尊重不吃猪肉的一方，因而这样的结合式家庭，都不吃猪肉。在宗教信仰上，丈夫和妻子保持自己的信仰，如果丈夫是穆斯林，只要他愿意也可以实践自己的宗教功修；如果妻子是藏传佛教信徒，她依旧可以点起酥油灯，转她自己的佛塔。反之亦然。也许在其他地方，这种存在是不可能的，但在德钦阿墩子，却是一种真实的存在。

同时，家庭布局也因为两种宗教并存的缘故，存在着不同的格局。一般家里既有伊斯兰教的《古兰经》和"克白图"②，也有藏传佛教的经堂，供奉着达赖和班禅以及他们/她们所仰赖的上师、贡品和日夜长明的酥油灯，但伊斯兰教的装饰是和藏传佛教的经堂分居两屋的。③ 在厨房的灶台上，依旧摆放着供物，但厨台墙正中位置，则贴着"主圣护佑"的字样。④ 在这里，家好比是一个整体，里面生活着秉持两种不同的宗教信仰群体的人，并存着两种不同的神圣空间；与此同时，厨房作为家人公用的空间，则是两种信仰和空间的结合部。

此外，这种藏族和回族之间的通婚在有些家庭，形成了固定的

---

① 2017 年 1 月 11 日（星期三），访谈对象，李 xx（回族，1953）；访谈地点，德钦阿墩子李 xx 家中。

② 一块长方形的、黑色的、上边用白色染料印有麦加天房的挂件。

③ 笔者在田野间，所到过的德钦阿墩子李 xx 家、海 xx 家等多户人家均是如此。

④ 田野期间，笔者所见。

"通婚圈",如海 xx 家。海 xx 告知笔者,"我家里老婆是藏族,以前祖爷爷辈就是这样的,在德钦,这种是很普遍的,回族一般都和藏族结婚,也会嫁给藏族做媳妇。我们这里(德钦)不像甘肃、宁夏那样可以选择回族,我们在这里了嘛,也只能是这样,讨藏族媳妇,老祖宗也一直都这样,我们祖祖辈辈都是这样下来的。在家里,我信我的伊斯兰教,念《古兰经》,我现在正在学,虽然只学会了三个苏勒(或三段①)。我媳妇嘛,信她的佛教,点她的酥油灯,烧她的香,我们互不干涉。我们祖上有三代人是和徐家通婚的,徐家是我舅舅家"。②

　　在这样的环境里,尤其是在以前交通闭塞的情况下,要和外界的回族穆斯林通婚,事实上并不容易。由于祖父辈们的抉择,在藏族群体占多数的地域里,在无法便利地和外界交往的情况下,这种通婚方式无疑是最适宜的。但德钦阿墩子是一个多民族聚居的地区,至于为何最终只和藏族通婚,除了特定的历史原因外,还有可待考证的其他原因。"当一个人决定选择另一个人为配偶的时候,其行为不仅是个体化的,而且体现了一种社会关系。尤其是族际通婚,不仅反映的是个体与个体之间的关系,也体现了婚姻双方对不同民族的界定、评价和选择"(萨仁娜,2007:1)。虽然现在的德钦阿墩子穆斯林依旧按照祖辈们的"传统"在进行婚配,但正如解释家大师伽达默尔(Hans-Georg Gadamer)指出,"传统并不只是我们继承得来的一宗现成之物,而是我们自己把它生产出来的,因为我们理解着传统的进展并且参与在传统的进展之中,从而也就靠我们自己进一步地规定了传统"(甘阳,1986:6)。因此,传统不只是简单的继承,而是一种"生产",德钦阿墩子穆斯林一代又一代地接受着他们的婚姻"传统",也在不断地对其加以再造和强化。

---

　　① 云南地区的回族把《古兰经》中常用的一些苏勒称为"十八段",因此三个苏勒即三段或三个简短的章节。

　　② 2017 年 1 月 13 日(星期五),访谈对象,海 xx(回族,1963);访谈地点,德钦阿墩子海 xx 家中。

　　根据德钦阿墩子当地回族的叙述，我们可以看到这样的婚姻关系（如图1、图2示），即至少存在三种情况：第一种，祖上（父系）是回族，与当地或相邻地区的藏族妇女通婚，继而延伸的家庭；第二种，母亲是回族，父亲是入赘的藏族，以这种模式传承下来的回族和藏族结合式家庭；第三种是祖上都是回族，这在德钦是很少的，只有一家。① 由此，第一种、第二种类型占多数，在这样家庭中出生的孩子，大都是"回族"，但在信仰上存在选择的可能性。如果女儿嫁入藏族家庭，那么所生育的子女也会是藏族，而不是回族；相反，入赘的女婿可以保持自己的信仰，但生育的子女必须是回族，尽管子女可以自主选择信仰，但在"传统"模式下，这种藏族和回族通婚的"传统"一直被保留和传承着。

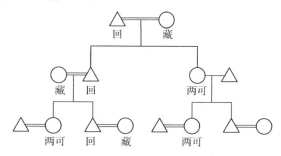

图1　第一种婚姻关系图示②

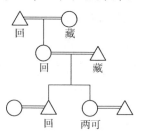

图2　第二种和第三种婚姻关系图示③

---

　　① 笔者田野期间得知，当地回族马艾里家中，他和妻子都是回族，祖上也是这种，但其他家庭都是藏族和回族结合式的家庭。

　　② 文中所述第一种婚姻关系，即回族男性娶藏族女性为妻。其中"两可"指在民族身份的选择上，既可以选择回族，也可以选择藏族。

　　③ 文中所示第二种婚姻关系，即藏族男性入赘回族家庭；第三种则为三角形所示、圆形所示都为回族，这种婚姻关系在德钦阿墩子二十世纪三四十年代时只有一家。

以往的研究对德钦阿墩子穆斯林的这种婚姻形式也有过叙述，如"清真寺附近基本上为回民住家，主要有海、杨、马三大姓，祖上有的来自陕西，有的来自大理云龙，他们数百年来与当地藏民和睦相处，从未发生过争斗，而且回藏两族还相互通婚，以往娶当地藏女为妻的居多，藏族男子入赘上门的比例也很大，因回族保持着'准进不准出'的与外族通婚的原则，所以嫁到回族家的藏女都改做了回族，入赘女婿也改作了回族，但在语言及生活习俗等方面，回族都明显地藏化了，他们日常语言完全讲藏语，服饰、建筑也完全与藏民一样，而饮食则保持了回族习惯"（木霁弘、陈保亚等，1992：102）。但这种论述是值得商榷的，尽管历史上曾经一度有过"准进不准出"的外族通婚规则，但在德钦阿墩子这样的环境中，已经不可能，其或许早已突破了这一规则。这种"准进不准出"的论调缺乏合理性，加之，穆斯林的婚姻理应建立在宗教的基础之上，即具有相同的信仰，而非"民族/种族"，所谓的"外族通婚规则"则是一种误读或历史的产物，并不是通用的法则。

通过对德钦阿墩子回族婚姻情况的分析，结合历史，我们可以看到，穆斯林群体初入德钦阿墩子时，藏族乃是该地的主体，为此我们可以做出推测：一方面迁至该地的穆斯林毕竟是少数，随着时间的流逝，多次的内部通婚必然导致可婚配对象的减少，因而迁至该地的穆斯林群体不得不寻求本群体以外的其他群体作为通婚对象。在这种情况下，作为该地主体民族的藏族，无疑成为可选对象之一，但并不是绝对的。另一方面，最早进入该地的穆斯林群，大都是为经商和采掘矿产而来。当时该地处在藏族土司的管辖范围内，与此同时，藏传佛教寺庙作为一股力量，不仅给予当地主体民族以精神食粮，而且也拥有很多世俗权力。土司和寺庙之间一直存在供养关系。在这种情况下，一种有别于本土信仰的少数群体进入且要在此地生存时，或多或少受到阻挠且势必要权衡各方力量，以何种方式立足于该地、用什么样方式与强大主体群体相处，必然成为这批初入者首要考虑的问题。

因此，德钦回族的祖辈们在不得不扩大通婚圈的同时，为了适应当地的人文环境，选择向主体群体靠拢，与主体群体通过通婚形成庇护关系，无疑是最佳的选择，可以视为一种"生活策略"。在这里，"家庭的意义起初是一种政治的-现实的意义，随着文化的发展，越来越具有心理学的-理想的意义，家庭作为集体个体，一方面给它的成员提供一种暂时的分化，这种暂时分化至少为家庭成员在绝对个性意义上的分化作准备，另一方面，为其成员提供某种保护，在这种保护下，后者能够得以发展，直至面对最广泛的大众，它也具有生存能力"（西美尔，2002：539）。因而催生并产生了这样的婚姻传统。

刘琪也曾对德钦阿墩子回族和藏族通婚的现象进行过论述，"根据当地人的回忆，最初，回民与藏民之间的关系并不十分友好，还曾经爆发过战争。在输掉战争之后，回民开始寻求一些文化上的兼容，其中以通婚最为普遍。在德钦，回民与藏民之间的通婚极为常见，而当地人也形成了一个不成文的规矩，即嫁方（无论是女还是男）随从娶方改变自己的信仰与风俗习惯"（刘琪，2015：260）。在这里，刘琪关于"嫁方（无论是女还是男）随从娶方改变自己的信仰与风俗习惯"的论述存在误读，如果真的存在信仰改变，随从另一方的信仰与风俗习惯，那么就不可能存在藏传佛教经堂和伊斯兰教标志物共存的房屋布局，也就不可能出现贴于灶台正上方的"主圣护佑"和排放供品的厨房（灶台）。① 这两种类型的存在，恰好说明，德钦阿墩子回族和藏族结合式家庭中，信仰存在多重性，作为妻子和丈夫都保留自己的信仰（但并不是全部如此，也有极少数例外），比如在仪式中也有"统一"的要求。

在田野期间，当地马阿訇告诉笔者：

> 前面他们结婚办喜事都在清真寺里边摆酒席，我说清真寺里

---

① 2017 年 1 月 11 日（星期三），在李 xx 家中所见。

面不能搞酒席,从我给他们搞起(当阿訇)以后就不准他们(德钦回族)搞了,我说要在清真寺里面搞酒席我就不给你们当阿訇了,你在清真寺里面办酒席,就等于把猪赶到清真寺里面一样嘛,我给他们讲了几次,现在没有了,教门是上升了。但他们结婚不念"尼卡哈"(证婚词),① 因为他们娶的是藏族,藏族了嘛,人家不信仰伊斯兰教,所以教法上不能念了嘛,他们结婚办酒席,这个地方的什么族都请,只要是他们的朋友,程序上也就是办宴席、领结婚证,我们(回族)的"尼卡哈"是不念的,不能念。②

由此可见,德钦阿墩子回族和藏族缔结婚姻时,婚姻双方可以各自保持自己的信仰和风俗习惯;但在婚姻仪式中,嫁入或入赘回族家庭,要在清真寺举办婚礼并遵循伊斯兰教的相关规定;而在家中不吃猪肉则成了双方达成的一种默契。

三、德钦阿墩子藏回结合式家庭中
90 后的宗教信仰和婚姻抉择

延续祖辈的信仰和生活方式是很多群体一贯坚持的,在德钦阿墩子,穆斯林群体也延续着祖辈的宗教信仰、风俗习惯和姻亲缔结方式。婚姻达成后,人们在家庭中互相尊重彼此的宗教信仰,在实践中与其他群体和睦相处。如果说以往是因为交通闭塞、信息不够畅通,那么在当下交通便利、信息通畅的情况下,这种状态是否会有所改

---

① 尼卡哈(阿拉伯语:خطبة النكاح,意为"结婚")指男女双方缔结婚约,通常由阿訇来主持,在念完尼卡哈后,标志着穆斯林男女在宗教层面上缔结了合法的婚姻,使其具有纯洁的神圣性。
② 2017 年 1 月 12 日(星期四),访谈对象,马阿訇(回族,1966);访谈地点,德钦清真寺。

变，是一个值得追溯的问题。在德钦阿墩子穆斯林群体中，1980 年及其后出生的人大都如父辈一般，迎娶或嫁给了藏族，1990 年及其后出生的群体也将在这种模式中继续前行。

90 后的仁青①精通藏语、汉语、英语和法语，在香格里拉从事导游工作，在此期间结识了在香格里拉工作的大理巍山一位回族姑娘，② 俩人恋爱了两年，最后却分开了。此事不仅事关仁青本人，而且在家人和外人（至少是阿訇夫妻）产生了些许影响，他们对此事有三种不同的看法。

作为故事的主角，仁青告知笔者，"刚开始和大理那个回族姑娘谈恋爱时，我不知道她已经结过婚并且离婚了，还有一个女儿，直到一年后她才告诉我。那时感情也深了，也不忍心放下，我想尽一切办法说服我父母，甚至给父母亲下跪去求他们，让他们同意我们的婚姻。起初我母亲不同意，因为她结过婚，我还没有，所以父亲也不太赞同。后边父母亲同意了，但她又太倔强。原因是她在大理有一套房子，我父亲建议让她立一份公证书，将房子给她的女儿，以防后期发生财产纠纷，影响家庭和谐。但她就是不肯，后边也就放下了。因为我实在不能亏欠父母太多。现在就这样了"。③

德钦清真寺的阿訇和他的妻子对此却说，"仁青之前找了一个我们巍山的回族姑娘，他俩谈恋爱快两年，他还把那个女孩带回家了，来过几次，本来快成了，但仁青的妈妈不同意。仁青的妈妈是藏族，想娶个藏族媳妇，不喜欢回族媳妇"。④ 这种论调，侧面反映出在德钦阿墩子回族以外（至少是阿訇夫妇）的其他人认为，藏族婆婆对回族媳妇可能存有成见，不希望儿子娶回族媳妇。但他们（阿訇和他的妻

① 2017 年 4 月 16 日（星期日），访谈对象，仁青（回族，1990）；访谈地点，德钦阿墩子海 xx 家中。
② 在笔者询问其具体年龄、姓氏时，仁青不愿告知，只说其是大理巍山的回族。
③ 2017 年 4 月 16 日（星期日），访谈对象，仁青（回族，1990）；访谈地点，德钦阿墩子海 xx 家中。
④ 2017 年 1 月 12 日（星期四），访谈对象，马阿訇（回族，1966）；访谈地点，德钦清真寺。

子）终究是这件事的旁观者，对于具体的情况也并非全然知晓，有些事也只是听说。

仁青的父母则认为，"刚开始我们是不同意的，我家儿子还没有结婚，年龄小，而巍山那个姑娘已经结过婚了，而且还有孩子，比我们家仁青大。后来，仁青一直和我们说，求我们了嘛，自家的儿子，也不想让他受苦，后来就同意了。他还把她带到家里几次。那个姑娘在大理有一套自己的房子，我们想让她立个公证，把房子公证给她女儿，怕后边两个人合不来，万一离婚，就会有麻烦，但是她不同意，后来实在没办法也就算了。我家儿子还小，后边再找"。①

从这件事中，我们可以看到，90后已经在婚姻上有了更多的选择，因为他们可以走出德钦阿墩子，可以走到更远的地方和更多的人接触，但对于他们的婚姻，不同的人来看，总会得出不同的结论。父辈们也许还对祖辈们的这种结合式婚姻家庭怀有感情，还是希望晚辈们继续这种模式。在外人看来，这种婚姻（即与回族姑娘结婚）之所以不能成功，是因为仁青有一个藏族母亲。对于当事者而言，这只不过是一场感情的经历，在这个过程中，他要权衡各方面的关系。在这里，婚姻并不只是自己的私事，而是一种"公事"，至少是家庭的"公事"。

与婚姻相比，对宗教的选择，显得更具自主性。因为这种藏族和回族结合式家庭为其提供了可选择性。至于选择哪种宗教作为自己的信仰，父母们也不会做过多的要求，出生在这种家庭的下一代，身份证上大都是回族，只是是否与先辈们一样信仰伊斯兰教，是可以进行选择的。有的选择信仰藏传佛教，有的则信仰伊斯兰教，在这样一种结合式家庭中是可能的，家庭也为选择提供了适度的空间和可能性。"我爸这几年以来，对伊斯兰教特别感兴趣，想着在家里'复兴'伊

---

① 2017年4月4日（星期二），访谈对象，海xx（回族，1963）；访谈地点，德钦阿墩子海xx家中。仁青是海xx的儿子。

斯兰教，他每个礼拜五都会去清真寺里跟着阿訇礼拜，跟着阿訇念一些《古兰经》。家里，你也看到了，还专门有一个伊斯兰的'客厅'。而我自己，还是信藏传佛教，跟着我母亲信。我一直觉得信仰什么宗教，都是教导人们行善的，藏传佛教的寺庙我也经常去，在尼泊尔（在那里有过一年的实习经历）我还经常去找活佛们坐坐，当然也会去你们①回族的清真寺，虽然我不会像你们一样礼拜，但我也会向你们的神——安拉祈祷，为众生祈福。在我看来，信仰哪个宗教都一样，关键是看你怎么做。没有信仰的人，只要他愿意做好事，他也是一个好人，也是一个有德之人，不是说信教的都是好人，不信教的都是坏人。我父亲肯定希望我跟着他信，但我信仰藏传佛教，他也没有反对。他们只希望我生活得好，能够做一个好人，其他的我都可以选择。如果我嘴上说信，但心里没有什么，行动上也没有，那就是撒谎。"②

　　虽然这只是一个例子，却是德钦阿墩子 90 后穆斯林群体的一种趋势。尽管他们会在信仰上进行选择，但每每有活动，他们都会去参加。在穆斯林的活动中，前往参加的都是"回族"——不管其内心信仰何种宗教；在藏传佛教的活动中，前去参加的群体，他们都是藏族，有的活动回族也会去参加，但如果他信仰伊斯兰教，那么在有些宗教仪式中，他会显得与众不同，用外在的行为举止表述自己与"他们"不同。如在德钦阿墩子当地，藏族的烧百香节日中，一些回族也会去参加，他们会帮妻子挂经幡，准备煨桑的松柏树，但自己却不参与，不给佛像叩拜，不给寺庙点酥油灯。在这种实践和行动中，我们可以看到，"一如弗思（Firth）所提出的，亲属关系是粘合社会组织的原则。正因为亲属关系是社会生活的每一个方面和每一个部分中的社会行为的主要决定性因素，它才会成为在这类社会中进行社会整合

---

　　① 笔者是回族。

　　② 2017 年 4 月 16 日（星期日），访谈对象，仁青（回族，1990）；访谈地点，德钦阿墩子海 xx 家中。

的机器的基础"（萨林斯，2002：60）。在这里，因为婚姻和亲属关系的缘故，大家彼此参加对方的活动，没有人会要求对方明确宗教信仰的立场或者做出特定的解释，一切都在合理的默许中。

总之，德钦阿墩子穆斯林的这种家庭模式和宗教信仰的特点，无疑打破了长久以来，国内外学界乃至国内其他兄弟民族对中国回族乃至中国穆斯林的认知，使我们看到任何民族或宗教信仰群体并不是铁板一块、毫无差别。差异和多样性的存在，也进一步说明了不同群体之间，在接触中的另一种可能。同一种信仰的群体或民族，会因生境的差异而显出不同特点，因而当我们在谈"中国化""地方化""本土化"的同时，能否用统一模式去实践是一个值得追寻的问题。究竟标准何在，如何去衡量？与此同时，不同信仰的群体或民族的相遇和长期接触，某种程度上也会产生和催生出一种适合地方性，乃至对整体社会有启发性的"地方文化"。文化因多元而精彩，地方因和谐而共生，民族国家因开放包容而兴盛。德钦阿墩子的地方性，无疑是众多"地方性知识"中的一种，但其拓宽了我们的视野，使我们对同一事物有了更加全面的认知。

参考文献

德钦县地方志编纂委员会编，2017，《德钦年鉴》，昆明：云南科技出版社。

甘阳，1986，《传统、时间性与未来》，《读书》第 2 期。

刘琪，2015，《超越的幸运，抑或悲哀：对一个地方人物之死的历史人类学研究》，王铭铭、舒瑜编《文化复合性：西南地区的仪式、人物与交换》，北京：北京联合出版公司。

麻国庆，2002，《走进他者的世界：文化人类学》，北京：学苑出版社。

马斌斌，2018，《穆斯林商贸跨越的多重性——德钦阿墩子贸易网络中的汉、回、藏关系》，云南民族大学硕士学位论文。

马林诺夫斯基，1987，《文化论》，费孝通等译，北京：中国民间文艺出版社。

木霁弘、陈保亚等，1992，《滇藏川"大三角"文化探秘》，昆明：云南大学出版社。

萨林斯，马歇尔，2002，《文化与实践理性》，赵丙祥译，上海：上海人民出版社。

萨仁娜，2007，《德令哈市蒙藏回汉族际通婚调查研究》，陕西师范大学硕士学位论文。

泰勒，爱德华·B.，2004，《人类学：人及其文化研究》，连树声译，桂林：广西师范大学出版社。

王子华，1989，《从云南德钦地区回族看民族文化交流中的问题》，《云南民族学院学报》第 2 期。

西美尔，盖奥尔格，2002，《社会学——关于社会化形式的研究》，林荣远译，北京：华夏出版社。

云南省德钦县志编纂委员会编，1997，《德钦县志》，昆明：云南民族出版社。

（作者单位：中山大学社会学与人类学学院）

研究述评

田汝康芒市傣族研究中的心理学贡献

褚建芳

摘　要　本文试图从《芒市边民的摆》（1946）和《滇缅边地摆夷的宗教膜拜》（*Religious Cults of the Pai-I along the Burma-Yunnan Border*，1986）[①] 出发，探讨田汝康人类学研究中的心理学特色及其对功能主义人类学理论与方法的继承、改良与发展。首先，本文发现田先生对芒市傣族宗教仪式的阐释是功能主义的，其中既有强烈的拉德克里夫－布朗结构功能主义的特色，同时又有鲜明的马林诺夫斯基的功能主义特色。其次，本文指出田先生的芒市傣族研究有着强烈的心理学特色，突出表现在其对愿望、情感和动机的关注上。这不仅比愿望、情感与动机进入心理人类学研究的视野早了近二十年，而且与马克斯·韦伯命题的关注点相一致，并且与之形成对话和互补。最后，本文认为田先生的描述与阐释中有着很强的"悟"的成分，突出表现在研究者根据自身社会经验对当地人愿望情感与动机所作的"推己及人"式的揣摩、推测与理解上。我认为这种"悟"是人类学田野工作与民族志写作无可避免而又必不可少的途径。

关键词　田汝康；心理人类学；"悟"

---

① 复旦大学的译本将书名翻译为《滇缅边地摆夷的宗教仪式》。我认为，该书所关注的主题不仅是宗教仪式，而且包括宗教信仰，是信仰与实践的整体体系，将 cult 仅仅译成"仪式"不确切，因而选择使用"膜拜"一词。以下除了引用复旦大学译本的书名以外，在涉及该著的中文书名时，本文都使用"膜拜"这个译法。

　　田汝康在学界得以确立的正式身份是人类学家（包括社会学家）和历史学家，但他最初的专业是心理学，因而在其人类学和历史学研究中，有着很强的心理学印记。这种影响同其他因素一起，使田汝康的研究别具一番特色和贡献。在社会学、人类学方面，田先生最重要也最为人所熟知的贡献当属他对云南傣族社会文化和对沙捞越华侨的研究。其中，他对芒市傣族宗教仪式的研究尤为引人注目。这项研究是基于田先生于 1940 年代初在芒市傣族社会的田野工作完成的。田先生第一次在芒市傣族社会从事田野工作时间是 1940 年 11 月到 1941 年 4 月，共五个多月。后来，他又以客人和兼职工作人员的身份到芒市继续生活和从事田野工作。① 前后加起来，田先生在芒市研究傣族社会文化的时间共计十二个月左右。在此基础上，田先生写出了民族志调查报告。该报告最初为油印本，由费孝通手工刻写，取名《摆夷的摆》。后来，该报告被收入吴文藻主编的《社会学丛刊》乙集第四种，由商务印书馆（重庆）于 1946 年出版，书名改为《芒市边民的摆》。② 1948 年，田汝康在《摆夷的摆》基础上，写成英文博士论文《滇缅边疆掸邦的宗教膜拜与社会结构》（*Religious Cults and Social Structure of the Shan States of the Yunnan-Burma Frontier*），以此获得伦敦政治经济学院的哲学博士学位。1949 年，田先生根据自己在芒市傣族村寨的田野调查，写成 "滇缅边地傣部落的摆与社龄"（"Pai Cults and Social Age in the Tai Tribes of the Yunnan-Burma Frontier"）一文，发表在 *American Anthropologist* 第 51 卷第 46—57 页上。1986 年，田先生对其博士论文加以修改，以康奈尔东南亚计划的名义在美国出版，书名为《滇缅边地摆夷的宗教膜拜》。本文试图从《芒市边民的摆》

①　参见田汝康，1946：5；T'ien，1986：6。
②　60 多年以后，当年从事田野研究的学术指导——时任魁阁社会学工作站主任的费孝通回忆道，《摆夷的摆》一书的油印稿是他本人亲自刻印出来的（2002 年底，我曾在国家图书馆查阅到该油印本）。后来在正式出版时，时任云南大学校长的熊庆来认为 "摆夷" 带有歧视色彩，建议将书名改为《芒市边民的摆》（摘自费孝通于 2003 年 6 月 17 日在家中对我的博士论文进行指导时的谈话）。

和《滇缅边地摆夷的宗教膜拜》出发，探讨田汝康人类学研究中的心理学特色及其对功能主义人类学理论与方法的继承、改良与发展。首先，本文发现，田先生对芒市傣族宗教仪式的阐释是功能主义的，其中既有强烈的拉德克里夫－布朗结构功能主义的特色，同时又有鲜明的马林诺夫斯基的功能主义特色。其次，在田先生的芒市傣族研究中，有着强烈的心理学特色，突出表现在其对愿望、情感和动机的关注上。不过，田先生的分析视角却是社会学和人类学的，有着很强的社会本位立场。其中，在出版于 1940 年代的《芒市边民的摆》中，田先生视角的社会本位立场尤为突出，而在 1986 年的《滇缅边地摆夷的宗教膜拜》中，则明显加强了对作为社会成员的个体的心理情感及其调适的关注。本文指出，田先生对芒市傣族做摆愿望、情感与动机的关注实际上与马克斯·韦伯关注的命题一致，并且可以与后者形成对话，与之互补。最后，本文发现，田先生的描述与阐释中有着很强的"悟"的成分，突出表现在研究者根据自身社会经验对当地人愿望情感与动机所作的"推己及人"式的揣摩、推测与理解上。我认为，这种"悟"是人类学田野工作与民族志写作必不可少的途径。

一、个人与社会相结合的功能阐释

基于自己在芒市傣族社会的田野工作，田先生发现，芒市傣族社会最显著的特点在于一种被称为"摆"的集体宗教活动：无论是普通的傣族村民，还是土司或和尚，对"做摆"都有一种异乎寻常的狂热痴迷，甚至将其视为一生的最高目标；进而，"摆"不仅是傣族社会的中心，而且也被邻近的内地人——主要是汉族——视为傣族的基本特征（田汝康，2017：1）。为此，田先生所要探寻的问题就是，摆对傣族社群与个人有什么意义？于是，田汝康对"摆"进行了详细的观察与描述，并将其与当地其他团体性的超自然信仰活动进行比较，从而揭示出"摆"的社会特征。继而，田先生从傣族个体与社会两个角度对摆的意义予以了回答：摆不仅使傣族个体获得了一种人生的中心和目标，组织了一个人的思想与行为，使其达到了人格完整的境地，而且，通过做摆，人与人之间的差别得到化解，共性得以彰显，从而使社会得以完整化（田汝康，2016：145—152，2017：136—146）。

可见，田先生对芒市傣族做摆习俗的阐释是从功能的角度进行的，有着鲜明的功能主义人类学的特色：一方面，如同"魁阁"其他成员的研究那样，田先生的功能主义阐释有着很强的拉德克里夫－布朗结构功能主义的特色，即注重对社会整体及其构成要素之间关系的分析，强调社会作为一个整体所具有的平衡状态；[1] 另一方面，田先生的功能主义视角中同样有着鲜明的马林诺夫斯基的特色，[2] 即注重对人的心理因素的分析，强调文化对人类基本需要的满足。比如，在这一系列研究中，田先生都指出"摆"这种仪式不仅是一种缓解社会分化、维持社会平衡的制度安排，而且还是一种能够满足个体需要的个人调节机制，使个体人生有了唯一而专注的目标，从而达到内心的宁静（田汝康，2016：145—152，2017：136—146）。在 1986 年出版的《滇缅边地摆夷的宗教膜拜》中，田先生更是把《摆夷的摆》和《芒市边民的摆》中"人格和社会的完整"一章的标题改成了"个人的调节机制"，将讨论的重点放在"摆"对个人，尤其是个人心理情感调节的意义上。

田先生的这一改动值得我们关注，因为在改动前的分析视角中，田先生虽然也探讨摆对个人心理的影响，但其出发点和立足点却是社会，其视角是社会本位的。这就不可避免地遇到了一个涂尔干式的困

---

① 在我看来，这种对社会中部分与整体关系的结构功能主义分析和对社会平衡状态的强调，在田先生的著作中体现得尤为明显。因此，我曾指出，田汝康的芒市傣族研究是"魁阁"时代研究中非常突出和有代表性的，甚至可说是代表了"魁阁"研究所达到的最高水平，堪与费孝通的《江村经济》和《云南三村》、林耀华的《金翼》和《凉山夷家》比肩（褚建芳，2005：12）。今天，我仍然持有这种看法。

② 马林诺夫斯基的功能主义人类学思想显然受到心理学的创始人冯特（Wilhelm Wundt）的很大影响。

境，简单来说即个人与社会为何是协调一致的?① 具体来说就是，作为一种社会性的制度（institution），需要通过"消耗"大量物质财富来实现社会平衡与完整的摆是何以被一个个具体的社会成员所接受且热衷的? 这是一个不容回避却在《摆夷的摆》和《芒市边民的摆》中并未得到充分解答的问题。到了 1986 年出版的《滇缅边地摆夷的宗教膜拜》，田先生显然注意到了这个问题，开始对之予以思考和解答。他的方法就是，在不偏废社会视角的基础上，更加重视个人性，尤其是个人心理因素，努力寻求社会视角与个人视角之间的平衡。在此视角下，"做摆"不仅有一种促进社会完整与平衡的功能，而且在心理上对一个个的社会成员起着一种"合理化"（rationalization）② 的作用，使其在感受人与人之间各种差异性和因之而来的不平等的同时，也体验到他们之间的相同性（likeness），从而调整自己的情感生活，达到一种内心的平衡。于是，在个人的心理调适与社会的制度安排之间仿佛具有了某种"一致性"：个人通过心理调适接受了"摆"，将自己积累起来的财富消耗掉，从而使社会避免了分化与分裂，实现了平衡与完整；而社会则通过对做摆——善举——的表彰，满足了个人在面对差异性时对相同性的需求。

二、对愿望、情感和动机的探讨
——与马克斯·韦伯命题的互补

作为一门现代科学，人类学这门"人的研究"的学科至少从方法论来看是离不开对个人心理，尤其是愿望、情感和动机的探究的，因为人不仅是认知和计算的理性动物，还是有情感体验和受情感动机驱

---

① 参见我在此前一篇文章（褚建芳，2014：53—59）引言中的讨论。
② 合理化是心理学的一个术语，又称文饰作用，属于自我防御机制的一种，指的是个体无意识地用一种似乎"合理"的解释来为一种难以接受的情感、动机或行为辩护，使其能被自我所接受，被超我所宽恕。

动的行动者。甚至可以说，对愿望、情感和动机的关注实际上构成了人类学田野工作的方法论基础。我们知道，在现代人类学创始人之一马林诺夫斯基那里，共情（empathy）对田野工作来说实在是最根本和最关键的。长期以来，人类学家一直依靠一种融洽（rapport）、共情和体谅（compassion）的情感关系来获得研究对象的信任。而且，人类学家在研究期间与研究对象之间建立的情感联系常常是其生命中最令人感动的关系之一（Lindholm，2005：30—47）。而愿望和动机则与情感密不可分，是作为田野工作对象的行动者之能动性的基础。然而，长期以来，人类学却对这个对自己有着重要意义的主题关心不够甚至态度漠然。从某种程度上看，这种关心不够甚或漠然的态度可能反映了人们对参与观察作为人类学方法论所具有的效度有着深深的、反复出现的焦虑。涂尔干曾警告说情绪具有易变、混杂的特点，难以界定，不可分析，因此，很难对之进行恰当的研究（Lindholm，2005：30—47）。过去的大多数人类学家希望成为"合法的"科学工作者，竭力让自己的研究看起来更"硬"、更具经验性，因此他们听从了涂尔干的警告，远离了情感这个更"软"、更主观的主题。直到1960年代以后，愿望、情感与动机才开始进入人类学，尤其是心理人类学的视野。在田汝康对芒市傣族做摆习俗的阐释中，一个非常重要、非常基础的方面就是探寻他们为什么对"做摆"有一种异乎寻常的狂热痴迷，甚至将其视为一生的最高目标。这其实就是对愿望（desire）、情感和动机的探讨。而这种探讨却早在1940年代初就开始了。

对于芒市傣族做摆的愿望、情感与动机，田先生从自然、社会和个人心理三个方面进行了分析。首先，他指出，芒市傣族地区与内地汉族地区和附近其他地区在地理上被山脉隔绝，使得进出芒市都不方便。更重要的是，芒市傣族地区由于气候湿热、疟疾流行，长期以来一直被内地汉族视为"烟瘴"之地而不敢涉足。这不仅导致了外来人员难以进入，也使芒市傣族难以与外界进行接触交流，包括经济上的贸易。因此，尽管芒市傣族地区气候适宜、物产富饶，却只能自给自足，难以通过对外贸易增进收入。其次，由于强调积德行善的佛教信仰是在社会上占支配地位的意识形态和价值观，而做摆在积德行善方面最显著最突出，因此成了最受社会认可与称颂的积德行善、消耗财富的途径。再次，从个人心理来看，人们一方面相信做摆能够使人死后在天堂获得一个好的位置，另一方面希望靠着做摆的美德善行获得众人的尊敬与羡慕，因而做摆成了大家争相效仿的"时尚"。田先生认为，一个社会要想完整稳定地运行，就需要平衡好社会各阶层之间的差异，同时一个个的社会成员则需要平衡好自己与其他成员的差别感与相同感，而芒市傣族的做摆习俗则使人们得以在看到其在诸如才智、体力、性别、老幼、生地、贫富、贵贱等差别的同时，也能体会到彼此之间的相同性，在"不同感"中获得一种"相同感"，从而团结在一起。因此，做摆不仅起着一种抹平社会成员间财富与阶层的差异从而实现社会完整的功能，而且也使个人心理上的"不同感"以及可能因此而来的"不平"感得到化解，从而实现了个人人格的完整（田汝康，2016：145—152，2017：136—146）。可见，田先生将芒市傣族做摆的愿望、情感与动机视为一种社会和文化现象，而不是像心理学那样将之视为个人的心理过程。该视角仍然是把个人的心理视为与社会的制度安排相一致的，未能彻底解决涂尔干和拉德克里夫－布朗结构功能主义所面临的问题，即未能看到个人的能动性。

从这个意义上说，我认为，田先生对愿望、情感和动机的探讨实际上更适合与另一位社会学思想大师——韦伯的思想形成对话与互补关系。在其名著《新教伦理与资本主义精神》中，韦伯着重探讨了资本主义精神与宗教伦理的关系问题，认为基督教改革后产生的新教伦理，特别是有关天职和禁欲的观念，是以"理性"为核心特征的资本主义精神得以产生的重要因素，并从纵向的角度对新教产生前后的西方基督教伦理和社会精神进行了历时性的比较。在其后的一系列著作中，韦伯又从横向的角度，对包括中国、印度在内的非基督教世界的宗教伦理和社会精神进行了共时性的比较，指出这些非基督教社会之

所以未能产生资本主义精神，主要是因为其没有基督新教那样的宗教
伦理。在韦伯的论述中，最基本最核心的问题就是，为什么信仰基督
教的西方世界在经过宗教改革产生新教后会产生出一种勤恳、节俭、
负责、克制——理性——的资本主义精神？换句话说，新教教徒为什
么会产生为了"天职"而勤劳节俭、自我克制的愿望、情感与动
机？① 这一问题与田汝康在芒市傣族研究中所关心的问题实际上是一
样的，而且二者都把这种愿望、情感和动机与宗教关联起来——韦伯
落脚到基督教改革后产生的新教伦理，尤其是禁欲主义观念，而田汝
康则落脚到芒市傣族社会的佛教信仰，尤其是人们对天堂中美好位置
的向往以及对世俗世界荣耀的追求。② 有意思的是，韦伯发现，新教
的入世禁欲主义一方面将财富的获取从传统伦理观的羁绊中解放出
来，另一方面对财富的享用与消费有所限制，从而造成了财富的积累
与增长。结果便是，财富越多宗教精髓就越衰退，以致对财富的关注
最后成为一个挣脱宗教束缚的野马和控制人生的铁笼。因此，韦伯引
用一位基督教禁欲主义倡导者的忠告说，必须要将那些积累起来的财
富奉献出来（韦伯，2012：171—184）。田汝康的芒市傣族研究则发
现，对做摆的渴望使人们有了辛苦劳动积累财富的目标和动力，而做
摆的结果则使积累起来的财富得以以一种社会认可的方式被消耗掉，
从而抵消了社会分化与分裂的倾向。如果说韦伯从宏观历史的层面上
看到一种社会分化趋势和道德补救措施的话，那么田汝康则从微观现
实的层面提供了一个消解这种社会分化制度的实例。而且正如田先生
在后面的讨论部分指出的，"消除产生于社会差异化过程中的冲突的
方式有许多种，包括制度性的及其他的。更复杂的社会没有这种在摆

① 在《新教伦理与资本主义精神》中，韦伯似乎很偏重动机变量，但在后来的宗
教社会学比较研究中，韦伯采取了一种更为均衡的看法，同时对早期著作中隐含的强调
有所纠正（参见 Bellah，1963：52—60），但动机仍然是其论述中非常重要、非常关键的
方面。
② 有意思的是，40多年后，留学康奈尔大学的华人学者谭乐山在对西双版纳傣族
佛教信仰与村社经济的研究中，也提到了傣族佛教仪式愿望中的世俗成分。而我本人在
芒市傣族社会中同样观察到许多世俗性的考虑。

夷社会盛行的特殊制度，但可以通过其他方式解决问题"（田汝康，2017：136—146）。当然，对于资本主义社会这种更复杂的社会来说，这种其他的解决方式是什么、在哪里、有哪些以及到底能起多大的作用，这还需要更多的经验调查去发现和探讨。但田汝康所发现的芒市傣族的摆无疑为韦伯提供了一个补充性的实例。

　　另一方面，韦伯的方法论路径也可以弥补田先生的分析视角的不足。田汝康虽然在后期的讨论中看到了个人心理因素的重要性，但其所坚持的仍然是一种个人与社会二分且社会本位的视角，即从个人与社会一致或个人服从社会的角度展开讨论，因而仍然未能解决涂尔干困境中个人与社会为何一致和如何一致的问题。这实际上也是后来的人类学者批评拉德克里夫－布朗的结构功能主义时所指出的忽略个人能动性的问题。此前，我曾试图做一种调和，指出在社会与个人之间存在着各种中间状态，从而使两者构成一个统一体,[①]　但依然无法彻底解决个人与社会如何一致的问题。对此，韦伯的路径或许可以提供启发，因为韦伯的方法论个人主义可以超越社会与个人两分的内在困境，能够解释个体心理为何同社会达成一致的问题。对韦伯来说，个体是"有意义行动的唯一载体"，但并非个体行为加在一起就构成社会（Weber, 1958［1946］）。他的路子是假定个体根据冲动或动机采取行动，但他同时承认这样的冲动和动机只有通过个体从他人那里获得意义才能在行动中表现出来。换句话说，必须将行动置于一种可理解的、包容性更强的意义脉络中来理解其意义（Weber, 1978［1968］：5—6；转引自 Keyes, 2002：233—255）。行动的载体是个体，但行动的意义却是社会的。那么，行动的社会性意义是如何被个体所感知与理解的？对此，马克斯·韦伯提出了"理想型"（ideal type）的概念。理想型在现实世界中并不存在，它是从特定历史形势

---

　　① 对于社会与个人的关系以及人们对共性与个性的心理追求，我曾在几年前的一些文章中有所讨论（参见褚建芳，2013：96—104，2014：53—59，2016：73—79）。

中抽象出来的一种建构物，是一个概括性的概念和一种观念中的模型。人们之所以提出这个建构物，是为了使一团乱糟糟缠绕在一起的事实或一套对行动的观察能具有意义和被理解。也就是说，理想型使个体的行动具有了社会性的意义。以资本主义精神为例，在韦伯那里，资本主义精神作为一个整体，在现实世界中并不存在，而是我们把"那些个体部分从历史现实中剥离出来组成一个整体，进而整合成"的一个概念。对于这个概念，韦伯并未给出一个确切的定义，而是笼统地将之视为一种生活态度（韦伯，2012：41—42、173），并引用富兰克林的话来说明自己对"典型的资本主义精神"的看法，即诚实、勤奋、守时、节俭等，指出其基本要素之一就是从基督教禁欲主义精神发展出来的基于天职观念的理性行为。可见，资本主义精神就是一种理想型。然而，正是这一理想型，尤其是其对勤劳、系统、条理和节制等个体性的理性主义特质的整合构成了社会的意义脉络，为个人的行动赋予了可被理解的意义，从而把个体与社会连到了一起。同时，个体行动者对行动意义的理解既可以与社会赋予的意义相一致，也可以与之有所不同，从而展现出自己的能动性。韦伯笔下不同宗派、不同历史时期新教教徒对禁欲主义的既有相似性又有差异性的理解与选择以及财富积累带来的悖论足以说明这种能动性。韦伯的这一思路在布尔迪厄那里得到充分发展。在布尔迪厄著名的实践理论（theory of practice）中，"惯习"作为一个核心性的概念被用来解释为什么人们以某种可以观察到的方式来行动——比如田汝康笔下的芒市傣族人做摆的行动。单独来看，"惯习"是一种社会性、结构性或文化性的东西。但是，在其背后，却有着行动者的"倾向"（dispositions）。"倾向"不仅在诸如"至理名言、格言谚语、老生常谈、伦常戒律"之类的文本样的文化形式中得到公开认可，而且嵌入各种空间结构当中以及诸多意义含蓄内隐的社会实践当中（Keyes，2002：233—255）。用行动与意义来勾连个人与社会关系的路径，也能解释田汝康笔下不同村民对做摆动机的既相似又各有特色的表达以及滇缅公路建成后村民以及包括住持在内的僧人们对做摆态度变化（田汝康，2017：139—142、147—162）。对芒市傣族来说，做摆就是一种行动，而其对做摆的愿望和动机、与之相关的话语表述以及情感显露都表达了一种社会性的"意义"。事实上，在田汝康的描述中，有很多地方都涉及了对做摆这种行动及其意义的探索。

韦伯还提到另外一种类型的行动，它们有一种情绪性的或审美上的特质，使其无法用理性选择来加以解释，而需要通过交感式参与（sympathetic participation）① 充分把握其发生的情绪背景，以此达到解释的共情（empathetic）或欣赏（appreciative）的精确性（Weber，1978［1968］：5—6；转引自 Keyes，2002：233—255）。尽管他仍然坚持任何行动都是基于理性之上的这个假设，主张从这一假设入手展开解释，认为只有当看到行动偏离了"理性行为的概念上的纯粹类型"时才可以将情绪、情感因素考虑进来对偏离加以解释；但他毕竟看到了情绪性或审美性行动的存在，并指出通过交感式参与对其情绪背景进行把握的重要性。从这一点来看，韦伯的论述与田汝康现实产生的民族志描述之间仍然可以形成一种互补关系。这就是人类学田野工作和民族志研究中的一种综合性、整体性的身心体验或感受。

三、推己及人：民族志研究中的共情与感悟

在《芒市边民的摆》和《滇缅边地摆夷的宗教膜拜》中，常常可以看到田汝康对芒市傣族及其心理状况的描写。比如：

> 向来土司是从不足履百姓人家的……像这样的情形，那不仅是土司屈驾到平民家里，而且平民可以同土司直接谈话了。试想

---

① "sympathetic"一词有"同情"的意思，我这里之所以把它翻译成"交感式的"，是想强调其非智识性、非理性和情绪性的一面，即更贴近于生理学中的"植物性"和"交感"的一面。

当今天子到你家里来送礼，鉴赏你的供品，同你谈话，那不是旷世荣典还是什么？要是世间上有一种方法能做到这样的事情，我想人人总想设法做一次（田汝康，2016：46）。

今晚是青年男女们独有的世界……不过我想他们去睡的时候一定睡得很熟，梦中都觉得自己在做摆：穿着白衣服，走在白伞下，看热闹的人们用羡慕和妒忌的眼光看着他们（田汝康，2017：43）。

在这些描写中，显然可见田先生根据其在自己社会中的经验来对芒市傣族心理状况进行揣摩、推测和理解的成分。实际上，这种研究者根据其在自己社会中的经验来揣摩、推测和理解当地人群的做法在人类学的田野工作和民族志写作中不仅常见，而且可谓是最基本的步骤。比如，费孝通和王同惠 1935 年到当时的广西大瑶山中对花蓝瑶[①]做调查时，王同惠曾经写道：

蓝夫人是一个很和蔼，很好说话的人，只可惜她不会讲官话……但是站在我面前，向我笑笑，摸摸我，过一会儿便走了，去时还要把门给我关好。我明白她是来看看我平安不平安，闷不闷（费孝通、王同惠，1999：333）。

当济君洗脚时，我拿了一块洗衣服的肥皂给他用……人性是相同的，谁都喜欢亲热的……这样大家觉得谈话一点也不呆板，一点也不讨厌，津津有味的一问一答，时光不觉得很快就过去了（费孝通、王同惠，1999：350—351）。

在这种描述中，显然可见调查者根据自己的生活经验来对调查对

---

① 原文为"花蓝瑶"，此处沿用原文。

象进行揣测和推理的成分。我想，这应该就是费孝通后来屡次提及的"推己及人"的功夫。从认识论的角度来说，对于人类学这门"人的研究"学科而言，"推己及人"可谓是田野工作和民族志写作中必不可少的方法，甚至可以说是人类学研究异文化必备的基本功之一。"推己及人"之所以可能，是因为人类文化不管从表面上看多么不同，都有一种互通性。既然互通，就可以相互理解、沟通与交流。人类学对异文化的理解与把握，就是建立在这个基础上的。

　　然而，对人类学理解异文化来说，仅仅靠着人性的互通来进行推己及人式的理解并不足够，因为这仅仅是一个基础。人类学家还需要沉浸到自己所研究的异文化中去，切身地观察与参与。这就是人类学田野工作所强调的参与观察。

　　自马林诺夫斯基以来，田野工作与民族志写作的结合已构成现代人类学的基本生产方式。对马林诺夫斯基来说，参与观察是人类学田野工作最重要的方法。对于这种参与观察，马林诺夫斯基认为，除了要怀有科学目标，明了现代民族志的价值与准则以外，还要长期生活在对象人群当中，掌握他们的语言，与其保持完全而直接的接触，全身心地参与到他们的生活当中。对马林诺夫斯基来说，人类学田野工作和民族志研究的一个标准就是达到用当地人眼光看当地的文化。而格尔兹（Clifford Geertz）则认为，人类学家不必要也不可能变成当地人。他从韦伯的理解的角度重新解释"共情"，指出人类学家根本做不到像当地人那样感知他们的世界。相反，他认为人类学家应该正视和恰当处理人类学家和当地人的差异，因为它们刚好会是人类学灵感的来源，田野工作只是为人类学家创造了生活于当地人中间，体验、领会其文化的机会。为此，格尔兹提出"近处经验"（experience-near）和"远处经验"（experience-distant）的概念，用以表示人类学对异文化了解上的两种程度的差异。对他来说，前者是用当地人的概念与语言描述当地文化，后者是用学术的语言来描述异文化。他认为，将这两种描述并置是达到对当地文化全面描述的关键（格尔茨，

2014：67—85）。我认为，这一看法恰恰应和了费孝通的"进去"与"出来"的概念。在就人类学者能否研究自己所在的社会与文化这个问题上，费孝通曾经提到"进去"与"出来"这两个概念。在他看来，影响人类学田野工作和民族志写作质量的关键并不在于对象是异文化还是本文化，这只是表面现象，其本质是研究者能否进到其所研究的文化中去，然后再从中"出来"（费孝通，1999：183—202）。按照我的理解，费孝通所谓的"进去"并不仅仅指的是身体到达了那个人群与社会里，而且还包括从认知上和情感上真正进入该人群及其社会生活当中，用心观察与体会他们的社会文化与生活。他所谓的"出来"，也不仅仅指的是身体上的出来或离开，而是指身体和心理——尤其是情感——上都从当地人群与社会文化中出来，从而能够站在一个局外人的立场，"价值中立"地审视该人群的社会文化与生活。我认为，人类学田野工作的意义不仅在于对"他者"的文化获得一种智识上（intellectual）的认知（cognition），而且还相当于人类学者的成丁礼（initiation），使其能够借此过程获得看待世界的他者眼光（another/other eye）和比较的视野（comparative perspective）。这种眼光和视野不仅包括智识上的，还包括情感感受（feeling）上的。因为文化不仅是智识的，同时也是情感和感受的。对于数量远远大于知识阶层的广大普通民众来说，情感与感受上的文化甚至更为重要。另一方面，情感与感受上的交流与理解之所以可能，比如绘画、音乐、舞蹈、戏曲等艺术内容之所以可被不同文化的人群交流、理解与欣赏，所靠的不仅是语言和智识，还有情感和感受层面上的审美性体验与感悟。因此，人类学田野工作不仅如马林诺夫斯基所说那样要把主要目标放在"把握土著人的观点、他与生活的关系，搞清他对他的世界的看法"（马凌诺斯基，2001：18）上，而且更重要的是要能对当地人的生活达到一种交感式的体谅与互通。如果没有与当地人群长期完全直接的接触和对其生活的全身心参与、体悟，这一点很难实现。在我看来，人类学的参与观察之所以与其他学科（比如社会学）的参与观察有所不同——尤其是人类学的参与观察需要的时间更长，通常至少需要一个年度周期以上，恰恰在于对人类学来说，参与观察并不只是简单的身体"到过那里"式的旁观式观察或客观感知，而是身心都真正深入所研究文化中的全方位参与、感受和理解。"到过那里"式的旁观式观察或客观感知只是在田野中进行参与研究的第一步，或者说是后者的一个前提准备。因此，长期的、全身心的参与和体悟恰恰是人类学田野工作中的参与观察区别于其他学科参与观察的根本所在。

事实上，在许多著名人类学者的民族志描述中，我们都可以看到，除了有一种智识性和认知性的揣测与推断之外，还有一种情感与感受方面的体验和判断。这两者很难分开。这里，我将这种情感感受与智识性认知相结合的揣测与推断称为"悟"。"悟"是一种以身体为载体而进行的集个体与环境、身体与心理、认知与情感、现况与记忆、体验与感受等各方面为一体的整体性的交流互动过程。根据我本人的田野工作与民族志写作经验以及阅读其他民族志作品的体会，我认为这种"悟"对于人类学的资料收集与感知、理解和把握非常重要。我至今尚能清清楚楚地记得自己当年在芒市傣族村寨做田野时发生的一个"悟"的事例。

2002 年 7 月 23 日是那一年"入瓦"① 以来的第一个"完批"②。这天下午，我随寨子里的老人们到寨子里的佛寺里参加惯常的拜佛仪式。然而，仪式开始前，我的傣族老妈坚持不让我佩戴此前得到的"小叵"③。出于担心，她还请了寨里两位负责佛教事务的老卜庄为我

---

① 按照德宏傣族的习俗，傣历九月十五日至十二月十五日这三个月的时间就是"夏安居"期，德宏傣语称之为"瓦"。该称谓来自巴利语"瓦萨"（vassa），是德宏傣语对该词的音译。其中，傣历九月十五日是"入夏安居"或"结夏"，德宏傣语称之为"号瓦"（hàowǎ），意思是"进瓦""入瓦"；傣历十二月十五日为"出夏安居"或"解夏"，德宏傣语称之为"阿格瓦"（ouǎgwǎ），意思是"出瓦"（褚建芳，2005）。

② 在德宏傣族村寨，根据习俗，傣历每月的初八、十五、廿三、三十（或廿九）4 天是"戒日"，德宏傣语称之为"完行"。这一天，老年村民要拜佛献供，持守佛戒。而"完批"则是"完行"前的那一天。

③ 已经皈依佛门持守佛教戒律的傣族老年人进佛寺拜佛献供时佩戴的一种白色"戒带"（褚建芳，2005）。

解释。可是，他们翻来覆去解释的仍然是我还小，还未"喊姆行"①，怕我佩戴后受不了。其实我当时并非一定要佩戴"小筐"，只是希望借此搞清这里的道理。于是，尽管尚未搞清"小筐"和"喊姆行"的意义以及为何我不能佩戴，我还是遵从了老人们的告诫。此后的每个"完批"和"戒日"，我都与老人们一起在佛寺里拜佛献供。后来，在一个"戒日"里，佛寺里老人们正在诵唱经文，我坐在自己的位置上抬头望着面前台子上高高的佛像出神。忽然，我听到老人们嘴里吟诵出"行哈"这样的字眼。顿时，我心有所"悟"：在德宏傣语中，"哈"就是"五"的意思。那么"行哈"不就是"五戒"，"行"不就是"戒"吗？怪不得此前老人们坚持说我还年纪小尚未"喊姆行"，怕我佩戴"小筐"受不了，原来是因为我尚未受戒守戒啊！我顿觉豁然开朗。

这种"悟"与心理学中的"顿悟"很像，也与禅宗汉传佛教讲的"当头棒喝"下的"禅悟"很接近。从表面上看，"悟"似乎过于玄妙，因而难以成为学术研究的方法。其实并非如此。这种"悟"有三个特点：一是研究者平时经验的积累。二是"出神"或"发呆"的状态。所谓"出神"或"发呆"，其实是身体在场而心理暂时离开又回来的状态。在这种状态下，田野工作者的心理在其所处现场情境与其过往积累起来的经验之间往返互动，相互撞击，从而在二者之间建立起一种关联。作为一种建立关联的过程，"悟"并不仅仅包括理智和认知的层面，还包括情绪、情感、愿望以及其他层面。因此，"悟"的第三个特点是，它涉及了"悟"者身体与环境、感知与情感、记忆与现实的过程，是一种综合的整体的过程，其核心是一种体验与感受。在我看来，这种体验与感受无论是对人类学的田野工作和民族志写作来说，还是对人类学对各种文化的理解与把握来说，都是至关重要的。而就愿望、动机、情绪情感这样的非认知层面而言，人类学田

———————
① 即"受戒守戒"。

野工作者不仅需要靠问卷、访谈这样的"问询"方法来调查，而且需要通过长时间在对象人群生产生活中的全身心参与和"浸淫"来体会与感悟，而这恰恰是人类学田野工作的要旨。从这一点上看，田汝康的芒市傣族民族志为我们重新审视和反思这一重要方法提供了一个宝贵实例。

参考文献

Bellah, R.N. 1963, "Reflections on the Protestant Ethic Analogy in Asia." *Journal of Social Issues* 19(1).

Keyes, Charles F. 2002, "Weber and Anthropology." *Annual Review of Anthropology* 31.

Lindholm, Charles 2005, "An Anthropology of Emotion." In Conerly Casey & Robert B. Edgerton (eds), *A Companion to Psychological Anthropology: Modernity and Psychological Change*. Oxford: Blackwell Publishing Ltd..

T'ien, Ju-K'ang 1986, *Religious Cults of the Pai-I along the Burma-Yunnan Border*. New York: Cornell University Southeast Asia.

Weber M. 1958[1946], *From Max Weber*. H.H. Gerth & C.W. Mills (trans. & ed.). New York: Oxford University Press.

Weber, M. 1978[1968], "Economy and Society: An Outline of Interpretive Sociology." In G. Roth & C. Wittich (eds), *Economy and Society (I)*. Berkeley, LA: University of California Press.

褚建芳，2005，《人神之间：云南芒市一个傣族村寨的仪式生活、经济伦理与等级秩序》，北京：社会科学文献出版社。

褚建芳，2013，《芒市傣族的"咋尬"仪式及其年龄群体与社会生活》，《广西民族大学学报（哲学社会科学版）》第 5 期。

褚建芳，2014，《个人与社会：云南省芒市傣族村寨的生活伦理、仪式实践与社会结构》，《中南民族大学学报（人文社会科学版）》第 1 期。

褚建芳，2016，《芒市傣族村寨的业力论信仰、道德财富观与社会秩序》，《广西民族大学学报（哲学社会科学版）》第 2 期。

费孝通，1999，《人的研究在中国》，《费孝通文集（第 12 卷）》，北京：群言出版社。

费孝通、王同惠，1999，《桂行通讯》，《费孝通文集（第 1 卷）》，北京：群言出版社。

格尔茨，克利福德，2014，《地方知识——阐释人类学论文集》，杨德睿译，北京：商务印书馆。

马凌诺斯基，2001，《西太平洋的航海者》，梁永佳、李绍明译，北京：华夏出版社。

田汝康，1946，《导言》，《芒市边民的摆》，重庆：商务印书馆。

田汝康，2016，《芒市边民的摆》，福州：福建教育出版社。

田汝康，2017，《滇缅边地摆夷的宗教仪式》，于翠艳、马硕译校，上海：复旦大学出版社。

韦伯，马克斯，2012，《新教伦理与资本主义精神》，马奇炎、陈婧译，北京：北京大学出版社。

（作者单位：南京大学社会学院）

从经济生活回归"总体" 社会生活：
评莫斯《礼物》

加运豪

摘　要　经济与社会的关系一直受到学界广泛的关注，莫斯《礼物》一书通过梳理古代社会的材料，细致地分析了二者的关联。在此书中，莫斯详细论述了古代社会里经济生活与道德和法之间的紧密关系。本文试图通过回顾莫斯在《礼物》中所做的研究，指出道德与法在经济生活中的重要性，并且将其视为莫斯礼物理论中总体性思想的具体表现。最后，本文认为莫斯的礼物经济研究具有的总体性视角在面对当今经济生活与社会生活分离的情况时，依旧可以为我们重新审视经济生活提供重要借鉴。

关键词　总体（total）；莫斯；《礼物》；道德与法；经济生活

1926 年，法国人类学家莫斯发布了《礼物：古式社会中交换的形式与理由》一书。该书将社会学的研究扩展到日常生活的交换行为当中，并且出现了礼物经济（economy of gift）等专门以礼物为研究对象的领域。莫斯在《礼物》一书中对礼物的精彩分析为后来的学者提供了源源不断的研究思路，其提出的礼物三重属性、何为礼物以及礼物的影响等思考也随着后人的研究而不断得以补充与拓展。近年来，莫斯在《礼物》中提出的礼物范式、总体性社会事实与总体呈献等概念依然是现代学者讨论与研究的热点。

　　《礼物》一书自诞生起，学界对经济与社会的关系争论不休。随着资本主义经济的普世化，经济看起来俨然成为一个独立的领域。但是，在莫斯看来，现代资本社会带来的领域分化只存在于倡导功利主义的资本主义社会之中，因此，它并不能解释人类在资本主义社会形态之前的经济活动。莫斯认为古代社会里经济与社会之间，紧密性才是一种常态，而不是各个领域相互独立与分化。所以，他力图从中寻找重建现代资本主义社会道德、经济与法律等的基石。为此，本文试图从道德与法律层面说明莫斯礼物理论中的重要思想，即总体性思想，并且指出这一思想对我们重新审视当代经济生活所具有的重要意义。笔者以为，莫斯通过梳理前资本主义社会的经济交换活动，指出这些交换活动中所具有的法律与道德意涵对于重建当代的社会生活具有重要意义，同时在一定程度上体现了礼物具有的总体视角，而《礼物》中的总体观对于现代经济生活依然具有不可忽视的影响。

一、作为原始道德和法律的总体呈献

　　在《礼物》一书中，莫斯曾提到在太平洋波利尼西亚地区存在一种近似"总体呈献"的交换制度。这种交换制度里，所交换的物资几乎无所不包，除了动产与不动产外，女人、儿童、仪式、礼节、宴会，乃至军事都是交换的内容，并且人们在交换的过程中秉持一种自愿的态度，这便是莫斯所指的"总体呈献"。在波利尼西亚社会，莫斯发现当地萨摩亚人的赠礼制度具有两个基本要素：一是荣誉、威望和财富所赋予的"曼纳"（mana）；二是回礼的绝对义务（莫斯，2019：16）。如果受礼者不回礼给送礼者，那么便会导致其曼纳的丧失，从而使受礼者失去权威、财富等。

　　从莫斯的分析中我们可以得知，"曼纳"是基于赠礼制度下的送礼者因为赠礼行为而具有的荣誉、威望和财富所产生的，并且存在一种回礼的"逼迫"。因此，在赠礼行为中，出现了人类道德的雏形。一方面，赠礼带来的声望，使得赠礼者具有了一种"高贵"的光环。这种光环形成了一种划分人群的社会阶级意识，即通过礼物行为建立等级，使人群得以被划分为高贵的人与低贱的人。在尼采对道德的论述中，他发现道德具有两种类型，分别是主人道德（master morality）①与奴隶道德（slave morality）："所有高尚的道德都是从一声欢呼胜利的"肯定"中成长为自身，而奴隶道德则从一开始就对着某个'外面'说不，对着某个'别处'或者某个'非自身'说不：这一声'不'就是他们的创造行动"（尼采，2018：30）。主人道德的含义与总体呈献带来的声望具有的胜利性十分相似。另一方面，这种绝对的回礼义务也保证了赠礼—收礼—回礼过程的完整性，将义务原则深植于社会群体中。

在毛利人社会的交换过程中，莫斯认为促使毛利人之间相互赠礼和回礼的原因在于礼物之灵，即"豪"（hau）。莫斯将"豪"视为一种精神力（*pouvoir spirtuel*），这种精神力代表着赠礼者的一部分，而受礼者只有将这份精神力送出才能免受巫术带来的伤害，因为"豪"永远想回到它的主人那里："豪"始终追随着它的主人（莫斯，2019：22）。

萨林斯（2019：178）同样注意到了"豪"的重要性，他认为"豪"不仅蕴含着礼物之灵，同时也是礼物赠予者之灵。萨林斯看到了"豪"具有的双重作用，但是他忽略了莫斯对"豪"的进一步分析。换句话说，"豪"则是道德与法的体现。莫斯通过对"豪"的分析，认为"豪"代表了波利尼西亚社会中"事物的流通所产生的司法关联（*lien*）的本质"（莫斯，2019：23）。换句话说，莫斯看到了礼

---

① 尼采在对道德进行类型学划分时，将道德分为两种属于不同阶层的产物。在尼采看来，整个社会是由高贵的"主人"（master）与低贱的"奴隶"（slave）组成，因此这两类团体的道德在其论述中被称为主人道德与奴隶道德。尼采在文本里将主人与高贵（noble）联系在一起，所以主人道德也被称为高贵或高尚的道德（noble morality）（尼采，2018：29—30）。

物交换在波利尼西亚社会所具有的法律意义,"就毛利人的法律而言,显而易见的是:法律关联,亦即由事物形成的关联,乃是灵魂的关联,因为事物本身即有灵魂,而且出自灵魂"(莫斯,2019:23)。因此,礼物交换不单单只是一种经济行为,它具有一定的道德与法律意味。

交换经济除有其历史的唯物属性外,也有其强烈的文化与道德属性(赖俊雄,2005:164)。莫斯笔下的礼物交换具有很强烈的文化与道德属性,这也是莫斯撰写《礼物》一书的初衷,即重建现代资本主义社会下的道德。莫斯进一步延伸,将礼物和财富具有的道德观念与施舍行为联系起来,他认为施舍行为背后的解释一方面是基于献祭的观念,另一方面便是礼物和财富的道德观念。慷慨解囊是必需的,因为复仇女神会替穷人和诸神对那些过分幸运和富有的人加以报复,后者应该散掉他们的好运和财富(莫斯,2019:35)。

20世纪初期,人类学家马林诺夫斯基凭借自己在太平洋地区特罗布里恩群岛的田野调查,写出了著名的《西太平洋上的航海者》(*Argonauts of the Western Pacific*),在这本书里,马林诺夫斯基记录了具有当地文化特色的经济交换行为,即库拉(kula)。马林诺夫斯基发现库拉不但是一种简单的经济交换行为,并且与当地的神话、文化等结合得非常紧密。库拉不是一种偷偷摸摸、不稳定的交换形式,它有神话的背景,有传统法规的支持,有巫术仪式的伴随(马凌诺斯基,2001:80)。正因为如此,莫斯在引用马氏的材料时提出特罗布里恩群岛的礼物交换现象与毛利社会十分相似,他认为库拉交换中丰富多样的隐喻实际上说明这"与毛利人的神话的法律原则(jurisprudence)"表达的是同一回事(莫斯,2019:53)。

在分析完太平洋群岛上的诸多原始部落社会之后,莫斯将眼光投向了位于西北美洲的印第安部落社会。他发现在西北美洲存在着一种比波利尼西亚地区的赠礼现象更为突出的礼物行为,即夸富宴(potlatch)。当然,这并不是说在波利尼西亚地区没有夸富宴的存在,只是在西北美洲这种夸富宴的规模更加宏大与疯狂。如果我们把礼物行为中具有的道德意味认为是尼采所描述的主人道德，那么我们就会发现主人道德里所提倡的那种"凯旋"同样存在于西北美洲的夸富宴里。换言之，在以主人道德为主的父系社会结构中，男人必须借由更昂贵的礼物回报赠予者（他者）方可建立起其社会的声望与权力，此种"主人"性、强迫性、义务性及全面性的礼物经济成为（父系）贵族社会中"权力"的生产、流动与竞争现象（赖俊雄，2005：168）。因此，由于这种行为具有相当强烈的竞技意味，莫斯称为"竞技式的总体呈献"（*prestation totale de type agnoistique*）。张爽（2020b：93）指出，总体呈献与竞技式总体呈献的区别在于："前者通过赠礼和回礼，维系着个体与个体、群体与群体之间的债务和互助关系；后者则炫耀自身的物质丰裕、慷慨施舍，以此表达权威。"

通过这种竞技式总体呈献可以看出，社会的声望机制是由消耗积蓄所建立的，主人只有在宴会上将自己的财富尽数销毁，方可显示其地位以及对待宾客的诚意，这就使得宾客需要销毁比宴会主人更多的财富才可以在这场比较中立于不败之地。所以，如莫斯所言，"回报的义务是夸富宴的根本"（莫斯，2019：90），夸富宴在消耗社会财富的同时，也将回报写进了人类的法律与道德之内。礼物，既是社会实在的秩序，又是集体性或个人性的象征；既是"社会团结"的秩序实在，又是"社会团结"的道德箴言（荀丽丽，2005：236）。作为维持社会秩序的法律和形成社会团结的道德基础，礼物具有非常重要的意义。在头人联盟当中，任何一个氏族、胞族或部落都不可能以自身为核心建立起自己全部的宗教、道德与经济系统，莫斯通过礼物的研究证明，真正的道德与声望只能建立在联盟内各方承认的基础上（张亚辉，2017：183）。基于此，笔者认为无论是夸富宴，还是库拉，这些总体呈献都包含着原始社会的道德与法律观念。礼物交换永远不是一种简单的经济交换行为，而是一种总体行为，它包含了社会生活的方方面面。

相比于波利尼西亚社会，西北美洲的夸富宴或礼物馈赠制度显得更加激烈和具有竞争性，但是它们在本质上并无差别。不论是在太平洋地区还是在西北美洲，莫斯关注的始终是作为总体呈献的礼物交换这一现象。换句话说，莫斯没有对礼物这一概念精细化，而是反其道而行之，透过礼物这一现象试图抓住其本质。在《礼物》一书的导论中，莫斯阐明了自己研究礼物现象（尤其是古代社会）的目的在于，令西方认识到一种非资本主义经济所蕴含的道德的可能。他认为在原始社会的经济与法律中，完成交换行为、签订契约以及互设义务的对象不是个体，而是集体。莫斯指出，在原始社会中达成契约的主体具有道德属性，因而可以被称为"道德的人"（personne morale）（莫斯，2019：9）。如果说总体呈献和竞技式总体呈献一方面凸显了主人具有的高贵道德的话，那么在另一方面，它们也凸显了原始社会的法律基础。如王铭铭所指出，"莫斯认为，它①存在于时间上的'古式的过去'和空间上的遥远的'原始社会'；在'那里'（时空意义上的'那里'），存在真正意义上的'总体呈献制度'（total presentation），那是一种既个体又社会、既有利益又善良的制度，其对于物的拥有权的界定，最符合人的本来特性"（王铭铭，2006：227）。

因此，我们可以得知，原始社会的法律基础与物是紧密相关的。换句话说，原始社会的法律观念建立在人与物、群体与物的关系之上，例如特罗布里恩群岛之间库拉交换中的宝物、西北美洲土著夸富宴里的青铜器、波利尼西亚地区萨摩亚女性的通家（tonga）② 等都说明了物与人类社会之间的关系是多么密切。在夸富宴中，我们通过夸富宴本身看到了社会的诸多现象。这些现象是具有法律性质的，其中涉及了私法和公法，涉及道德性，比如拒绝回礼其实是不道德性的体现，而且具有法律所表现的强制性，这些现象是具有政治含义的（赵素燕，2014：46）。不论是在莫斯的文本还是马林诺夫斯基的文本里，

---

① 指法律的基础。
② tonga 与 oloa 进行交换，前者指女方财产，后者指男方财产（莫斯，2019：17）。

都提到了物本身的重要性。① 在莫斯之后的分析里，物成了解构古典文明社会法律的一把重要的钥匙。

二、作为古典文明道德法律的"物"

当莫斯将太平洋诸岛的原始社会材料分析完毕以后，他便将眼光放在古典文明下的古代罗马、印度与日耳曼社会。首先是罗马法。莫斯在对罗马法的研究中主要关注的是 *nexum*。莫斯认为，*nexum* 继承了古老的赠礼义务，"'*nexum*'乃是出自物，故而亦出自人的法律'纽带'（*lien*）"（莫斯，2019：113—114）。值得一提的是，莫斯在1938年发表的演讲可以说是继承了其在《礼物》中的讨论，即人的范畴。② 张亚辉指出，不论是印第安人的神圣戏剧还是罗马人的法的精神，都可以明确看到这种人的范畴具有明确的法权的意味，尤其是在财产、声望和政治地位上的法权（张亚辉，2020：180）。莫斯看到了 *nexum* 的交换与当代的司法和经济有所不同，是一种总体呈献，和当时的社会生活紧密结合在一起。

莫斯在分析罗马法时发现，罗马人将物划分为"*familia*"和"*pecunia*"两类，同时又根据卖出形式的不同分为"*res mancipi*"和"*res nec mancipi*"。这四个词的意思分别是：房屋中的物（奴隶、马、骡、驴），远离牲口棚而生活于田野的牲畜，须经程序转手之物，无须经程序转手之物（莫斯，2019：116）。可见，在古罗马的法律中，物的分类与人的日常生活之间具有较为紧密的关系。古罗马将人与物紧紧地绑在一起，莫斯认为与物有关的契约和买卖都起源于礼物与交

---

① 莫斯看到了作为一部分永久财产的物："质言之，这些财产是家族的圣物（sacra），绝不会轻易出手，甚至会永不与之不分离"（莫斯，2019：95）。马林诺夫斯基也看到了一些不在礼物流动圈之内的物品："在整个特罗布里恩德地区，只有一两个特别好的臂镯和项圈被当作传家宝收藏着。它们是库拉中的另类，并且永远退出库拉"（马凌诺斯基，2001：86）。

② 此次演讲是1938年莫斯在伦敦纪念赫胥黎时所作（毛斯，2003：272）。

换行为。在分析罗马要式物的买卖与交付时，相互交易的罗马市民也会建立一种买卖关系之外的人际关系，而这一人际关系被称为"债"（obligatio）。张亚辉认为，"要式物的重要性不只在于它与出卖者的家屋、祖先和法权身份的必然联系，更为根本的是，要式物本身就是法的呈现与实践，与要式物和礼物密切相连的是一种物与法没有分离的状态"（张亚辉，2020：188—189）。

其次是古印度法。虽然古印度的文本大多由婆罗门阶层所撰写，不够客观，但是莫斯认为它们依然有研究的价值："在这些史诗和律法中，馈赠仍然是义务性的，事物仍然具有专门的品性，物仍然是个人的一部分"（莫斯，2019：131）。在印度的史诗与法典中，刹帝利与婆罗门之间具有礼物交换的现象。国王需要将自己的财富赠予祭司来保持自己统治的合法性，祭司也要通过国王的馈赠而提高自己的道德与法力。而且，婆罗门的物不能够被赠予另一个婆罗门，这打破了祭司阶层之间的物权法。国王无法通过其他物品与婆罗门进行交换，只能将物品供于祭司，而祭司之间的物品是禁止混淆的，否则会导致赠予者面临诅咒以及厄运等，因此，才会出现诸如 Yadus 王 Nrga 被祭司诅咒变为蜥蜴这样的故事存在了。

最后是日耳曼法。如果说古印度的经济与法律原则存在于虚无缥缈的史诗与晦涩的法典之中，那么作为另一个印欧社会文明的日耳曼人则将经济与法律原则诉说得十分清晰。莫斯认为在日耳曼社会，馈赠现象或夸富宴十分频繁且发达。日耳曼人因为将生活的重心放在经营家庭之外的范围，因此，他们的道德与经济也是依附于家庭之外，进而通过馈赠、宴会、结盟、抵押等形式相互沟通与联合。塔西佗（2018［1959］：54—55）在日耳曼地区的记录同样可以证明这一点："酋帅们特别喜欢接受邻近部落的馈赠，这些馈赠不仅有个人送来的，还有全体部落送来的：礼品之中有精选的良马、厚重的盔甲、马饰及项链等物。"关于馈赠与宴会具有的义务，莫斯已经在论述波利尼西亚社会时清楚地解释过，这里不再赘述。莫斯认为在日耳曼社会里，抵押不光具有义务性与约束性，同时如同礼物交换般具有一种声望机制，抵押货物之人在为取回抵押物时，自身的社会地位、声望以及荣誉等都被掌握在抵押的另一方手中。馈赠也是同理，因此，莫斯发现在德语里，Gift 一词不光意味着馈赠，同时也具有毒药的意思。因此在日耳曼的法律中，进行馈赠、契约、抵押行为时往往需要承担巨大的风险，因此可以看出经济行为的丰富内涵。

　　莫斯尝试通过物来解释诸多古典文明的法律与人和礼物的关系。他认为现代人生活在一个物与人之间已经不再混融（mélange）的社会，人与物截然分开，因此法律也将个人权利与物权分为两种不同的类型。但现代社会也曾如同古典文明的诸多社会，是一个物与人混融，物权与个人权利结合的社会。王眉钧指出："'物'表示交换的礼物，那么'以心役物'是莫斯对人与物，或精神与物质之间关系的基本判断，即礼物的循环并不遵循市场原则，而是遵循情感道德约束，物作为具有精神性的契约道德的载体，联系了人、物、文化和社会"（王眉钧，2019：95）。

　　在莫斯看来，现代资本主义的法律、道德、经济等都不如古典社会那般，紧密地将人与人、人与物、人与群体结合在一起。他认为由于资产阶级打败了国王与祭司的统治，却没有很好地继承它们的道德与法律遗产，因此我们需要回溯前人的遗产，将欧洲重塑为一个充满温暖道德的现代性社会。"牟斯[①]在谈论古老社会与资本社会时，他所着墨的是古老社会中透过礼物所建构的合作互惠关系，讲到资本社会时，重心也在资本主义对人类的剥削，让人类退化成经济动物"（陈重仁，2007：227—228）。莫斯反对资本主义所树立的经济人概念，他认为在古代社会，人们的经济生活都是嵌入在道德与法律之中的，并非如今这般专门化。而且，《礼物》一书的初衷便是要寻找一方可以重塑现代欧洲资本主义社会道德的基石，他认为现代资本主义社会

———————————

　① 即莫斯。

的经济生活才是历史阶段中的异常现象，而基于经济生活形成的道德和法律更是如此。他认为通过观察残存于现代社会的古典法律可以证明这一点。"对印欧法律的某些特点的分析将使我们能够表明，我们的文明本身也曾经历过这种嬗变"（莫斯，2019：111）。

莫斯主要分析了罗马法、印度法和日耳曼法三种古典文明社会的法律，旨在说明现代社会的道德与法律所出现的失范现象。张原认为，莫斯将夸富宴等总体呈献视为一种精神遗存，"从濒临太平洋的诸社会中总结出来的机制原则作为一种精神遗存，主要用于分析其在古罗马、印度与日耳曼等印欧社会中存在的法律典籍和经济行为方面的延续，从而论证了一种与现代社会商品交换精神不同的古式道德体系"（张原，2019：157）。在前资本主义时代，人们的经济生活是总体性的，它不是作为一种独立的领域，而是与社会生活的其他方面紧密地结合在一起。余昕认为，"莫斯力图表明的是他身处的现代社会的契约统统有其集体或神圣的起源，而推动这些研究的是对当时社会的道德和现实关怀，因为在原始与古式社会中发现的道德与经济仍然在现代西方社会深刻而持久地发挥着作用"（余昕，2019：123）。可见，追根溯源，莫斯希望用道德与法的考古学来说明经济与社会之间的紧密性。

三、莫斯、韦伯和涂尔干：区别与继承

当莫斯追寻古式社会遗留下来的法律与道德遗产来重塑冰冷的资本社会时，我们不妨将其与同样关注经济生活的韦伯以及致力于道德研究的涂尔干进行对比。韦伯与莫斯不同，他选择了另一种方法来解释资本主义社会及其未来走向。在韦伯看来，资本主义的产生不光是因为当时科学技术和经济水平的高速发展，更重要的是它结合了以新教为代表的禁欲、天职以及道德观念，形成了促成资本主义诞生与发展的精神动力。正如韦伯写道："禁欲已从僧院步入职业生活，并开始支配世俗道德，从而助长近代经济秩序的那个巨大宇宙的诞生"（韦伯，2019：179）。但这并不是说新教伦理与资本之间是一种因果关系，相反，二者是相互影响、相互构建的。

韦伯从宗教的角度切入，对比了中国的儒家与道家思想、印度的佛教思想以及西方的基督教思想。他发现比起过于理性化的儒家官僚、追求无为的道家哲学以及提倡出世主义和去世俗化的佛教，基督新教将神圣的宗教道德与世俗的经济理性进行了适度的结合，促进了资本主义在西方的发展。在韦伯看来，以理性伦理为基础的儒家强调对巫术的祛除，缺少了对经济的关注，导致道德与经济出现割裂，所以使得在"节俭的美德"下只会存在一种"传统主义式的糊口经济"（韦伯，2020：315）。只有提倡积极入世的基督新教才适合资本主义的发展，并且为资产阶级在当时提供了发展的合法性。但是，韦伯也看到了资本主义的发展具有明显的弊病之处。他认为，当资本主义发展到一定阶段时，人的关系会因为人的整体生活碎片化而变得抽象。因此个人会逐渐变得原子化，从而无法与他人建立联系，也就无法形成社会的团结。

正是在韦伯对未来资本主义发展具有的功利化倾向产生忧思时，莫斯选择寻求古人的智慧来解决这一问题。刘毅认为莫斯对礼物本质的探究主要应对于韦伯所言称的"现代抽象社会"（刘毅，2019：130）。因此，当韦伯设想现代资本主义因理性化的过度发展而变得冰冷时，莫斯还在追求那残存于古式社会中温暖的一隅。比起理性化带来的人的割裂，"莫斯则认为，理性的绝对化并不能充分解释礼物的异质性特点，也不能解释'前理性化社会'的交换形态与互动特点"（刘毅，2019：130）。换句话说，礼物的行为不能用理性化这一概念来解释，在莫斯看来，礼物交换是一种包含了道德、法律、经济等方面的"总体呈献"，而以追求最大利益的理性化则难以解释礼物具有的总体性意味。因此，莫斯实质上秉承的是一种反功利主义原则，这与韦伯形成了强烈对比。"他看到这股发源于西方的经济理性正在扩张到全世界，而他强调的这种整体性社会观念则是对代表着功利主义和经济理性的社会思潮的深刻反思"（张爽，2020a：72）。

此外，莫斯之所以研究古代社会来寻找解决现代资本主义社会病症的药方，在一定程度上也是受到其舅舅涂尔干的社会学思想的影响。涂尔干是最早关注社会团结的社会学家，他的众多作品都在解释与追求社会团结（social solidarity）。在其社会团结研究的代表作《社会分工论》（*The Division of Labor in Society*）一书中，涂尔干俨然针对的是英国经济学家亚当·斯密（Adam Smith）的功利主义思想。涂氏始终坚持一点，即人是一种社会性动物而不是经济性动物。在笔者看来，涂尔干与斯密的争论并非经济与社会之争，而是个人与社会本身之间的争论。这反映了两种不同的社会建构思想，一为社会是由个人构成，个人对社会具有重要的影响；一为社会本身具有意识，社会对个人会产生不可忽视的影响。前者促进了经济的发展，后者建构了集体的道德。"我们认为斯密和涂尔干的分歧并不构成对立，毋宁说，他们共同揭露了现代人的两张面孔：作为'经济人'的利益主体，和作为'社会人'的道德主体"（孙帅，2008：79）。换言之，经济的交换活动离不开道德的支持，而道德也需要经济奠定良好的物质环境来运行。因此，莫斯实际上超越了涂尔干的二元思维框架，在他看来，道德与经济都是神圣的，因为通过礼物它们混融在一起。"在莫斯那里，礼物主要体现出一种社会团结的意向，或者说，莫斯秉持着涂尔干的社会理论传统，始终在个人与社会'混融'的维度上来探讨社会何以可能／个人何以可能"（刘拥华，2010：166）。

在莫斯看来，涂氏与斯密之间的争论还是要回到古式社会方能解决，现代社会中的经济、法律、道德的运行机制和原则都应回归到古式社会中去，重新达到一种社会团结的效果，将人与人、人与物、人与群体、群体与群体之间结合起来，形成一个整体社会事实。这也是莫斯对涂尔干的一次超越，即相比于涂尔干对个人的忽略，莫斯看到了个人在集体中的位置和作用。与理性人和经济人这两个观念不同的是，莫斯认为作为个体的人同样具有建构社会的作用，而这一作用正是通过礼物交换这一行为得以体现。正如王铭铭所说："莫斯认为，现代西方社会的前身，存在着某种不同于'经济人'观念的基础，而他恰是要发现这一值得现代社会继承的基础"（王铭铭，2006：231）。

相对于涂尔干在《社会分工论》中提出的两种关系总体类型，即机械团结和有机团结（涂尔干，2000）。莫斯提出了第三种关系总体，即通过"混融"这一概念形成的关系总体。在他看来，人类的社会生活是体现在一种总体性上的，并不应该将社会生活分割成为一些不同种类的现象或领域。换句话说，我们可以将经济学视为一门独立的学科，但是，经济本身不是一种独立于社会的现象。相反，经济是深深地嵌入（embedded）在社会生活之中的，道德与法律便是其嵌入性（embeddedness）的具体表现。而且，在面对个体主义与整体主义之间的争论时，莫斯独辟蹊径，选择礼物从总体的角度来研究社会。"就此而言，礼物范式的贡献在于提出了一种真正以社会为中心的整合观"（汲喆，2009：16）。从词源学的角度来看，法国社会学年鉴学派的研究对象——社会事实中的 social 本来就具有一种总体色彩，从广义的角度上来看，它是政治的、经济的、宗教的（谢晶，2019：15）。莫斯认为，在古代社会，人的生活是总体性的，并非如同当代社会一般将各个领域划分得十分细致。因此，人的各项事务是紧密结合在一起的，社会同理，社会的各个领域是混融在一起的，是相互影响的。综上所述，莫斯承袭了涂尔干的整体观视角，在涂尔干的基础上进一步讨论"总体"何以可能，社会秩序何以可能。

通过礼物，莫斯发现了总体性社会事实。他认为，从礼物行为中诞生了总体性社会事实，因为它包含了方方面面，[①] 正如他认为马氏

[①] 在莫斯看来，"所有这些制度只是表明了一个事实、一个社会制度、一种确定的心态：这就是，食物、女人、儿童、财物、护身符、土地、劳动、服务、司祭的职务和地位，所有一切都是用来转让和送礼的材料"（毛斯，2003：125）。

发现的库拉行为影响了当地人的经济与道德生活："我们认为，从部落内库拉制度上上下下、里里外外来看，礼物交换制度已经渗入到了特罗布里恩人经济生活、部落生活和道德生活的方方面面"（莫斯，2019：60）。

在莫斯看来，现代资本主义社会的经济、道德和法律原则可追溯到古典文明社会，而古典文明社会的经济以及基于此的法律和道德可以回溯到原始部落社会。正因为如此，莫斯才认为夸富宴等馈赠行为是人类最原始的经济行为。在笔者看来，莫斯在《礼物》一书中所体现的从原始社会向古典文明社会演变的具有进化论意味的分析框架，与其书中所表达的观点并不相悖。相反，这种进化论的框架使得莫斯的论述更加清晰。莫斯将人类社会划分为不同的阶段，不同阶段具有不同的礼物交换、礼物馈赠行为，而前一个阶段都为后来的社会形态奠定了基础。在太平洋诸岛的原始社会，礼物是毛利人口中的豪、特罗布里恩人眼中的库拉、萨摩亚人心中的通家；而在西北美洲的诸多印第安部落看来，礼物是夸富宴，象征着声望、权力与荣誉。在古典文明社会，礼物又具备了新的含义：作为物权法的具体呈现、作为刹帝利奉给婆罗门的现世财富和作为日耳曼人口中的具备良药与毒药双重药性的 Gift。因此，我们可以清晰地看见礼物不断演化的历史进程，也是道德与法随着礼物的演变而不断发展的过程。

莫斯希望通过对古式社会交换行为的研究，为现代社会寻找一方重建的基石。"构成'基石'的因而不是随便什么礼物交换，而是机制性的、能建立有规则可循的关系的礼物"（谢晶，2019：164）。换句话说，只有当礼物交换成为总体性社会事实后，才是礼物。"它因而是总体社会事实：所有的生活维度（法律的、经济的、政治的、宗教的、审美的，等等），以及所有的社会行动者（群体、次群体、个体）都被卷入其中"（谢晶，2019：164—165）。

结　论

　　《礼物》一书开启了人类学经济研究的大门，并形成了独树一帜的经济人类学研究，许多学者也深扎在这一领域不断地深化与补充莫斯的礼物理论。值得注意的是，礼物研究也并非只与经济相关，它是一个"总体性社会事实"。通过礼物这一经济现象，莫斯发现了不同文明的法律与道德原则，后来的学者也随着这一角度开展了许多精彩的研究，做出了许多诸如部落联盟何以形成、礼物的社会生命和礼物的道德等相关研究。

　　在莫斯看来，对礼物的思考是想解决现代资本主义社会所出现的道德冷漠这一问题。近年来，人类学的研究里出现了一股道德转向，许多学者认识到道德与日常生活之间的重要关系。追根溯源，人类学对道德的探索可以回归涂尔干与莫斯的研究上。涂尔干在《职业伦理与公民道德》一书中明确表示："最为重要的事情，就是经济生活必须得到规定，必须提出它自己的道德标准，只有这样，扰乱经济生活的冲突才能得到遏制，个体才不至于生活在道德真空之中"（涂尔干，2015：14）。而莫斯曾经对道德的人进行过详细的分析，他认为道德的人可能并非指向个体，而是群体，并且道德的人才是社会与礼物交换中的基本单位。"通过以礼物交换为原型建构起来的彼此混融的相互主体性（*intersubjectivité*），社会才能成其为社会，个体也才能基于与他人相互的承认和感激（reconnaissance）而形成真正的自我"（汲喆，2009：12）。所以，经济是深深地嵌入在社会之中的。莫斯对礼物义务的分析，恰恰体现了经济活动与社会的紧密关系。"莫斯发现，给予、接受和回报的自愿性义务就是涂尔干所说的集体实践中'兼具自私和无私的特殊执著'，而礼物则是这种执著的'外在记号'，亦即承载了'礼'（一般道德规范）的物"（汲喆，2009：14）。

回到《礼物》本身，礼物对现代经济研究的启示是重要的，它始终将经济作为总体性社会事实的一部分，而不是将其独立出来。笔者认为，莫斯的总体性视角可以为我们重新审视现代社会经济提供一个思路，即从经济导向转为一种总体导向。在《礼物》中，我们看到了古式社会中经济与道德、法律、宗教等社会其他方面之间的混融，那么在面对现代经济与社会的关系时，我们也应该将二者放置在一个总体的视角去重新解释它们之间的关系。"社会秩序的形成并非单凭理性就可以成就，人们是通过情感性与道德性的礼物交换建立起人、物、人之间的混融关系，进而构成有机整体"（刘拥华，2010：165）。萨林斯在《石器时代经济学》（*Stone Age Economics*）一书中将莫斯的礼物研究进行了重构，他认为莫斯对"豪"的分析过于粗略，但是他仍然同意莫斯对西方的经济人思维的驳斥，提倡对道德的关注。正如萨林斯在书中写道："他们[①]头脑中的经济似乎就是超然独立的，只有生产和消费，除此以外，若是从道德关系构成的社会角度来分析经济，便显得黯然失色"（萨林斯，2019：219）。

在面对列维-斯特劳斯、弗思、郭德烈（M. Godelier）、格雷伯（D. Graeber）与德里达（J. Derrida）等学者对《礼物》的重新理解与质疑时，《礼物》一书具有的道德关怀是无法被解构的，因为在面对礼物交换时，主体之间的行为是具有强烈道德含义的；但是在现代经济的语境下，这种道德性荡然无存，经济思维将人变成了经济人，人的经济活动很少再涉及其他层面。因此，我们在拒绝礼物交换的时候，这一拒绝行为背后的逻辑是由道德属性所主导的；但是在功利主义下的交换行为却没有这一属性，它只是为了追求利益而存在。"这是因为，对功利交换的拒绝并没有完全否定这种交换关系本身，它甚至因为暗示需要更大的利益而肯定了功利交换的逻辑"（汲喆，2009：8）。莫斯的总体性社会事实是在涂尔干的社会事实理论的基础上进一

---

① 指西方的学者精英。

步发展而来，成为莫斯社会学思想的重要源泉。所以，回归"总体"，未尝不是一种探索社会现象的路径。

参考文献

陈重仁，2007，《找寻礼物的理论：马歇·牟斯与牟斯式礼物经济》，《中外文学》（台湾）第 3 期。

汲喆，2009，《礼物交换作为宗教生活的基本形式》，《社会学研究》第 3 期。

赖俊雄，2005，《上帝的礼物：再探礼物与交换经济》，《中外文学》（台湾）第 9 期。

刘毅，2019，《礼物悖论与礼物政治：以实践观点为中心》，《深圳大学学报（人文社会科学版）》第 2 期。

刘拥华，2010，《礼物交换："崇高主题"还是"支配策略"？》，《社会学研究》第 1 期。

马凌诺斯基，2001，《西太平洋的航海者》，梁永佳、李绍明译，北京：华夏出版社。

毛斯，马塞尔，2003，《社会学与人类学》，佘碧平译，上海：上海译文出版社。

莫斯，马塞尔，2019，《礼物：古式社会中交换的形式与理由》，汲喆译，北京：商务印书馆。

尼采，2018，《论道德的谱系》，赵千帆译，北京：商务印书馆。

萨林斯，马歇尔，2019，《石器时代经济学（修订译本）》，张经纬、郑少雄、张帆译，北京：生活·读书·新知三联书店。

孙帅，2008，《神圣社会下的现代人——论涂尔干思想中个体与社会的关系》，《社会学研究》第 4 期。

塔西佗，2018 [1959]，《阿古利可拉传 日耳曼尼亚志》，马雍、傅正元译，北京：商务印书馆。

涂尔干，埃米尔，2000，《社会分工论》，渠东译，北京：生活·读书·新知三联书店。

涂尔干，2015，《职业伦理与公民道德》，渠敬东译，北京：商务印书馆。

王眉钧，2019，《礼物研究与物的崛起》，《甘肃社会科学》第 5 期。

王铭铭，2006，《物的社会生命？——莫斯〈论礼物〉的解释力与局限性》，《社会学研究》第 4 期。

韦伯，马克斯，2019，《新教伦理与资本主义精神》，康乐、简惠美译，上海：上海三联书店。

韦伯，马克斯，2020，《中国的宗教：儒教与道教》，康乐、简惠美译，上海：上海三联书店。

谢晶，2019，《从涂尔干到莫斯：法国社会学派的总体主义哲学》，上海：上海人民出版社。

荀丽丽，2005，《"礼物"作为"总体性社会事实"——读马塞尔·莫斯的〈礼物〉》，《社会学研究》第 6 期。

余昕，2019，《实质的经济：〈礼物〉和〈大转型〉的反功利主义经济人类学》，《社会》第 4 期。

张爽，2020a，《"社会"秩序与道德的"人"——一种人类学的视角》，《哈尔滨工业大学学报（社会科学版）》第 2 期。

张爽，2020b，《结构、实质与哲学：人类学礼物研究的三种路径思考》，《湖北民族大学学报（哲学社会科学版）》第 5 期。

张亚辉，2017，《馈赠与联盟：莫斯的政治发生学研究》，《学术月刊》第 8 期。

张亚辉，2020，《道德之债：莫斯对印欧人礼物的研究》，《社会》第 3 期。

张原，2019，《从三重功能到二元联盟杜梅齐尔印欧文明研究中的政治发生学思考》，《社会》第 1 期。

赵素燕，2014，《从涂尔干到莫斯——社会何以可能——以〈宗教生活的基本形式〉和〈礼物〉为例》，《长春工业大学学报（社会科学版）》第 1 期。

（作者单位：西北师范大学社会发展与公共管理学院）

稿　　约

　　《人类学研究》是浙江大学社会学系人类学研究所主办的人类学专业学术辑刊，由商务印书馆出版，每年两期。辑刊的主要栏目有"研究论文""专题研究""研究述评""珍文刊译""田野随笔""书评"等。本刊热诚欢迎国内外学者投稿。

　　1. 本刊刊登人类学四大分支学科（社会与文化、语言、考古、体质）的学术论文、田野调查报告和研究述评等；不刊登国内外已公开发表的文章（含电子网络版）。论文字数在 10 000—40 000 字之间。

　　2. 稿件一般使用中文，稿件请注明文章标题（中英文）、作者姓名、单位、联系方式、摘要（200 字左右）、关键词（3—5 个）。

　　3. 投寄本刊的文章文责一律自负，凡采用他人成说务必加注说明。注释参照《社会学研究》格式，英文参照 APA 格式。

　　4. 投稿请寄：jiayliang @ zju.edu.cn

《人类学研究》编辑部